Wellenausbreitung

Bernhard Rembold

Wellenausbreitung

Grundlagen – Modelle – Messtechnik – Verfahren

2., überarbeitete und erweiterte Auflage

Springer Vieweg

Bernhard Rembold
Aachen, Deutschland

ISBN 978-3-658-15283-3 ISBN 978-3-658-15284-0 (eBook)
DOI 10.1007/978-3-658-15284-0

Die Deutsche Nationalbibliothek verzeichnet diese Publikation in der Deutschen Nationalbibliografie; detaillierte bibliografische Daten sind im Internet über http://dnb.d-nb.de abrufbar.

Springer Vieweg

Springer Vieweg ist Teil von Springer Nature
Die eingetragene Gesellschaft ist Springer Fachmedien Wiesbaden GmbH
Die Anschrift der Gesellschaft ist: Abraham-Lincoln-Strasse 46, 65189 Wiesbaden, Germany

Vorwort

Das Buch entstand aus Vorlesungen, die ich ab 1996 am Institut für Hochfrequenztechnik der RWTH Aachen gehalten hatte. Es enthält die Grundlagen zur Ausbreitung elektromagnetischer Wellen für Anwendungen der Hochfrequenztechnik, die „drahtlos“ stattfinden, z. B. Funkkommunikation, Radartechnik, Navigation und Radiometrie. Über letztere, eine i. Allg. nicht so bekannte Anwendung mit starkem Bezug zur Wellenausbreitung, wird im Anhang ein kurzer Überblick gebracht.

Der Inhalt des Buchs ist für Studenten höheren Semesters gedacht, die bereits Kenntnisse auf den Gebieten der Hochfrequenztechnik und elektromagnetischer Wellen mitbringen. Insbesondere sollten die Grundlagen der Antennentechnik sowie die Leitungstheorie bekannt sein. Als Hilfe zum Verständnis befindet sich im Anhang ein Abschnitt, der die Antenneneigenschaften von der Systemseite her beschreibt, ohne auf die Physik der Abstrahlung oder auf technische Bauformen von Antennen einzugehen. Dort werden die Zusammenhänge zwischen den Feldstärken im Freiraum und den Wellen auf den angeschlossenen Leitungen im Sende- und Empfangsfall sowie die Freiraumübertragung zwischen zwei Antennen hergeleitet, da sie öfters im Buch verwendet werden.

Das Buch soll eine Lücke schließen zwischen den Fachgebieten „Elektromagnetische Wellen/Hochfrequenztechnik“ und „Signalübertragung“. Ziel des Buches ist, dem Leser Kenntnisse über grundsätzliche Eigenschaften der Wellenausbreitung zu vermitteln sowie ihn in die Lage zu versetzen, Probleme in Zusammenhang mit der Wellenausbreitung beurteilen zu können und Lösungen zu finden.

Die im letzten Kapitel behandelten MIMO-Systeme, insbesondere die räumliche Entzerrung von Teilnehmern, könnten für manche Leser aufgrund des mathematischen Hintergrunds recht spröde erscheinen. Deshalb wurden zur Erläuterung der Teilnehmerentkopplung mit einem Ray-Tracer Videos erzeugt, die die verschiedenen Entzerrungsverfahren veranschaulichen. Die Videos können von dem Downloadbereich der Website des Instituts für Hochfrequenztechnik der RWTH Aachen abgerufen werden: http://www.ihf.rwth-aachen.de. Sie wurden durch Prof. Dr.-Ing. P. Bosselmann erstellt, dem ich an dieser Stelle herzlich dafür danke.

In der nun vorliegenden zweiten Auflage wurden einige neue Veröffentlichungen berücksichtigt, Fehler beseitigt und mehrere Beispiele und Erweiterungen eingefügt. Für sorgfältiges Korrekturlesen mit vielen wichtigen Hinweisen möchte ich Herrn Dr.-Ing. G. Alirezaei besonders danken.

Der größte Teil der zitierten Literatur ist in englischer Sprache verfasst. Wichtige Begriffe werden deshalb auch auf englisch genannt.

Aachen, Januar 2017 Bernhard Rembold

Inhaltsverzeichnis

Über den Autor

Bernhard Rembold Geboren 1943. 1962–1968 Studium der Elektrotechnik an der RWTH Aachen und TU Darmstadt. 1968–1975 wiss. Mitarbeiter am Institut der Hochfrequenztechnik der TU Darmstadt. Promotion 1974 bei Prof. Dr.-Ing. habil. O. Zinke. 1975–1996 AEG-Telefunken und Nachfolgeorganisationen, zunächst Laborleiter Vorentwicklung Millimeterwellen-Technik Ulm, 1984–1996 Entwicklungsleiter in verschiedenen Geschäftsfeldern der Hochfrequenztechnik in Ulm und Berlin mit den Schwerpunkten Hochleistungssender, Mobilfunk und Funkaufklärung. 1996–2008 Univ.-Professor und Leiter des Instituts für Hochfrequenztechnik der RWTH Aachen.

1 Einleitung

Die zahlreichen Anwendungen der Hochfrequenztechnik in der Funkkommunikation, der Radartechnik und Navigation sowie in der Funk- und Radaraufklärung, Telemetrie, Fernsteuerung, Radiometrie u. a. sind alle durch Phänomene der Wellenausbreitung geprägt. Da diese Nutzung elektromagnetischer Wellen fast nie in einem absoluten Freiraum (Vakuum) stattfindet, in dem die bekannte Übertragungsgleichung (1.1) verwendet werden kann, spielen die Eigenschaften des Übertragungsmediums einschließlich der Reflexion, Brechung und Beugung sowie die damit verbundene Mehrwegeausbreitung eine entscheidende Rolle. Grundlegende Kenntnisse über das, was sich zwischen Sende- und Empfangsantenne befindet, sind deshalb wichtig.

Die Literatur zur Wellenausbreitung ist sehr umfangreich und konzentriert sich seit einigen Jahrzehnten auf den Mobilfunk. Neben Veröffentlichungen in Zeitschriften und Konferenzbeiträgen sind insbesondere Bücher zu nennen, die teilweise auch andere Anwendungen abdecken. Im Folgenden werden einige Standardwerke aufgelistet:

- Jürgen Großkopf, *Wellenausbreitung I und II* [1];
- David Parsons, *The Mobile Radio Propagation Channel* [2];
- Simon Saunders u. a., *Antennas and Propagation for Wireless Communication Systems* [3];
- Seymour Stein und J. Jay Jones, *Modern Communication Principles* [4];
- Norbert Geng und Werner Wiesbeck, *Planungsmethoden für die Mobilkommunikation* [5];
- Hervé Sizun, *Radio Wave Propagation for Telecommunication Applications* [6].

Das Buch startet mit einem Überblick über typische Ausbreitungseigenschaften in technisch genutzten Frequenzbereichen sowie mit der Frage, welche Frequenzen für Rund- oder Richtstrahlung geeigneter sind. Es werden dann die Reflexion und Brechung von ebenen Wellen an Grenzflächen sowie die Streuung an rauen bzw. kleinen Flächen sowie die Kantenbeugung behandelt. Ein rekursives Verfahren zur Ermittlung der Transmissi-

B. Rembold, *Wellenausbreitung*, DOI 10.1007/978-3-658-15284-0_1

on durch geschichtete Medien wird vorgestellt. Die weiteren Abschnitte behandeln die Wellenausbreitung in der Atmosphäre und Ionosphäre. Die atmosphärische Dämpfung und ihre Ursachen (Regen, Schnee, Nebel, Gas-Resonanzen), ihre Auswirkung auf die Übertragung (Frequenzabhängigkeiten, Häufigkeitsverteilungen) und die Bedeutung der Dämpfung für die Systemauslegung werden beschrieben. Die ionosphärische Wellenausbreitung wird in den Grundzügen hergeleitet, und wichtige Eigenschaften insbesondere für die Kurzwellen- und Satellitenfunkkommunikation und -navigation werden dargestellt.

Nach diesen mehr physikalisch orientierten Inhalten folgt die Beschreibung wichtiger Begriffe für die Mehrwegeausbreitung allgemein. Kanalimpulsantwort, Übertragungsfunktion, Verzögerungsverlauf der Leistung, Laufzeitspreizung, Dopplerspektrum, Dopplerspreizung, flaches, frequenzselektives, langsames und schnelles Fading werden erläutert. Es folgen Überblicke über statistische und deterministische Kanalmodelle: Rayleigh- und Rice-Verteilung der Feldstärke, statistische Modelle auf empirischer Basis für den Medianwert (ITU, Hata-Okumura), ferner Ray-Tracing und Ray-Launching. Das Kapitel wird beendet mit einer Beschreibung von Messverfahren für die Kanalimpulsantwort. Ein weiteres Kapitel ist den Grundlagen der Peiltechnik (Messung der Richtung einfallender Wellen) gewidmet. Neben den heute verwendeten klassischen Verfahren werden auch eigenwertbasierte Methoden (MUSIC, ESPRIT) behandelt.

Mehrantennensysteme im Mobilfunk sind das Thema des nächsten Kapitels, da sie die Eigenschaften der Wellenausbreitung zur Verbesserung der Übertragung nutzen können. Nach der Beschreibung einfacher Diversitäts-Verfahren mit ihren Gewinndefinitionen folgen die Eigenschaften von MIMO-Systemen in der Aufwärts- und Abwärtsstrecke von Mobilfunksystemen. Die räumliche Entzerrung mit Wiener Filterung (MMSE) und ihre Grenzfälle (Zero-Forcing und Matched-Filter) werden im Frequenzbereich beschrieben und ihre Bedeutung für die Frequenzeffektivität dargelegt. Kriterien zur Entkopplung von Antennen und zur Kalibrierung von MIMO-Systemen sind Themen der beiden letzten Kapitel.

Der Anhang schließlich stellt wichtige Begriffe der Antennen in den Zusammenhang, ohne auf technische Bauformen einzugehen. Ein kurze Darstellung der Radiometrie schließt den Anhang ab.

1.1 Bezeichnungen, Eigenschaften und Anwendungen technisch genutzter Frequenzen

VLF (Very-Low-Frequency 3–30 kHz) Dieser Bereich zeichnet sich durch sehr große Wellenlängen aus, z. B. 30 km bei 10 kHz. Die Antennen mit einer Höhe bis zu 300 m sind entsprechend groß, „elektrisch“ aber immer noch sehr klein im Vergleich zur Wellenlänge. Deshalb ist die Anpassung der Antennen sehr aufwändig. Im mobilen Betrieb können für diesen Frequenzbereich Antennen mit Abmessungen unterhalb eines Meters nur mit hohen Verlusten betrieben werden. Die abgestrahlten Wellen breiten sich zwischen der Ionosphäre und der Erdoberfläche wie in einem sphärischen Wellenleiter aus und erreichen somit jeden Punkt der Erdoberfläche. Da die $1/e$-Eindringtiefe in leitende Medien, somit auch in Wasser, proportional $1/\sqrt{f}$ verläuft, können Wellen in diesem Frequenzbereich einige 10 m in Wasseroberflächen, auch in Salzwasser, eindringen. Die Anwendungen liegen vorwiegend im militärischen Bereich, z. B. für die U-Boot-Kommunikation und Navigation. Die niedrige Trägerfrequenz lässt nur niedrige Bitraten (z. B. 50 bit/s) zu.

LF, MF (Low-, Medium-Frequency 30 kHz–3 MHz) Diese Bereiche sind historisch die ersten Frequenzbereiche, die für den Rundfunkbetrieb verwendet wurden. Lang- und Mittelwellensender (ca. 0,1–1,5 MHz) werden aber heute kaum noch betrieben, da die Betriebskosten (hohe Energiekosten bei Sendeleistungen bis 500 kW) nicht mehr vertretbar sind. Zunehmend werden aber schmalbandige Datendienste, z. B. für Zeitsynchronisation bei 77 kHz, übertragen. Tagsüber breiten sich wegen der Dämpfung der ionosphärischen D-Schicht in ca. 80 km Höhe nur Oberflächenwellen (Grundwellen) aus. Die Reichweiten betragen dann maximal einige 100 km bei Sendeleistung bis in den MW-Bereich durch Beugung entlang der Erdkrümmung. Nachts rekombiniert die D-Schicht, so dass höhere Schichten bis 1000 km Höhe mit geringeren Verlusten (E- und F-Schicht) wirksam werden können. Die Reflexion an der Ionosphäre liefert dann höhere Reichweiten, allerdings führen Überlagerungen mit Bodenwellen zu Fadingerscheinungen.

HF (High-Frequency 3–30 MHz) Der sog. *Kurzwellenbereich* erlaubt Wellenausbreitung im Nahbereich (10 km) als Bodenwelle, bei größeren Entfernungen als Raumwelle durch Reflexion an verschiedenen, tageszeitabhängigen Schichten der Ionosphäre. Mehrfachreflexion zwischen Ionosphäre und Erde ermöglicht weltweite Kommunikation mit geringem Aufwand bei Bitraten bis etwa 3 kbit/s. Anwendung findet dieser Frequenzbereich vorwiegend im militärischen Bereich als Rückfallebene für die Satellitenkommunikation insbesondere für die Marine. Auch die zivile und militärische Luftfahrt benutzt Kurzwellenfrequenzen. Im Amateurfunkbereich ist die Verwendung von Kurzwellenfrequenzen weit verbreitet, da schon mit einer Sendeleistung von wenigen Watt bereits globale Kommunikation betrieben wird, ohne dass Gebühren für die Nutzung der Frequenzen zu zahlen wären. Zunehmend findet man in der Marineanwendung wieder OTH-Radare (**O**ver **T**he **H**orizon), die größere Reichweiten als Radare im höheren Frequenzbereich aufweisen.

VHF, UHF (Very-High, Ultra-High-Frequency 30–3000 MHz) Ab etwa 25–30 MHz können Wellen die Ionosphäre durchdringen. Sie werden deshalb nicht mehr reflektiert. Terrestrische Wellenausbreitung findet vorwiegend als Raumwelle auf direktem Wege (LOS, Line-Of-Sight) statt, da die Antennen oft viele Wellenlängen vom Boden entfernt angeordnet sind. Die Dämpfung in Abschattungsbereichen, die durch Beugung erreicht wird, ist größer als bei tieferen Frequenzen. Die Beugung an Häuserfirsten oder Bergkämmen kann aber bei ausreichender Strahlungsdichte die Schattenbereiche versorgen. Reflexionen an terrestrischen Objekten (Berge, Häuser, Bewuchs, Boden) führen zu unerwünschter Mehrwegeausbreitung mit flachem oder frequenzselektivem Fading. Die

Reichweite ist i. Allg. auf den Horizont begrenzt. Die Ionosphäre beeinflusst die Wellenausbreitung zu oder von Satelliten durch Polarisationsdrehung und Laufzeitschwankungen. Die Effekte müssen bei satellitengestützten Navigations- und Kommunikationssystemen berücksichtigt werden. Frequenzen in diesem Bereich stellen den Schwerpunkt für die flächendeckende Mobilfunkkommunikation (GSM, UMTS, LTE) dar. Weitere Anwendungen finden im Richtfunk für Entfernungen bis etwa 100 km statt. Weitbereichsradare für die Flugsicherung arbeiten hier. Bei Frequenzen für industrielle, medizinische und wissenschaftliche Anwendungen (IMS, z. B. 2,45 GHz) sind Mikrowellenöfen, aber auch WLANs und zahlreiche andere Anwendungen angesiedelt.

SHF (Super-High-Frequency 3–30 GHz) Eine Funkübertragung findet nahezu ausschließlich als LOS-Verbindung oder über definierte Reflexionen statt. Wegen der kleinen Wellenlängen können mit einfachen Mitteln (Parabolspiegel o. ä.) hohe Antennengewinne mit großer Bündelung realisiert werden. Ab 10 GHz ist die Polarisationsdrehung der Ionosphäre vernachlässigbar ($< 1°$), so dass für Satellitenfernsehen zwei orthogonale lineare Polarisationen getrennt genutzt werden können. Da die Regendämpfung in diesem Bereich etwa mit f^4 ansteigt, muss sie bei der Auslegung von Richt- oder Satellitenfunkstrecken berücksichtigt werden. Bei 23 GHz existiert ein schwaches Dämpfungsmaximum, verursacht durch die Gasresonanz von H_2O-Dampf. Anwendung findet man im Nahbereichsrichtfunk z. B. für die Anbindung von Basisstationen des Mobilfunks an das Festnetz (26 GHz), im Wetterradar von Flugzeugen (10 GHz) und in Seitensichtradaren (24 GHz) für PKWs sowie bei WLAN-Systemen (5,6 GHz).

EHF (Extremly-High-Frequency 30–300 GHz) Die Wellenausbreitung erfolgt ausschließlich über LOS. Die Regendämpfung beeinträchtigt entscheidend die terrestrische Freiraumanwendung. Der Frequenzbereich bietet große Bandbreiten. Die Gasresonanz (O_2) bei 60 GHz bewirkt eine starke Dämpfung von 16 dB/km, die zu der Freiraumdämpfung noch hinzukommt. Damit ist für kurze Entfernungen (bis etwa 100 m) eine Funkübertragung möglich, die andere Systeme im gleichen Frequenzbereich wenig stört, aber auch wenig gestört werden kann (LPI-Funk, **L**ow **P**robability of **I**ntercept). Bodenreflexionen stören nur bei glatten Oberflächen oder bei sehr flachem Einfall. Interessant ist der Frequenzbereich für sehr breitbandige Übertragung innerhalb von Räumen, da Wände stark dämpfen, sowie für WLANs innerhalb von Passagierflugzeugen und für die extraterrestrische Kommunikation.

1.2 Wellenausbreitung in verschiedenen Höhen

Die Wellenausbreitung kann in Abhängigkeit von der Höhe über Grund sich unterschiedlich verhalten, da sich das Ausbreitungsmedium bis zu einer Höhe von etwa 1000 km in verschiedener Weise deutlich vom reinen Vakuum unterscheidet. Zwei Bereiche sind besonders interessant: die Troposphäre bis etwa 10 km, die mit Niederschlägen und Gas-

Tab. 1.1 Überblick über die Wellenausbreitung in verschiedenen Höhen

Höhe über NN	Beeinflussung durch	Auswirkung
> 1000 km	Elektronendichte N_e: $10^5 \dots 10^7/\mathrm{m}^3$	Gering bis keine
Ionosphäre (60–1000 km)	Elektronen-Plasma u. Erdmagnetfeld N_e bis $10^{12}/\mathrm{m}^3$	Resonator für tiefe Frequenzen (kHz) $f < 20 \dots 30$ MHz: Reflexion, Dämpfung $f > 20 \dots 30$ MHz: Transmission, Polarisat.-Drehung, Laufzeiteffekte
Stratosphäre (10–60 km)	Meteoriten	Scatterdämpfung, Scatterreflexion
Troposphäre (0–10 km)	Regen, Schnee, Hagel, Gasresonanzen ε variiert mit Höhe	Dämpfung, Reflexion, Depolarisation, frequenzselektive Dämpfung, Beugung, Ductbildung
Erdoberfläche	Boden, Bewuchs	Beugung, Dämpfung
	Wasserflächen, Gebirge	Reflexionen, Abschattung
	Städtische Bereiche	Mehrwegeausbreitung, Beugung
	Indoor-Ausbreitung	Mehrwegeausbreitung, Dämpfung
	Objekte in Antennenumgebung	Beugung, Dämpfung, Abschattung
Tunnel	Reflexion an den Wänden	Mehrwegeausbreitung, Verstärkung
Unterirdisch, Wasser	Boden-, Wasserleitfähigkeit	$1/e$-Eindringtiefe proportional $f^{-1/2}$

resonanzen die Wellenausbreitung stark beeinflusst, sowie die Ionosphäre, die durch die Kombination von freien Ladungsträgern und dem Erdmagnetfeld Effekte bewirken, die signifikant frequenzabhängig sind. Für alle Funkanwendungen auf Höhe der Erdoberfläche sind die Eigenschaften der natürlichen Oberfläche selbst sowie die Morphologie einschließlich Bewuchs und Bebauung von entscheidender Bedeutung.

Tab. 1.1 gibt einen Überblick über typische höhenabhängige Eigenschaften der Wellenausbreitung. Auf die Übertragungseigenschaften der Troposphäre und der Ionosphäre wird in den Abschn. 2.6 und 2.7 ausführlich eingegangen.

1.3 Frequenzen für Rund- oder Richtstrahlung

Je nach Anwendung (Funkdienst) gibt es verschiedene Anforderung an die Wellenausbreitung. Rundfunk- und Mobilfunk-Dienste benötigen eine möglichst gute flächendeckende Versorgung. Andererseits werden zur Überbrückung großer Entfernungen z. B. im terrestrischen Richtfunk oder von der Erde zu einem geostationären Satelliten nur an der Position der Empfangsantenne eine ausreichende Feldstärke gefordert. Die Wahl eines geeigneten Frequenzbereichs und der Antennen hängt von diesen unterschiedlichen Aufgabenstellungen ab.

Grundsätzlich gilt für das Verhältnis von Empfangs- zur Sendeleistung im freien Raum bei Leistungs- und Polarisationsanpassung der Antennen gemäß (8.27) im Anhang die Übertragungsgleichung:

$$\frac{P_e}{P_s} = \left(\frac{\lambda}{4\pi R}\right)^2 G_s G_e. \tag{1.1}$$

Hierbei bedeuten P_e und P_s die Empfangs- und Sendleistung, G_e und G_s die entsprechenden Antennengewinne und R die Entfernung zwischen Sender und Empfänger. Für eine flächendeckende Versorgung im Mobilfunk haben die Antennen im einfachsten Falle eine omnidirektionale oder sektorale Charakteristik, d. h. die Strahlungsleistung wird nahezu gleichmäßig auf den gesamten oder einen größeren azimutalen Bereich verteilt. Somit ist der Gewinn begrenzt. Er hängt nur noch von der Bündelung in der Elevation ab und beträgt in der Praxis zwischen 3 und 10 dB. Für die Mobilstation ist der Gewinn noch geringer, da diese keine feste Lage im Raum hat und auch andere Gesichtspunkte den Antennengewinn reduzieren. Der Übertragungsgleichung (1.1) kann man entnehmen, dass in diesem Falle die Wellenlänge möglichst groß sein soll, um einen großen Übertragungsfaktor oder eine große Reichweite zu erhalten. Die Reichweite ist somit proportional $1/f$. Flächendeckende Systeme bevorzugen deshalb bezüglich der optimalen Ausbreitung möglichst niedrige Frequenzen. Die untere Grenze ist durch die Übertragungsbandbreite und die Antennengröße (lineare Abmessungen proportional zur Wellenlänge λ) gegeben. Zur Abdeckung eines Versorgungsgebietes steigt die Anzahl der Basisstationen mit f^2 an.

Soll eine Funkstrecke nur zwei Punkte verbinden, ist der hohe Gewinn von Flächenstrahlern von Vorteil. Zum Beispiel können Parabolspiegel mit wenig Aufwand eine hohe Bündelung („schmale Keule") erzeugen. Flächenstrahler haben eine Wirkfläche A_w, die in der Größenordnung der geometrischen Fläche A der „strahlenden Öffnung" (Apertur) liegt (typ. 40 ... 80 % von A) und in weiten Bereichen frequenzunabhängig ist. Zwischen dem Gewinn und der Wirkfläche einer Antenne besteht die Beziehung

$$G = \frac{4\pi}{\lambda^2} A_w, \tag{1.2}$$

d. h. der Gewinn wächst mit f^2. Damit ergibt sich aus (1.1) mit den Wirkflächen A_{ws} und A_{we} der Sende- und Empfangsantennen für den Übertragungsfaktor[1]:

$$\frac{P_e}{P_s} = \frac{A_{ws} A_{we}}{\lambda^2 R^2}. \tag{1.3}$$

Somit ist für eine Punkt-zu-Punkt-Verbindung eine möglichst hohe Frequenz anzustreben. Obere Grenzen sind: Zunahme der Regendämpfung, mechanische Stabilität (hohe Bündelung, die Antennen müssen stabil ausgerichtet sein), Größe und Genauigkeit (Kosten) der Antennen und Kosten der Technologie.

[1] Der Übertragungsfaktor in dieser Form wurde erstmals 1942 von *Kurt Fränz* angegeben: Gl. (7) in [7]. In der Literatur wird häufig *Harald T. Friis* zitiert, der 1946 die gleiche Beziehung in [8] herleitete.

Die Frequenzen des Mobilfunks werden zukünftig wegen der Forderung nach höheren Bandbreiten in den zweistelligen *GHz*-Bereich ausweichen. Die Kompensation der mit der Frequenz zunehmenden Grundübertragungsdämpfung benötigt aber große Antennengewinne. Ein Ausweg ist die räumliche Entzerrung der Teilnehmer, siehe Abschn. 7.2, wobei im einfachsten Falle die Antennenkeulen den mobilen Teilnehmern folgen (Beam-Forming). Diese Anforderung ist nur durch adaptive Antennen, z. B. phasengesteuerte Gruppenantennen, realisierbar und wird an die zukünftigen Basis- und Mobilstationen interessante Entwicklungsaufgaben stellen.

Literatur

1. Großkopf, J.: Wellenausbreitung I, II. Hochschultaschenbücher, Bd. 141, 539. Bibliographisches Institut, Berlin (1970)
2. Parsons, D.: The Mobile Radio Propagation Channel. Wiley (2000)
3. Saunders, S., Aragón-Zavala, A.: Antennas and Propagation for Wireless Communication Systems, 2. Aufl. Wiley (2007)
4. Stein, S., Jones, J.J.: Modern Communication Principles. McGraw-Hill, New York (1967)
5. Geng, N., Wiesbeck, W.: Planungsmethoden für die Mobilkommunikation. Springer, Berlin (1998)
6. Sizun, H.: Radio Wave Propagation for Telecommunication Applications. Springer, Berlin (2005)
7. Fränz, K.: Messung der Empfängerempfindlichkeit bei kurzen elektrischen Wellen. In: Hochfrequenztechnik und Elektroakustik. Jahrbuch der drahtlosen Telegraphie und Telephonie, Bd. 59, S. 105–112, 143–144 (1942)
8. Friis, H.T.: A note on a simple transmission formula. Proceedings of the I.R.E. and Waves and Electrons **34**(5), 254–256 (1946)

Physikalische Eigenschaften von Übertragungsmedien

2

Die Ausbreitung elektromagnetischer Wellen wird durch die physikalischen Eigenschaften des Übertragungsmediums bestimmt. Die Kenntnis dieser Eigenschaften ist für das weitere Verständnis der Methoden zur Vorhersage und Kompensation der Effekte wichtig. Ein dominierender Effekt in der Wellenausbreitung ist die Reflexion an Oberflächen von Objekten. Diese wird deshalb im Folgenden als Erstes behandelt. Kantenbeugung und Streuung an rauen und/oder kleinen Flächen schließen sich an. Große Bedeutung für Frequenzen im GHz-Bereich hat die atmosphärische Beeinflussung der Wellenausbreitung, insbesondere durch Regen, aber auch durch Nebel und Gasresonanzen. Eine Besonderheit ist die Wellenausbreitung in der Ionosphäre, mit deren Beschreibung dieses Kapitel schließt.

2.1 Grenzflächen: Reflexion und Transmission

Reflexionen von Wellen an Objektoberflächen werden vielfach durch solche an unendlich ausgedehnten Halbebenen (ebene Grenzflächen) approximiert. Das ist zulässig, wenn die Wellenlänge klein ist im Verhältnis zur Größe des Objekts und wenn die reflektierte Welle im Nahbereich des Objektes betrachtet wird. Ein genaueres Kriterium hierfür wird in Abschn. 2.4 gebracht.

Die Reflexion an und Transmission durch Grenzflächen kann mit den bekannten polarisationsabhängigen *Fresnel*'schen[1] Reflexions- und Brechungsgesetzen beschrieben werden, die zwar exakt nur für verlustfreie Materialien bzw. bei Verlusten nur für Winkel $\alpha_1 = 0°$ (s. Abb. 2.1) gelten, näherungsweise aber auch bei schwach verlustbehafteten Materialen für $\alpha_1 < 90°$ verwendet werden können. Die Reflexions- und Transmissionsfaktoren hängen von der Polarisation ab. Der Index p bedeutet Polarisation *parallel*

[1] Augustin Jean Fresnel (1788–1827) französischer Physiker und Ingenieur.

B. Rembold, *Wellenausbreitung*, DOI 10.1007/978-3-658-15284-0_2

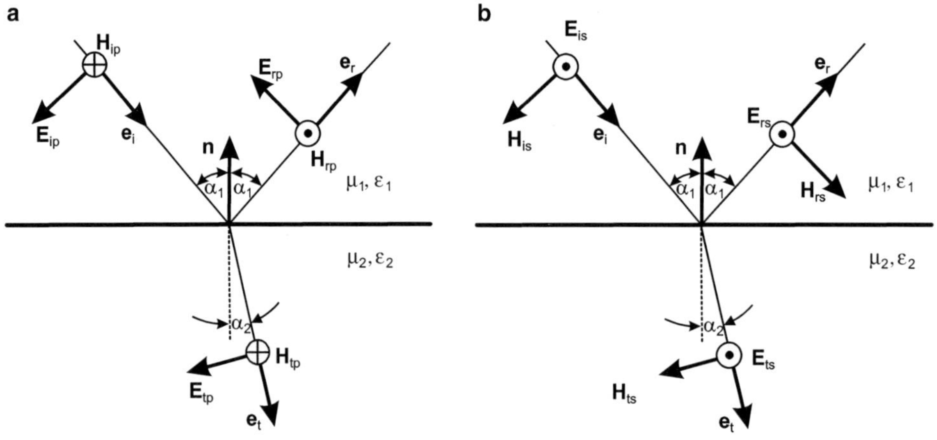

Abb. 2.1 Definition der Feldstärkerichtungen bei **a** paralleler und **b** senkrechter Polarisation

zur Reflexionsebene, das ist die Ebene, die durch die Einfalls- und Reflexionsrichtung aufgespannt wird, Index *s* steht für *senkrecht* zur Reflexionsebene und die Indizes *i, t* und *r* für *einfallende* (engl. incident), *transmittierte* und *reflektierte* Welle, s. Abb. 2.1. In den beiden Abbildungen ist die Reflexionsebene identisch mit der Papierebene. Die Einheitsvektoren $\boldsymbol{e}_i$, $\boldsymbol{e}_t$ und $\boldsymbol{e}_r$ geben die Richtungen der einfallenden, transmittierten und reflektierten Wellen an. $\boldsymbol{n}$ ist der Einheitsvektor senkrecht zur Grenzfläche, der somit die Lage der Grenzfläche im Raum (nicht die Position) definiert.

Die Materialeigenschaften der beiden Medien, die die Grenzfläche trennt, können für die Wellenausbreitung ausreichend mit der Permeabilität μ und Permittivität ε beschrieben werden. Mit den Stoffkonstanten des Vakuums μ_0 und ε_0 sowie der relativen Permeabilität μ_r und relativen Permittivität ε_r sind $\mu = \mu_0 \cdot \mu_r$ und $\varepsilon = \varepsilon_0 \cdot \varepsilon_r$. Bei verlustbehafteten Materialien sind μ_r und ε_r komplex und es gilt $\mu_r = \mu_r' - j\mu_r''$ und $\varepsilon_r = \varepsilon_r' - j\varepsilon_r''$ mit den Verlustwinkeln $\tan\delta_\mu = \mu_r''/\mu_r'$ und $\tan\delta_\varepsilon = \varepsilon_r''/\varepsilon_r'$. Für die meisten Materialien, die für die Wellenausbreitung relevant sind, sind die Stoffgrößen linear und die relative Permittivität ist $\mu_r = 1$.

Das bekannte Brechungsgesetz nach *Snellius*[2] ist z. B. in [7] zu finden. Der Zusammenhang zwischen den Winkeln der einfallenden und transmittierten Welle lautet im verlustlosen Fall, d. h. ε und μ sind reell:

$$\frac{\sin\alpha_1}{\sin\alpha_2} = \sqrt{\frac{\mu_2\varepsilon_2}{\mu_1\varepsilon_1}}. \tag{2.1}$$

Für die meisten in der Wellenausbreitung vorkommenden Materialien ist die Winkelabhängigkeit unabhängig von der Polarisation. Das gilt aber nicht für die Größe der Feld-

[2] Rudolph Snellius (1546–1613) niederländischer Gelehrter und Mathematiker.

stärken. Die erweiterten Reflexions- und Transmissionsfaktoren betragen bei paralleler Polarisation [7]:

$$r_p = \frac{E_{rp}}{E_{ip}} = \frac{\sqrt{\mu_2/\mu_1 - (\varepsilon_1/\varepsilon_2)\sin^2\alpha_1} - \sqrt{\varepsilon_2/\varepsilon_1}\cdot\cos\alpha_1}{\sqrt{\mu_2/\mu_1 - (\varepsilon_1/\varepsilon_2)\sin^2\alpha_1} + \sqrt{\varepsilon_2/\varepsilon_1}\cdot\cos\alpha_1}, \tag{2.2}$$

$$t_p = \frac{E_{tp}}{E_{ip}} = \frac{2\sqrt{\mu_2/\mu_1}\cdot\cos\alpha_1}{\sqrt{\mu_2/\mu_1 - (\varepsilon_1/\varepsilon_2)\sin^2\alpha_1} + \sqrt{\varepsilon_2/\varepsilon_1}\cdot\cos\alpha_1}, \tag{2.3}$$

und bei senkrechter Polarisation:

$$r_s = \frac{E_{rs}}{E_{is}} = \frac{\sqrt{\mu_2/\mu_1}\cdot\cos\alpha_1 - \sqrt{\varepsilon_2/\varepsilon_1 - (\mu_1/\mu_2)\sin^2\alpha_1}}{\sqrt{\mu_2/\mu_1}\cdot\cos\alpha_1 + \sqrt{\varepsilon_2/\varepsilon_1 - (\mu_1/\mu_2)\sin^2\alpha_1}}, \tag{2.4}$$

$$t_s = \frac{E_{ts}}{E_{is}} = \frac{2\sqrt{\mu_2/\mu_1}\cdot\cos\alpha_1}{\sqrt{\mu_2/\mu_1}\cdot\cos\alpha_1 + \sqrt{\varepsilon_2/\varepsilon_1 - (\mu_1/\mu_2)\sin^2\alpha_1}}. \tag{2.5}$$

E_i, H_i sowie E_r, H_r und E_t, H_t – jeweils mit p- oder s-Polarisationsindex – sind die komplexen Einhüllenden der einfallenden, reflektierten und transmittierten elektrischen und magnetischen Feldstärken in Höhe der Grenzfläche. Multipliziert mit den zugehörigen Einheitsvektoren ergeben sie die komplexen Feldstärkevektoren für die einfallende, reflektierte und transmittierte Welle.

Hier ist zu bemerken, dass die Vorzeichen der Feldstärken, d. h. die Richtungen der Pfeile in Abb. 2.1, in gewissen Grenzen beliebig sind. So können z. B. die Richtungen der einfallenden elektrischen *und* magnetischen Feldstärke umgedreht werden. Es ändern sich dann in (2.2) bis (2.5) die Vorzeichen der Reflexions- und Transmissionsfaktoren. Die hier gewählte Darstellung hat aber den Vorteil, dass im Falle $\alpha_1 = 0$, die Richtungen der einfallenden, reflektierten und transmittierten elektrischen Feldstärken übereinstimmen.

Abb. 2.2 zeigt als Beispiel die Beträge der beiden Reflexionsfaktoren r_p und r_s als Funktion des Einfallswinkels α_1 beim Einfall einer ebenen Welle aus dem Vakuum ($\mu_1 = \mu_0$, $\varepsilon_1 = \varepsilon_0$) auf einen dielektrischen Halbraum ($\mu_2 = \mu_0$) für verschiedene relative Permittivitäten. Bei verlustlosem Dielektrikum wird r_p bei dem sog. *Brewster*[3]-Winkel α_B mit $\tan\alpha_B = \sqrt{\varepsilon_{r2}/\varepsilon_{r1}}$ gleich Null. Bei verlustbehaftetem ε_2 durchfährt $|r_p|$ in der Nähe des Brewsterwinkels ein Minimum.

In der Technik wird der Effekt des Brewsterwinkels oft genutzt, z. B. in der Optik zur Reduzierung von Reflexionen an spiegelnden Oberflächen durch Polarisationsfilter oder als Brewsterfenster zur reflexionsarmen Ausleitung von Mikrowellenleistung aus Vakuumröhren (Gyratoren). Auch die Evolution in der Biologie nutzte den Effekt: Insekten können mit ihren polarisationserkennenden Augen spiegelnde Wasserflächen ausmachen, da durch den Brewstereffekt die horizontale Polarisation vorherrscht.

Die Wellenausbreitung in innerstädtischen Gebieten wird in abgeschatteten Zonen vorwiegend durch Reflexionen an den Häuserfassaden und weniger durch Bodenreflexionen

[3] Sir David Brewster (1781–1868) schottischer Physiker.

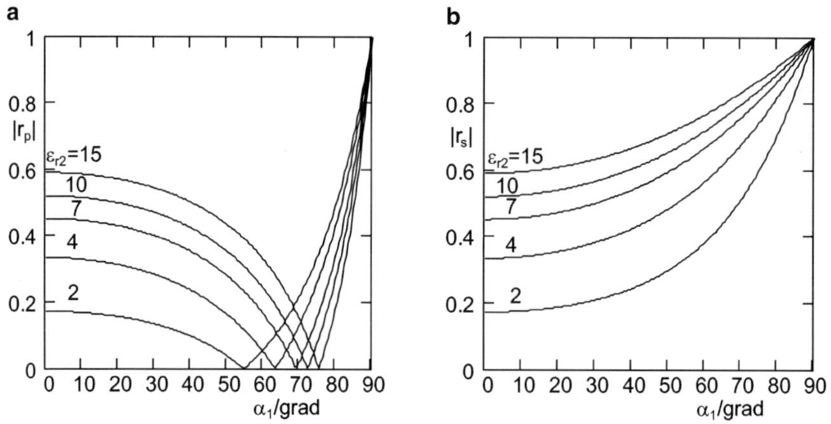

Abb. 2.2 Die Beträge der Reflexionsfaktoren als Funktion von Einfallswinkel α_1. Parameter relative Permittivität ε_{r2}. **a** $|r_p|$, **b** $|r_s|$

bestimmt. Bei horizontaler Polarisation ist wegen des durch den Brewstereffekt gegebenen kleineren Reflexionsfaktors an Häuserfassaden die Reflexionsdämpfung größer und damit die Reichweite kleiner als bei vertikaler Polarisation. Deshalb ist für Basisstationsantennen die vertikale Polarisation vorzuziehen. Zur Vollständigkeit sei erwähnt, dass bei Materialien mit unterschiedlichen Permeabilitäten der Brewstereffekt auch bei senkrechter Polarisation auftreten kann, indem (2.4) zu Null wird. Dieser Fall tritt in der Praxis aber nur selten auf.

Da Reflexion und Transmission polarisationsabhängig sind, muss zu deren Berechnung bei Vorgabe der einfallenden elektrischen Feldstärke diese zunächst in die beiden Anteile mit Index p und s zerlegt werden. Nach Multiplikation der Anteile mit den zugehörigen Reflexions- und Transmissionsfaktoren werden die Vektoren der reflektierten bzw. transmittierten Feldstärke aus den Komponenten wieder zusammengesetzt.

Einige Mathematikprogramme beherrschen aber inzwischen die Vektorrechnung. Sie vereinfacht die Programmierung, da für die Reflexion bzw. Transmission jeweils nur eine einzige Gleichung nötig ist, die im Folgenden hergeleitet werden. Die Lage der Grenzfläche im Raum sei nach Abb. 2.1 durch die senkrecht stehende Normale $\boldsymbol{n}$ beschrieben. Die Richtung der einfallenden Welle wird durch den Einheitsvektor $\boldsymbol{e}_i$ vorgegeben. Die Richtung der zugehörigen elektrischen Feldstärke $\boldsymbol{E}_i$ ist dann nicht mehr vollständig frei wählbar, da sie auf $\boldsymbol{e}_i$ senkrecht stehen muss, aber ansonsten beliebig ist: $\boldsymbol{E}_i \cdot \boldsymbol{e}_i = 0$. Wenn $\boldsymbol{E}_i$ diese Bedingung erfüllt, was aber im Falle des Fernfeldes einer Antenne per se gilt, erhält man wie im Anhang hergeleitet die vektoriellen elektrischen Feldstärken $\boldsymbol{E}_r$ und $\boldsymbol{E}_t$:

$$\boldsymbol{E}_r = r_s \boldsymbol{e}_s (\boldsymbol{e}_s \cdot \boldsymbol{E}_i) + r_p (\boldsymbol{e}_s \times \boldsymbol{e}_r) \cdot [(\boldsymbol{e}_i \times \boldsymbol{e}_s) \cdot \boldsymbol{E}_i] \,, \quad (2.6)$$

$$\boldsymbol{E}_t = t_s \boldsymbol{e}_s (\boldsymbol{e}_s \cdot \boldsymbol{E}_i) + t_p (\boldsymbol{e}_t \times \boldsymbol{e}_s) \cdot [(\boldsymbol{e}_i \times \boldsymbol{e}_s) \cdot \boldsymbol{E}_i] \,. \quad (2.7)$$

$\boldsymbol{e}_s$ ist ein Einheitsvektor, der in der Grenzfläche liegt und senkrecht auf $\boldsymbol{n}$ und $\boldsymbol{e}_i$ steht, s. Abb. 8.6:

$$\boldsymbol{e}_s = \frac{\boldsymbol{e}_i \times \boldsymbol{n}}{|\boldsymbol{e}_i \times \boldsymbol{n}|} .$$

Die Einheitsvektoren $\boldsymbol{e}_r$ und $\boldsymbol{e}_t$ in die Richtungen der reflektierten und transmittierten Wellen betragen, s. (8.36) und (8.40) im Anhang:

$$\begin{aligned} \boldsymbol{e}_r &= \boldsymbol{e}_i - 2\,(\boldsymbol{e}_i \cdot \boldsymbol{n}) \cdot \boldsymbol{n} , \\ \boldsymbol{e}_t &= -\boldsymbol{n}\sqrt{1 - \frac{\mu_1\varepsilon_1}{\mu_2\varepsilon_2}\left[1 - (\boldsymbol{n} \cdot \boldsymbol{e}_i)^2\right]} + (\boldsymbol{n} \times \boldsymbol{e}_s)\sqrt{\frac{\mu_1\varepsilon_1}{\mu_2\varepsilon_2}\left[1 - (\boldsymbol{n} \cdot \boldsymbol{e}_i)^2\right]} . \end{aligned}$$

r_s und r_p sowie t_s und t_p sind die o. g. winkel- und polarisationsabhängigen Reflexions- und Transmissionsfaktoren gemäß (2.2–2.5). Die darin enthaltenen Winkelfunktionen können durch $\boldsymbol{e}_i$ und die Normale $\boldsymbol{n}$ ausgedrückt werden:

$$\begin{aligned} \cos\alpha_1 &= -\boldsymbol{n} \cdot \boldsymbol{e}_i , \\ \sin^2\alpha_1 &= 1 - (\boldsymbol{n} \cdot \boldsymbol{e}_i)^2 . \end{aligned}$$

Mit diesen Beziehungen lassen sich Reflexion und Transmission einer einfallenden ebenen Welle mit beliebiger Polarisation einfach berechnen.

(2.6) und (2.7) enthalten natürlich den Sonderfall $\alpha_1 = 0$, für den gilt: $r_p = r_s = r$ und $t_p = t_s = t$. Somit ergibt sich erwartungsgemäß $\boldsymbol{E}_r = r \cdot \boldsymbol{E}_i$ und $\boldsymbol{E}_t = t \cdot \boldsymbol{E}_i$.

Ein weiterer wichtiger Sonderfall ist die Reflexion an einer gut leitenden Ebene. Im Falle großer Leitfähigkeit κ mit $\varepsilon_{r2} \approx \kappa / (j\omega\varepsilon_0)$ sind die Reflexionsfaktoren nahezu unabhängig vom Einfallswinkel und betragen $r_p = r_s = -1$.

Die Transmission durch Objekte spielt bei der Wellenausbreitung eine wichtige Rolle, z. B. die Durchdringung von Mauerwerk oder die Strahlung durch Fenster und Türen bei der Funkversorgung von Gebäudeinnenräumen. In diesen Fällen verlaufen die Grenzflächen der Objekte überwiegend parallel, so dass eine Berechnung nach dem im Folgenden Abschnitt beschriebenen Verfahren möglich ist.

2.2 Reflexion und Transmission bei geschichteten Medien

Die Reflexion und Transmission bei geschichteten Medien spielen in der Wellenausbreitung eine große Rolle. Ihre Berechung wird benötigt

- bei Radomen, den Abdeckungen von Antennen für Richtfunk und Radar,
- im Mobilfunk oder bei WLAN-Systemen zur Modellierung der Wellenausbreitung bei mehrschichtigen Gebäudewänden oder Fenstern (beschichtetes, wärmedämmendes Glas, Mehrscheibenverglasung),

- zur Dimensionierung von optischen Filtern, die sich aus mehreren Schichten zusammensetzen,
- zur Dimensionierung von Brewsterfenstern bei Mikrowellen-Hochleistungsröhren.

Im Folgenden wird ein rekursives Verfahren beschrieben, mit dem man Reflexion und Transmission von ebenen Wellen an geschichteten, ebenen Medien ermitteln kann. Für verlustbehaftete Materialien gelten die gleichen Aussagen wie im vorigen Abschnitt. Wir nehmen zunächst an, dass alle Materialien verlustlos sind.

Das Modell besteht gemäß Abb. 2.3 aus N Trennebenen mit $N + 1$ Medien (Schichten), die Medienbereiche mit dem Index 1 bzw. $N + 1$ gehören dazu. Innerhalb einer Schicht sind die Materialeigenschaften konstant. Es wird eine einfallende ebene Welle in Medium 1 angenommen. Ziel ist die Berechnung der Reflexion in Medium 1 und der Transmission in Medium $N + 1$.

Zunächst können recht einfach die Wellenzahlen in den Schichten angegeben werden. Das Koordinatensystem kann um die z-Achse so gedreht werden, dass die Richtung der einfallenden Welle und damit die Richtungen der Wellen in allen anderen Medien in der Ebene $x = \text{const.}$ liegen. Die Richtungen werden durch die vektoriellen Wellenzahlen $\boldsymbol{k}_n$ definiert. Dann gilt:

$$\frac{\partial}{\partial x} = 0 \quad \text{und damit } k_x \equiv 0.$$

Die vektoriellen Wellenzahlen der Medien (Index n) betragen dann

$$\boldsymbol{k}_n = k_y \cdot \boldsymbol{e}_y + \beta_n \cdot \boldsymbol{e}_z. \tag{2.8}$$

β_n ist die Ausbreitungskonstante im Medium n in z-Richtung. Das Skalarprodukt ergibt

$$\boldsymbol{k}_n \cdot \boldsymbol{k}_n = k_n^2 = \omega^2 \mu_n \varepsilon_n = k_y^2 + \beta_n^2. \tag{2.9}$$

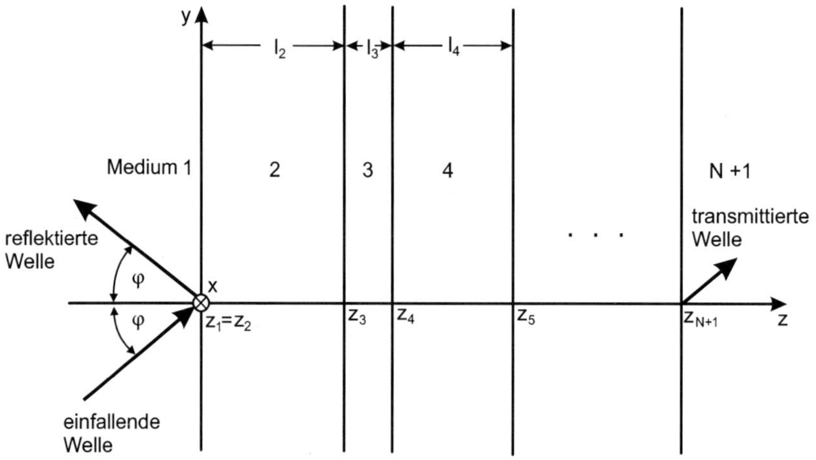

Abb. 2.3 Modell eines geschichteten Mediums

k_y ist in allen Medien gleich, d. h. es gilt auch in Medium 1. Man erhält k_y aus der vorgegebenen Richtung der einfallenden Welle, die mit der z-Achse den Winkel φ bildet. Daraus folgt unmittelbar:

$$k_y = k_1 \cdot \sin\varphi.$$

Mit Vorgabe der Wellenzahlen k_n $(n = 1, \ldots, N + 1)$ erhält man für die Ausbreitungskonstanten in den Medien n gemäß (2.9):

$$\begin{aligned} \beta_n^2 &= k_n^2 - k_y^2 \quad \text{und somit} \\ \beta_n^2 &= k_n^2 - k_1^2 \cdot \sin^2\varphi, \quad \text{oder} \\ \beta_n &= \omega\sqrt{\mu_n\varepsilon_n - \mu_1\varepsilon_1 \sin^2\varphi}. \end{aligned} \tag{2.10}$$

Bei Vorgabe aller Materialparameter und der Frequenz sind somit alle β_n bekannt. Mit (2.9) kennt man auch die Richtungen der Wellen, insbesondere der Welle am Ausgang, d. h. im Medium $N + 1$. Diese Information ist wichtig für die weitere Anwendung z. B. in einem Ray-Tracer, s. Kap. 4.

Als nächster Schritt können nun die Feldstärken in den Schichten ermittelt werden. $\boldsymbol{E}_n$ und $\boldsymbol{H}_n$ sind die vektoriellen Feldstärken im Medium n mit $n = 1, 2, \ldots, N + 1$. Die in z-Richtung hin- bzw. rücklaufenden Wellen seien mit Index p bzw. r gekennzeichnet:

Für die hinlaufende Welle im Medium n gilt

$$\boldsymbol{E}_{pn} = \boldsymbol{E}_{pno} \cdot e^{-jk_y y} \cdot e^{-j\beta_n \cdot (z - z_n)} \tag{2.11}$$

mit der komplexen Amplitude $\boldsymbol{E}_{pno} = \boldsymbol{E}_{pn}(y = 0, z = z_n)$ im Medium n. z_n sind die Mediengrenzen. Es seien $z_1 = z_2 = 0$ (s. Abb. 2.3).

Die rücklaufenden Wellen lauten

$$\boldsymbol{E}_{rn} = \boldsymbol{E}_{rno} \cdot e^{-jk_y y} \cdot e^{j\beta_n \cdot (z - z_n)}. \tag{2.12}$$

Die magnetischen Feldstärkekomponenten können aus den elektrischen Feldstärken berechnet werden. Man erhält

$$\boldsymbol{H}_{pn} = \frac{\boldsymbol{k}_n \times \boldsymbol{E}_{pn}}{k_n \cdot Z_n} \quad \text{und} \tag{2.13}$$

$$\boldsymbol{H}_{rn} = \frac{-\boldsymbol{k}_n \times \boldsymbol{E}_{rn}}{k_n \cdot Z_n} \tag{2.14}$$

mit dem Feldwellenwiderstand $Z_n = \sqrt{\mu_n/\varepsilon_n}$ und dem Nennerausdruck $k_n \cdot Z_n = \omega\mu_n$.

Zur weiteren Berechnung werden die Stetigkeitsbedingungen benötigt: An den Grenzflächen zwischen den Medien sind die tangentialen Feldstärken gleich. Somit gilt an den Grenzflächen mit $n = 1, \ldots, N$ für die elektrischen Feldstärken:

$$\boldsymbol{E}_n(z_{n+1}) \times \boldsymbol{e}_z = \boldsymbol{E}_{n+1}(z_{n+1}) \times \boldsymbol{e}_z \tag{2.15}$$

und analog für die magnetischen Feldstärken:

$$\boldsymbol{H}_n(z_{n+1}) \times \boldsymbol{e}_z = \boldsymbol{H}_{n+1}(z_{n+1}) \times \boldsymbol{e}_z. \tag{2.16}$$

Im Folgenden wird die allgemeine Polarisation der einfallenden Welle in die beiden Fälle senkrecht bzw. parallel zu Reflexionsebene aufgeteilt:

1. $\boldsymbol{E}_{p1}$ steht senkrecht auf der Reflexionsebene Abb. 2.4 zeigt den Fall, dass $\boldsymbol{E}_{p1}$ senkrecht auf der Reflexionsebene steht. Folgende Abkürzungen für die Amplituden der hin- bzw. rücklaufenden Wellen am Anfang jeder Schicht werden eingeführt:

$$P_n \equiv E_{pno} \quad \text{und} \quad R_n \equiv E_{rno}.$$

Die Feldstärke setzt sich aus der hin- und rücklaufenden Welle zusammen. Damit erhält man aus (2.11) und (2.12) für die elektrische Feldstärke im Medium n mit den o. g. Abkürzungen für $1 \leq n \leq N+1$:

$$\begin{aligned} \boldsymbol{E}_n &= \boldsymbol{E}_{pn} + \boldsymbol{E}_{rn}, \quad \text{d. h.} \\ \boldsymbol{E}_n &= \boldsymbol{e}_x \cdot (P_n \cdot e^{-j\beta_n \cdot (z-z_n)} + R_n \cdot e^{j\beta_n \cdot (z-z_n)}) \cdot e^{-jk_y y}, \end{aligned} \tag{2.17}$$

und analog für die magnetische Feldstärke mit den (2.13) und (2.14):

$$\begin{aligned} \boldsymbol{H}_n &= \boldsymbol{H}_{pn} + \boldsymbol{H}_{rn}, \quad \text{d. h.} \\ \boldsymbol{H}_n &= \frac{e^{-jk_y y}}{\omega \mu_n} \big[\boldsymbol{e}_y \beta_n \cdot (P_n e^{-j\beta_n \cdot (z-z_n)} - R_n e^{j\beta_n \cdot (z-z_n)}) \\ &\qquad - \boldsymbol{e}_z k_y \cdot (P_n e^{-j\beta_n \cdot (z-z_n)} + R_n e^{j\beta_n \cdot (z-z_n)}) \big]. \end{aligned} \tag{2.18}$$

Mit den Stetigkeitsbedingungen für $\boldsymbol{E}$ und $\boldsymbol{H}$ gemäß (2.15) und (2.16) ergibt sich hieraus mit den oben eingeführten Abkürzungen für $n = 1, \ldots, N$ mit $z_{n+1} - z_n = l_n$ (s. Abb. 2.3):

$$P_n \cdot e^{-j\beta_n l_n} + R_n \cdot e^{j\beta_n l_n} = P_{n+1} + R_{n+1}, \tag{2.19}$$

$$P_n \cdot e^{-j\beta_n l_n} - R_n \cdot e^{j\beta_n l_n} = \frac{\beta_{n+1}}{\beta_n} \cdot \frac{\mu_n}{\mu_{n+1}} (P_{n+1} - R_{n+1}). \tag{2.20}$$

Abb. 2.4 Richtung der Feldstärken für senkrechte Polarisation

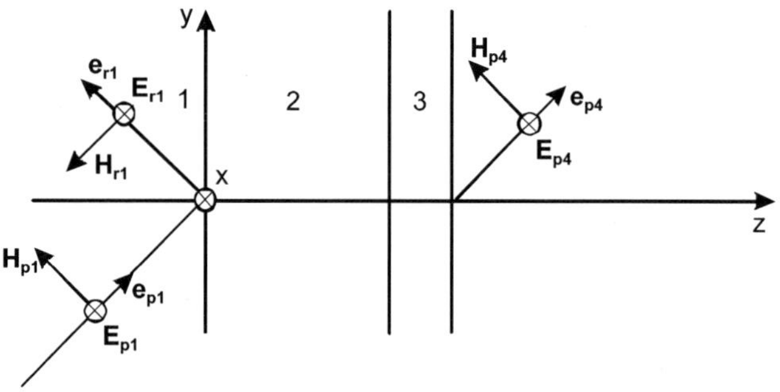

Es ist $R_{N+1} \equiv 0$, d. h. im Medium $N + 1$ wird nur eine fortschreitende Welle angesetzt. Die Auflösung von (2.19) und (2.20) für $1 \leq n \leq N$ nach R_n und P_n ergibt:

$$R_n = \frac{1}{2} P_{n+1} \cdot e^{-j\beta_n l_n} \left(1 - \frac{\beta_{n+1}}{\beta_n} \cdot \frac{\mu_n}{\mu_{n+1}}\right) + \frac{1}{2} R_{n+1} \cdot e^{-j\beta_n l_n} \left(1 + \frac{\beta_{n+1}}{\beta_n} \cdot \frac{\mu_n}{\mu_{n+1}}\right), \tag{2.21}$$

$$P_n = \frac{1}{2} P_{n+1} \cdot e^{j\beta_n l_n} \left(1 + \frac{\beta_{n+1}}{\beta_n} \cdot \frac{\mu_n}{\mu_{n+1}}\right) + \frac{1}{2} R_{n+1} \cdot e^{j\beta_n l_n} \left(1 - \frac{\beta_{n+1}}{\beta_n} \cdot \frac{\mu_n}{\mu_{n+1}}\right), \tag{2.22}$$

und speziell für $n = N$:

$$R_N = \frac{1}{2} P_{N+1} \cdot e^{-j\beta_N l_N \cdot} \left(1 - \frac{\beta_{N+1}}{\beta_N} \cdot \frac{\mu_N}{\mu_{N+1}}\right), \tag{2.23}$$

$$P_N = \frac{1}{2} P_{N+1} \cdot e^{j\beta_N l_N} \left(1 + \frac{\beta_{N+1}}{\beta_N} \cdot \frac{\mu_N}{\mu_{N+1}}\right). \tag{2.24}$$

Mit den letzten vier Gleichungen können alle Konstanten rekursiv berechnet werden: Zunächst setzt man in (2.23) und (2.24) $P_{N+1} = 1$ und legt damit R_N und P_N fest. Nun führt mit (2.21) und (2.22) die Rekursion von $n = N - 1$ bis $n = 1$ zu R_n und P_n.

Der Reflexionsfaktor in Medium 1 ist dann das Verhältnis von R_1 und P_1 an der Stelle $x = y = z = 0$:

$$r = \frac{R_1}{P_1}. \tag{2.25}$$

Der Transmissionsfaktor ist das Verhältnis der *elektrischen* Feldstärken der transmittierten ($x = y = 0$; $z = z_{N+1}$) und einfallenden Welle ($x = y = z = 0$) und lautet analog:

$$t = \frac{P_{N+1}}{P_1}. \tag{2.26}$$

Die Polarisation kann Abb. 2.4 entnommen werden.

Das Verhältnis V der transmittierten Leistungsdichten zu derjenigen der einfallenden Welle lautet wegen der möglicherweise unterschiedlichen Wellenwiderstände von Medium $N + 1$ und 1 wie folgt:

$$V = |t|^2 \cdot \frac{Z_1}{Z_{N+1}}.$$

Zusammengefasst sind folgende vier Schritte zu tun:

1. $P_{N+1} = 1$ setzen.
2. Mit (2.23) und (2.24) R_N und P_N berechnen.
3. R_n und P_n mit (2.21) und (2.22) rekursiv von $n = N - 1$ bis $n = 1$ berechnen.
4. Reflexionsfaktor r und Transmissionsfaktor t aus (2.25) und (2.26) bilden.

2. E_{p1} ist parallel zur Reflexionsebene Man berechnet den Reflexions- und Transmissionsfaktor r und t mit dem gleichen Verfahren, wie oben beschrieben. Jedoch müssen in (2.21) bis (2.24) die Materialkonstanten μ_n durch ε_n ersetzt werden. Man erhält mit den Abkürzungen $P_n \equiv H_{pno}$ und $R_n \equiv H_{rno}$:

$$R_n = \frac{1}{2} P_{n+1} \cdot e^{-j\beta_n l_n} \left(1 - \frac{\beta_{n+1}}{\beta_n} \cdot \frac{\varepsilon_n}{\varepsilon_{n+1}}\right) + \frac{1}{2} R_{n+1} \cdot e^{-j\beta_n l_n} \left(1 + \frac{\beta_{n+1}}{\beta_n} \cdot \frac{\varepsilon_n}{\varepsilon_{n+1}}\right), \tag{2.27}$$

$$P_n = \frac{1}{2} P_{n+1} \cdot e^{j\beta_n l_n} \left(1 + \frac{\beta_{n+1}}{\beta_n} \cdot \frac{\varepsilon_n}{\varepsilon_{n+1}}\right) + \frac{1}{2} R_{n+1} \cdot e^{j\beta_n l_n} \left(1 - \frac{\beta_{n+1}}{\beta_n} \cdot \frac{\varepsilon_n}{\varepsilon_{n+1}}\right) \tag{2.28}$$

und wieder speziell für $n = N$:

$$R_N = \frac{1}{2} P_{N+1} \cdot e^{-j\beta_N l_N \cdot} \left(1 - \frac{\beta_{N+1}}{\beta_N} \cdot \frac{\varepsilon_N}{\varepsilon_{N+1}}\right) \tag{2.29}$$

$$P_N = \frac{1}{2} P_{N+1} \cdot e^{j\beta_N l_N} \left(1 + \frac{\beta_{N+1}}{\beta_N} \cdot \frac{\varepsilon_N}{\varepsilon_{N+1}}\right) \tag{2.30}$$

Daraus ergibt sich wie oben durch Rekursion das Verhältnis

$$\frac{R_1}{P_1} = \frac{H_{r1o}}{H_{p1o}}, \tag{2.31}$$

d. h. das Verhältnis der Amplituden der *magnetischen* Feldstärken im Medium 1 an der Grenze zu Medium 2 an der Stelle $y = 0$. Den Reflexionsfaktor, wie üblich als Verhältnis der *elektrischen* Feldstärken, erhält man schließlich hieraus unter Beachtung der Polarisation gemäß Abb. 2.5 mit

$$r = -\frac{R_1}{P_1}. \tag{2.32}$$

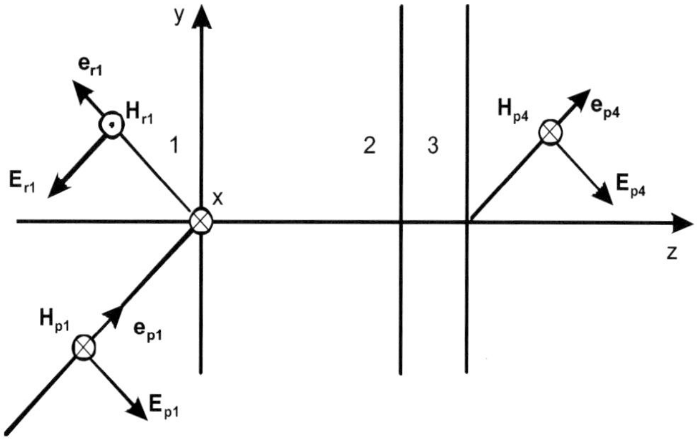

Abb. 2.5 Richtung der Feldstärken für parallele Polarisation

Der Transmissionsfaktor, als Verhältnis der *elektrischen* Feldstärken in den Medien $N+1$ und 1 lautet:

$$t = \frac{P_{N+1}}{P_1} \cdot \frac{Z_{N+1}}{Z_1}. \tag{2.33}$$

Auch hier ist zu beachten, dass das Verhältnis V der transmittierten Leistungsdichte zu derjenigen der einfallenden Welle wegen der möglicherweise unterschiedlichen Wellenwiderstände von Medium 1 und $N+1$ wie folgt lautet:

$$V = |t|^2 \cdot \frac{Z_1}{Z_{N+1}}. \tag{2.34}$$

Die Herleitungen gelten wie oben erwähnt für verlustlose Materialien. Näherungsweise sind die Ergebnisse auch bei Verlusten gültig, wenn man (2.34) wie folgt ersetzt:

Den Realteil der Leistungsdichte erhält man über den Realteil des Poyntingvektors $\boldsymbol{S}$. Für eine in Richtung $\boldsymbol{k}_n$ transportierte Welle in Schicht n gilt:

$$\text{Re}\{\boldsymbol{S}\} = \frac{|\boldsymbol{E}_{pno}|^2}{2} \text{Re}\left\{\sqrt{\frac{\varepsilon_n}{\mu_n}}\right\}.$$

Somit beträgt das Verhältnis der Realteile der Leistungsdichten von aus- zu eintretender Welle

$$V = |t|^2 \cdot \frac{\text{Re}\{\sqrt{\varepsilon_{N+1}/\mu_{N+1}}\}}{\text{Re}\{\sqrt{\varepsilon_1/\mu_1}\}}. \tag{2.35}$$

Man erkennt, dass (2.35) im Sonderfall verlustloser Materialien in (2.34) übergeht. Falls die Materialien der Medien 1 und $N+1$ gleich sind, wenn es sich z. B. um den Freiraum handelt, gehen (2.34) und (2.35) auch bei Verlusten ineinander über und es gilt

$$V = |t|^2.$$

Bei einem Einfallswinkel $\varphi = 0°$ sind die Ergebnisse auch bei Verlusten exakt. Für $\varphi > 0°$ erhält man bei Verlusten Näherungen für die Reflexion und Transmission, deren Fehler mit dem Einfallswinkel zunehmen und die bei $\varphi = 90°$ versagen.

Im Folgenden werden drei Beispiele gezeigt.

Beispiel 1 Die Reflexion und Transmission einer beidseitig mit Holzvertäfelung versehenen Betonwand sollen untersucht werden. Die Betonwand hat eine Stärke von 12 cm, ihre komplexe Dielektrizitätszahl ist $\varepsilon_r = 6{,}16 - j0{,}3$. Die Holzverkleidungen betragen jeweils 1,8 cm, für das Holz wird $\varepsilon_r = 1{,}6 - j0{,}25$ angesetzt. Der Einfallswinkel beträgt $\varphi = 0°$, d. h. senkrechter Einfall. Der untersuchte Frequenzbereich ist 0–10 GHz.

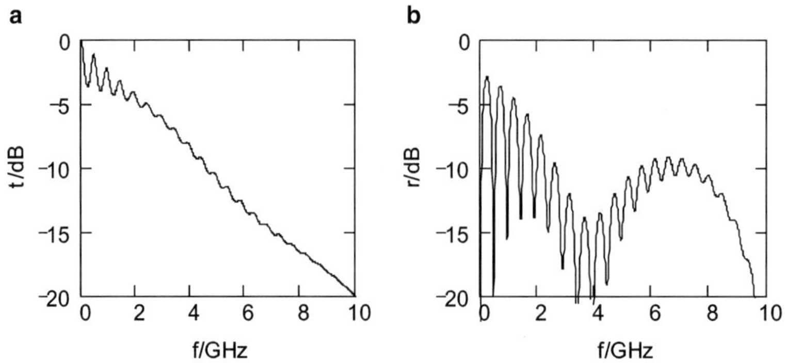

Abb. 2.6 **a** Transmissionsdämpfung und **b** Reflexionsdämpfung für eine holzvertäfelte Betonwand. Parameter s. Text

Abb. 2.6 zeigt die Transmissions- und Reflexionsdämpfung. Man erkennt, dass für Frequenzen z. B. im unteren WLAN-Bereich (2,45 GHz) die Verluste nur wenige dB betragen, dagegen ist ab 5 GHz schon mit zweistelligen Dämpfungswerten zu rechnen. An dem Verlauf der Reflexionsdämpfung ist zu sehen, dass für die Verluste vorwiegend die Materialdämpfung und nicht die Reflexion verantwortlich ist.

Beispiel 2 Es soll der Einfluss des Einfallswinkels sowie der Polarisation bei Transmission durch Zweischeibenglas untersucht werden. Die Glasstruktur besteht aus Scheiben der Dicke von 4 mm, deren Abstand 16 mm beträgt. Die komplexe Dielektrizitätszahl des Glasmaterials ist $\varepsilon_r = 5{,}4 - j\,0{,}33$. Die Polarisation der elektrischen Feldstärke steht zunächst senkrecht auf der Einfallsebene. Der Einfallswinkel variiert zwischen 0° und 89°. Es werden Frequenzen von 24 bis 26 GHz in Stufen von 500 MHz untersucht. Abb. 2.7 zeigt die Transmissionsdämpfung als Funktion des Einfallswinkels.

Die Verluste sind daran erkennbar, dass die Maxima nicht den Wert 0 dB erreichen. Am Vergleich mit Abb. 2.8, in der der gleiche Fall, aber mit verlustlos angenommen Glasscheiben, dargestellt ist, sieht man, dass für die hohen Verluste zwischen den Übertragungsmaxima der Schichtenaufbau und nicht die Materialverluste verantwortlich sind.

Die Ergebnisse gelten für senkrechte Polarisation. Bei paralleler Polarisation verbessern sich die Dämpfungskurven erheblich, wie Abb. 2.9 zeigt. Hier sind die gleichen Materialverluste wie in Abb. 2.7 angesetzt. Ursache der besseren Transmission ist der Brewstereffekt, der sich auch bei einer Mehrschichtstruktur auswirkt.

Beispiel 3 Hier soll für den Frequenzbereich von 2 bis 40 GHz die simulierte Transmission durch eine Verbundglasscheibe mit Messungen verglichen werden. Die Struktur besteht aus zwei Glasscheiben der Dicke von je 2,6 mm und einer dazwischenliegenden Folie der Stärke 0,78 mm. Die komplexen Materialparameter des Glasmaterials sind $\varepsilon_r = 6{,}8 - j\,0{,}14$ und der Folie $\varepsilon_r = 3{,}5 - j\,0{,}035$.

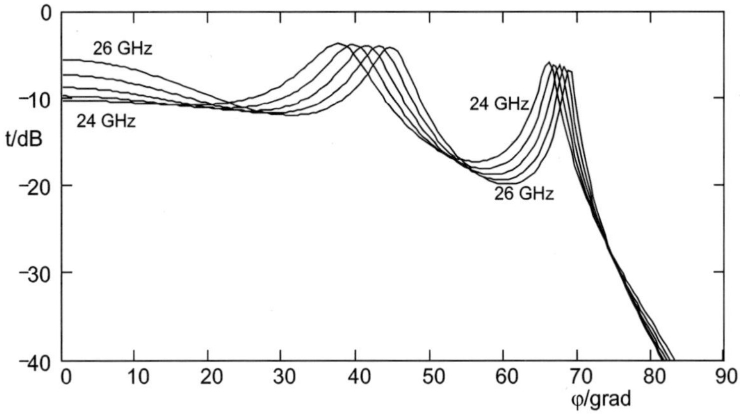

Abb. 2.7 Transmission durch ein Fenster mit Zweischeibenglas als Funktion des Einfallswinkels. Parameter s. Text

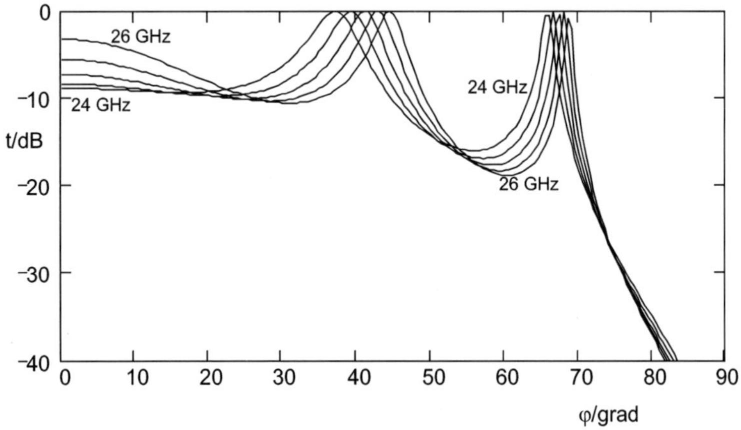

Abb. 2.8 Wie Abb. 2.7, aber mit verlustfreien Glasscheiben

Die Verbundglasscheibe hat die Abmessungen von etwa $30 \times 30\,\mathrm{cm}^2$ und ist in einem mit Absorbern umgebenen Fenster befestigt, das sich innerhalb einer Absorberkammer im Strahlungsfeld von zwei Antennen befindet, s. Abb. 2.10. Als Signalquelle dient ein Netzwerkanalysator, der über einen Hornstrahler an der Stelle des Messobjekts eine näherungsweise ebene Welle erzeugt. Ein zweiter Hornstrahler empfängt die durch das Messobjekt transmittierte Welle und führt sie dem Empfänger des Netzwerkanalysators zu. Hornstrahler decken in der Regel nur relative Frequenzbereiche von 1 : 1,5 ab, so dass der gesamte Frequenzbereich aus Einzelmessungen zusammengesetzt wird.

Eine Testmessung mit einer Metallplatte anstelle des Messobjekts stellt sicher, dass keine störenden Signale außerhalb des Messobjekts das Empfangshorn erreichen. Weitere Absorber im Randbereich sind u. U. notwendig. Die Kalibrierung der Anordnung erfolgt

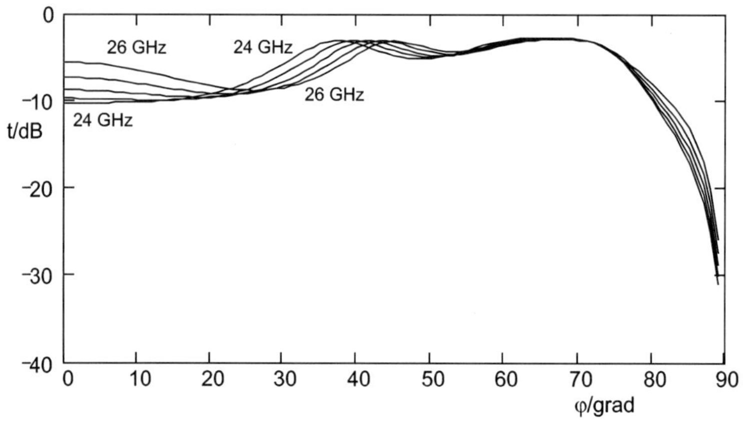

Abb. 2.9 Wie Abb. 2.7, aber mit paralleler Polarisation. Der Brewstereffekt verhindert stärkere Dämpfungseinbrüche

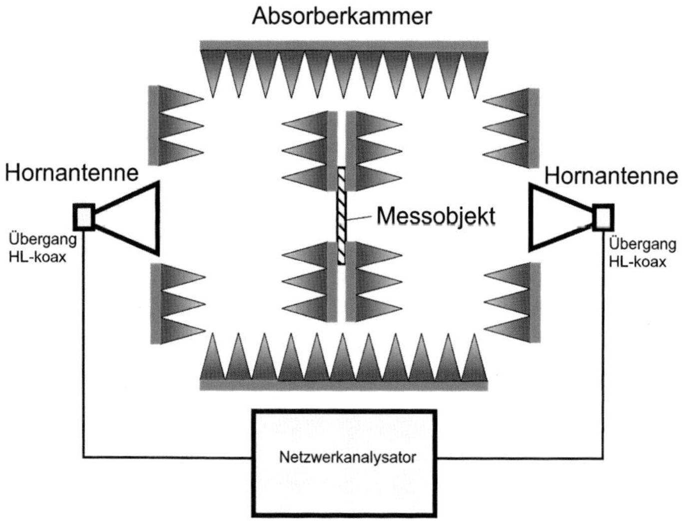

Abb. 2.10 Anordnung zur Ermittlung der Transmission durch ein Messobjekt

durch eine Transmissionsmessung ohne Messobjekt. Da hier nur der Betrag des Übertragungsfaktors interessiert, ist die geringfügige Phasendrehung durch den Leerraum ohne Bedeutung.

Reflexionen an der Glasoberfläche erzeugen stehende Wellen in den Bereichen zwischen den Hornstrahlern und dem Messobjekt, die zu starken Schwankungen des Übertragungsfaktors über der Frequenz (engl. ripple) führen. Abhilfe schaffen eine Fouriertransformation des Messergebnisses, eine anschließende Tiefpassfilterung, die den „hochfrequenten" ripple entfernt und eine Rücktransformation. Abb. 2.11 zeigt den gemessenen,

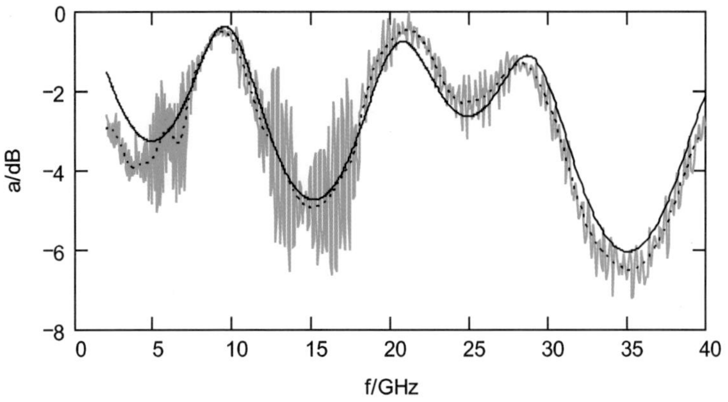

Abb. 2.11 Transmission durch eine Verbundglasscheibe, s. Text. *Gestrichelt*: Mittelwert des gemessenen, stark schwankenden Übertragungsfaktors. *Durchgezogen*: Berechnung nach Abschn. 2.2

ungefilterten sowie gefilterten Übertragungsfaktor sowie das Ergebnis nach dem in diesem Abschnitt beschriebenen Verfahren. An der Übereinstimmung kann man die Brauchbarkeit des Berechnungsverfahrens erkennen. Abweichungen im unteren Frequenzbereich sind dadurch gegeben, dass hier die Wellenlänge in die Nähe der Fensterabmessungen kommt.

Sonderfall: Eine Schicht

Häufig besteht die Anordnung aus nur einer Schicht. Beispiele sind unbeschichtetes Einscheibenglas, eine Betonwand ohne Verputz oder eine homogene Plastikabdeckung eines Radoms. In diesen Fällen ist $N = 2$, d. h. 2 Trennebenen. In den meisten Anwendungen werden die beiden äußeren Medien durch den Freiraum gebildet, und ihre Materialkonstanten sind μ_0 und ε_0. Aus den Rekursionen (2.21–2.24) für senkrechte bzw. (2.27–2.30) für parallele Polarisation lassen sich unter diesen Bedingungen einfache Beziehungen für Reflexion und Transmission herleiten. Zunächst erhält man, gültig für beide Polarisationen:

$$\frac{R_1}{P_1} = \frac{1 - a^2}{1 + a^2 - 2ja\cot\beta_2 l_2}, \quad \text{und}$$

$$t = \frac{1}{\cos\beta_2 l_2 + j\,\frac{1+a^2}{2a}\sin\beta_2 l_2}.$$

Im Falle senkrechter Polarisation sind $r = r_s = R_1/P_1$ und

$$a = a_s = \frac{\sqrt{\mu_{r2}\varepsilon_{r2} - \sin^2\varphi}}{\mu_{r2}\cos\varphi},$$

bei paralleler Polarisation sind $r = r_p = -R_1/P_1$ und

$$a = a_p = \frac{\sqrt{\mu_{r2}\varepsilon_{r2} - \sin^2\varphi}}{\varepsilon_{r2}\cos\varphi}.$$

β_2 ist die Phasenkonstante innerhalb der Schicht: $\beta_2 = k_0\sqrt{\mu_{r2}\varepsilon_{r2} - \sin^2\varphi}$. μ_{r2} und ε_{r2} sind die relativen Materialkonstanten und l_2 ist die Dicke der Schicht, k_0 ist die Freiraumwellenzahl und φ der Einfalls- und Ausfallswinkel der Welle.

Vielfach reicht es aus, ein Szenario z. B. für einen Ray-Tracer mit homogenen Wänden zu konstruieren, deren Übertragungseigenschaften mit diesen einfachen Gleichungen beschrieben werden können.

2.3 Streuung an rauen Oberflächen

Die oben beschriebenen Reflexionsfaktoren setzen eine glatte Oberfläche voraus. Die Unebenheiten müssen klein sein gegenüber der Wellenlänge. Man spricht dann von regulärer Reflexion. In der Praxis wird diese Bedingung oft nicht eingehalten. Dieses wird besonders deutlich bei der Reflexion von Mobilfunk- oder Richtfunk-Wellen an der Erdoberfläche. Die Modellierung dieser Oberflächenrauigkeit hat das Ziel, eine Grenze zwischen regulärer und gestreuter Reflexion anhand der Oberflächeneigenschaften zu definieren sowie die Auswirkung der Streuung zu beschreiben.

Es wird angenommen, dass die Oberfläche des reflektierenden Objekts aus Metall oder einem Material mit $\mu_r\varepsilon_r \gg 1$ ist. Für dieses Material wäre der Betrag des Reflexionsfaktors nahezu 1, falls die Oberfläche glatt wäre. Abb. 2.12 zeigt einen Querschnitt durch eine raue Oberfläche. Die Oberflächenrauigkeit wird durch die Funktion $\xi(x, y)$ beschrieben.

Nimmt man an, ξ habe eine Normalverteilung in z, dann beträgt die Wahrscheinlichkeitsdichtefunktion von ξ:

$$p_\xi(z) = \frac{1}{\sqrt{2\pi\sigma}} \cdot e^{-\frac{z^2}{2\sigma^2}} \tag{2.36}$$

mit der Standardabweichung σ.

$p_\xi(z) \cdot \Delta z$ ist die Wahrscheinlichkeit, dass sich ξ innerhalb des Intervalls z und $z + \Delta z$ befindet. Trifft nun eine ebene Welle mit der Strahlungsdichte S_0 auf diese Oberfläche,

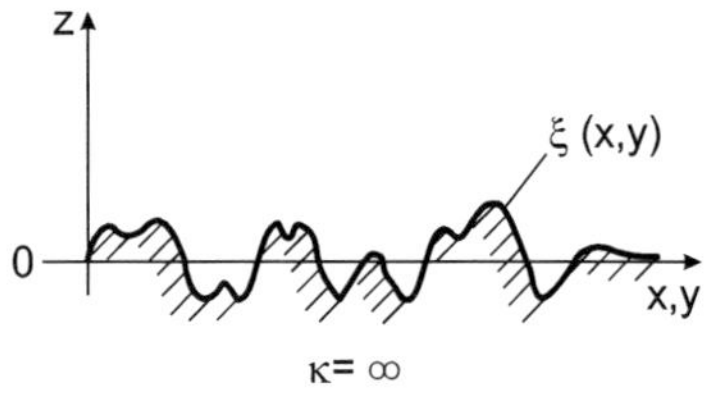

Abb. 2.12 Querschnitt durch eine raue Oberfläche

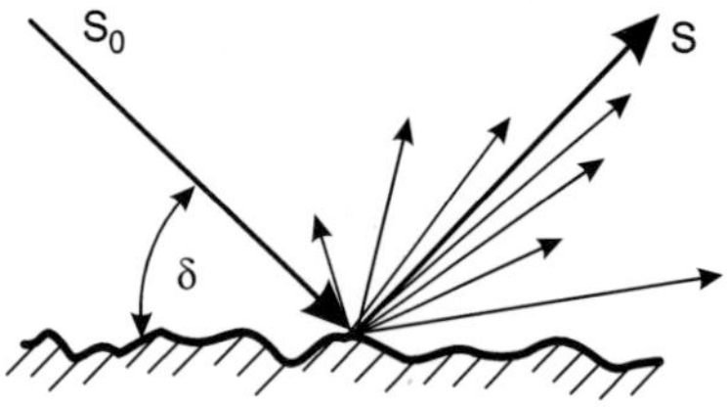

Abb. 2.13 Strahlengang bei der Reflexion an einer rauen Oberfläche

dann verteilt sich die reflektierte Strahlungsdichte über einen größeren Winkelbereich mit einem Maximum bei einem Winkel, der gleich ist dem Einfallswinkel δ der einfallenden Welle, s. Abb. 2.13.

Das Maximum der reflektierten Strahlungsdichte beträgt nach [2]:

$$S = S_0 \cdot e^{-g} \tag{2.37}$$

mit dem Rauigkeitsparameter

$$g = \left(4\pi \frac{\sigma}{\lambda} \sin\delta\right)^2 \tag{2.38}$$

Je kleiner der Erhebungswinkel ist, desto mehr nähert sich die reflektierte Strahlungsdichte dem Wert S_0 der einfallenden Welle. Die Oberfläche erscheint „glatter".

Die Grenze zwischen regulärer und gestreuter Reflexion kann wie folgt durch das *Rayleigh*[4]-Kriterium beschrieben werden: Eine Welle wird gemäß Abb. 2.14 an einer hohen und an einer tiefen Stelle der rauen Oberfläche reflektiert. Die Differenz in den Weglängen führt in den reflektierten Wellen zu Phasenunterschieden. Diese sollten $\pi/4$ nicht überschreiten, damit keine merklichen Auslöschungen auftreten.

Der Wegunterschied Δl zwischen den beiden reflektierten Wellen ist $\Delta l = AC - AB$. Abb. 2.14 kann man entnehmen:

$$\Delta l = \frac{h}{\sin\delta} - \frac{h}{\sin\delta} \cdot \cos 2\delta, \quad \text{d. h.}$$
$$\Delta l = 2h \cdot \sin\delta.$$

Δl ergibt die Phasendifferenz

$$\Delta\varphi = 2\pi \cdot \frac{\Delta l}{\lambda}$$

und schließlich

$$\Delta\varphi = \frac{4\pi h}{\lambda} \cdot \sin\delta.$$

[4] John William Strutt, 3rd Baron Rayleigh (1842–1919) englischer Physiker.

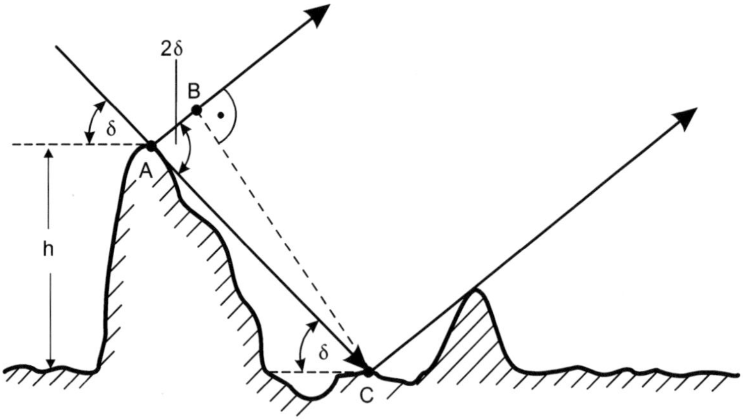

Abb. 2.14 Zur Definition des *Rayleigh*-Kriteriums der Reflexion an einer rauen Oberfläche

Für eine reguläre Reflexion sollte nun $\Delta\varphi \leq \pi/4$ sein. Daraus folgt als Grenze der regulären Reflexion das *Rayleigh*-Kriterium:

$$h_R = \frac{\lambda}{16 \cdot \sin\delta}. \tag{2.39}$$

Das bedeutet

$h < h_R$: reguläre Reflexion (ebene Grenzfläche),
$h > h_R$: „raue" Grenzfläche.

Setzt man in (2.38) σ gleich h_R, erhält man $g = 0{,}62$. Das Verhältnis der Strahlungsdichten nach (2.37) ist dann $e^{-g} = 0{,}54$, d. h. an der Rayleigh-Grenze wird etwa die Hälfte der Leistung diffus reflektiert.

Als Beispiel wird die Rayleigh-Grenze für folgendes Szenario berechnet: Ein Mobilfunkmast mit einer Antennenhöhe von 30 m befindet sich in einer Entfernung von 2 km. Die Sendefrequenz ist 900 MHz. Es ergibt sich $h_R = 1{,}28$ m. Gegenstände mit Höhen unterhalb dieser Grenze brauchen in diesem Abstand vom Mobilfunkmast bei einer Simulation der Reflexion nicht mehr berücksichtigt werden.

2.4 Streuung an einer kleinen ebenen Fläche

Solange eine reflektierende Fläche sehr groß ist und der Aufpunkt sich in der Nähe der Fläche befindet, können zur Berechnung der reflektierten Welle die Gleichungen aus Abschn. 2.1 (Spiegelungsprinzip) verwendet werden. Ist die Fläche kleiner, oder hat der Aufpunkt einen größeren Abstand zur Fläche, versagt das Spiegelungsprinzip, da es dann zu große Feldstärken liefert. Es ist in diesem Falle besser, die reflektierende Fläche als einen kleinen Aperturstrahler zu betrachten, der durch die Bestrahlung der einfallenden Welle seine Aperturbelegung erhält. Im Folgenden wird ein Kriterium hergeleitet, wann welches der beiden Verfahren anzuwenden ist. Ein Sender mit der abgestrahlten Leistung P_s und dem Antennengewinn G_s bestrahlt gemäß Abb. 2.15 eine Fläche A über die Entfernung d_1. Die Richtung schließt zur Normalen der Fläche den Winkel β ein. Es wird nun für beide Fälle die Empfangsleistung in einem vorgegebenen Aufpunkt E betrachtet.

Das Spiegelungsprinzip liefert für Antennengewinne $G_E = G_S = 1$ mit dem Reflexionsfaktor r, wenn man den direkten Pfad unterdrückt und nur die reflektierte Welle betrachtet:[5]

$$\frac{P_E}{P_S} = \left(\frac{\lambda \cdot r}{4\pi(d_1 + d_2)}\right)^2. \tag{2.40}$$

Das Ergebnis entspricht (1.1).

Für *kleine* Flächen A kann man eine Näherung herleiten, bei der die bestrahlte Fläche als Aperturstrahler mit – bis auf den linearen Phasenverlauf – konstanter Belegung angesehen wird. Unter der Voraussetzung gegenseitiger Fernfelder beträgt die von A zunächst aufgenommene Leistung

$$P_A = S_A \cdot A_W, \tag{2.41}$$

wobei S_A die Strahlungsdichte des Senders an der Stelle der kleinen Fläche und A_w näherungsweise die Wirkfläche der Apertur A unter Berücksichtigung des Winkels β darstellt, d. h.

$$A_W = A \cdot \cos\beta. \tag{2.42}$$

Diese Gleichung gilt genau genommen nur für $A \gg \lambda^2$, ist aber für die hier angestrebte Abschätzung ausreichend genau. Die von der Sendeleistung P_S am Ort der Apertur verursachte Strahlungsdichte beträgt

$$S_A = \frac{P_S}{4\pi d_1^2}. \tag{2.43}$$

Man erhält aus (2.41) mit (2.42) und (2.43):

$$P_A = \frac{P_S}{4\pi d_1^2} \cdot A \cdot \cos\beta. \tag{2.44}$$

[5] Der Reflexionsfaktor hängt vom Material der reflektierenden Fläche, der Polarisation und dem Einfallswinkel ab. Im unten hergeleitet Ergebnis kürzt sich r heraus, so dass hier die vereinfachte Darstellung zulässig ist.

Abb. 2.15 Zur Reflexion an einer kleinen Fläche

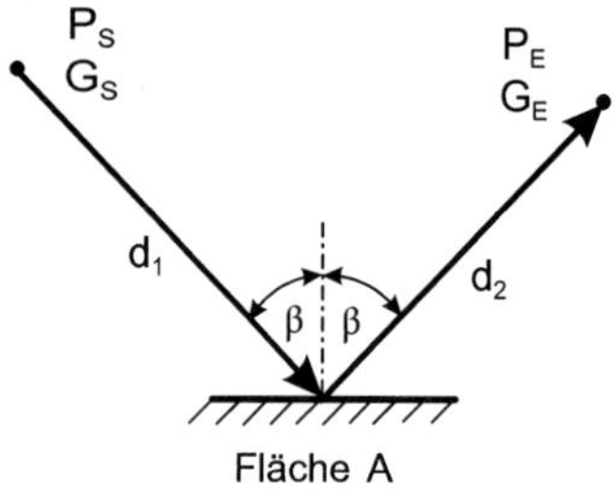

Diese von der Apertur A aufgenommene Leistung wird in Richtung des Aufpunkts mit dem Gewinn G_A der Apertur A abgestrahlt. Der Gewinn ist mit (2.42) gegeben durch

$$G_A = \frac{4\pi}{\lambda^2} \cdot A \cdot \cos\beta. \tag{2.45}$$

Die Strahlungsdichte am Aufpunkt des Empfängers beträgt dann mit dem Reflexionsfaktor r:

$$S = \frac{P_A \cdot r^2}{4\pi d_2^2} \cdot G_A. \tag{2.46}$$

Für die Empfangsleistung erhält man:

$$P_E = S \cdot A_{WE}, \tag{2.47}$$

mit A_{WE} als Wirkfläche der Empfangsantenne

$$A_{WE} = \frac{\lambda^2}{4\pi} \cdot G_E. \tag{2.48}$$

Mit $G_E = 1$, s. o., folgt damit und mit (2.46) und (2.47) für die Reflexion an einer kleinen Fläche:

$$\frac{P_E}{P_S} = \left(r \cdot \frac{A \cdot \cos\beta}{4\pi d_1 d_2} \right)^2. \tag{2.49}$$

Das jeweils kleinere Ergebnis der beiden (2.40) oder (2.49) ist gültig. Mit der Wurzel aus dem Quotient aus den beiden Gleichungen (2.49) und (2.40) kann man nun ein einfaches Kriterium aufstellen, welche Gleichung anzuwenden ist:

$$Q = \frac{A}{\lambda} \left(\frac{1}{d_1} + \frac{1}{d_2} \right) \cos\beta. \tag{2.50}$$

Für $Q > 1$ ist das Spiegelungsprinzip mit (2.40) anzuwenden. Für $Q < 1$ tritt der Fall einer Streuung an einer *kleinen* Fläche ein, d. h. (2.49) muss genutzt werden.

Als Beispiel soll die Funkversorgung in einer Fabrikhalle mit WLAN bei 2,45 GHz untersucht werden. Im Abstand von 30 m von einem WLAN-Router befindet sich eine Stahltür mit einer Türfläche von 1,6 m^2. Wie ist die Reflexion an diesem Objekt zu behandeln, wenn diese in Richtung einer 50 m entfernten, mit Funk zu versorgenden Werkzeugmaschine mit $\beta = 45°$ ausgerichtet ist? Das Ergebnis ist $Q = 0{,}5$, d. h. $Q < 1$. Die Tür stellt keine spiegelnde Fläche dar sondern sollte nur als strahlende Apertur gemäß (2.49) behandelt werden.

2.5 Beugung an einer Kante

Elektromagnetische Wellen werden an Kanten aus Metall oder Stein z. B. Dachfirsten, Mauern oder Gebirgskämmen gebeugt. Ein Teil der Strahlung gelangt durch die Beugung in den Schattenbereich. Diese Eigenschaft ist für die Wellenausbreitung im Mobilfunk oder Rundfunk von großer Bedeutung.

Zur Abschätzung der Funkversorgung des Schattenbereichs hat sich ein einfaches Modell bewährt:

Eine ebene Welle mit der Feldstärke E_0 trifft gemäß Abb. 2.16 auf ein Objekt aus Metall o. ä. mit unendlicher Querausdehnung (senkrecht zur Papierebene). Gesucht wird die Feldstärke E hinter der Kante des Objekts im Aufpunkt P. Dieser kann oberhalb oder unterhalb der Kante liegen. Für $x_0 < 0$ liegt P im Schattenbereich, der von besonderem Interesse ist. Die Quelle der Strahlung sei so weit entfernt, dass die Amplitude der Feldstärke im betrachteten Bereich konstant ist. Ohne Kante beträgt die Feldstärke im Punkt P: $E = E_0$.

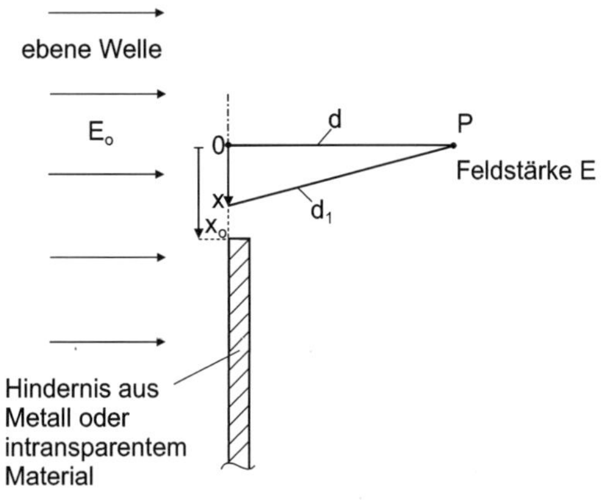

Abb. 2.16 Modell zur Berechnung der Kantenbeugung. Für negative x_0 befindet sich der Aufpunkt P im Schattenbereich der Kante

Es wird nun folgender Ansatz gemacht: Die Feldstäke E im Aufpunkt P setzt sich aus zwei Anteilen zusammen:

$$E = \frac{1}{2}E_0 + \Delta E. \tag{2.51}$$

ΔE kann durch ein Integral über einen unendlich langen Flächenstreifen der Breite x_0 berechnet werden. Sein Grenzwert für $x_0/\lambda \to \infty$ muss $\Delta E = E_0/2$ ergeben, da dann die Kante verschwindet und die Feldstärke gleich der einfallenden Feldstärke ist. Das Integral beträgt bei Vernachlässigung der durch d_1 verursachten Änderung des *Betrages* des Integranden:

$$\Delta E = A \int_0^{x_0} e^{-jk_0(d_1-d)} dx. \tag{2.52}$$

In der Konstanten A sind alle von der Variablen x unabhängigen Größen zusammengefasst. Die Wellenzahl des Mediums ist $k_0 = 2\pi/\lambda$. Der Abb. 2.16 kann man entnehmen:

$$d_1 - d = \sqrt{d^2 + x^2} - d. \tag{2.53}$$

Besonderes Interesse besteht für den Bereich geringer Beugungsdämpfung kurz unter der Kante, d. h. $|x| \ll d$. Damit erhält man aus (2.53):

$$d_1 - d \approx \frac{x^2}{2d}.$$

Mit der Substitution

$$v = x\sqrt{\frac{2}{\lambda d}}$$

und einer neuen Konstante B, die später aus einer Grenzwertbetrachtung gefunden wird, erhält man aus (2.52):

$$\Delta E = B \int_0^{v_0} e^{-j\frac{\pi}{2}v^2} dv. \tag{2.54}$$

Die Integrationsgrenze v_0 beträgt

$$v_0 = x_0\sqrt{\frac{2}{\lambda d}}.$$

Das Integral in (2.54) kann in die Fresnelintegrale $C(v_0)$ und $S(v_0)$ aufgeteilt werden:

$$\Delta E = B \left[\underbrace{\int_0^{v_0} \cos\left(\frac{\pi}{2} v^2\right) dv}_{C(v_0)} - j \cdot \underbrace{\int_0^{v_0} \sin\left(\frac{\pi}{2} v^2\right)}_{S(v_0)} \right]. \tag{2.55}$$

Die neue Konstante B erhält man aus der Grenzwertbetrachtung $\Delta E = E_0/2$ für $x_0 \to \infty$. Damit strebt auch $v_0 \to \infty$, und man erhält für diesen Grenzfall aus (2.55) die Konstante B:

$$B = \frac{E_0/2}{C(\infty) - jS(\infty)}.$$

Für die Grenzwerte der Fresnelintegrale gilt:

$$C(\infty) = S(\infty) = 1/2,$$

und damit

$$B = E_0 \frac{1+j}{2}. \tag{2.56}$$

Somit folgt aus (2.51), (2.55) und (2.56) als Ergebnis

$$\frac{E}{E_0} = \frac{1+j}{2} \cdot \left[\frac{1-j}{2} + C(v_0) - j \cdot S(v_0) \right] \tag{2.57}$$

mit $v_0 = \frac{x_0}{\lambda} \sqrt{\frac{2}{d/\lambda}}$.

Eine einfache Näherung für den Betrag, gültig im Schattenbereich $v_0 < -1$, wird von [3] angeben: $|E/E_0| = 1/\left(\pi |v_0| \sqrt{2}\right)$. Hieran ist zu sehen, dass die Feldstärke im Schattenbereich mit der Wurzel aus der Frequenz abnimmt. Die Abschattung ist somit vor allem ein Problem höherer Frequenzen.

Eine stückweise Approximation von (2.57), die auch die Phase berücksichtigt, ist für die Verwendung in Ray-Tracern hilfreich:

$$E/E_0 = \left\{ \begin{array}{ll} \frac{e^{-j\left(1{,}57 v_0^2 + 0{,}7\right)}}{0{,}29 - 4{,}45 v_0} & \text{für } v_0 < -1 \\ 0{,}5 + 0{,}48 v_0 + 0{,}19 v_0^2 e^{j\left[0{,}27 - (0{,}5 - 1{,}045 v_0)^2\right]} & \text{für } -1 < v_0 < 0{,}5 \\ \frac{v_0}{v_0 + 0{,}19 e^{-j\left(1{,}57 v_0^2 + 0{,}71\right)}} & \text{für } v_0 > 0{,}5 \end{array} \right\} \tag{2.58}$$

Abb. 2.17 zeigt Amplitude und Phase der Feldstärke als Funktion von v_0. Im Schattenbereich ist eine mit zunehmendem $|v_0|$ quadratisch anwachsende Phasendrehung zu

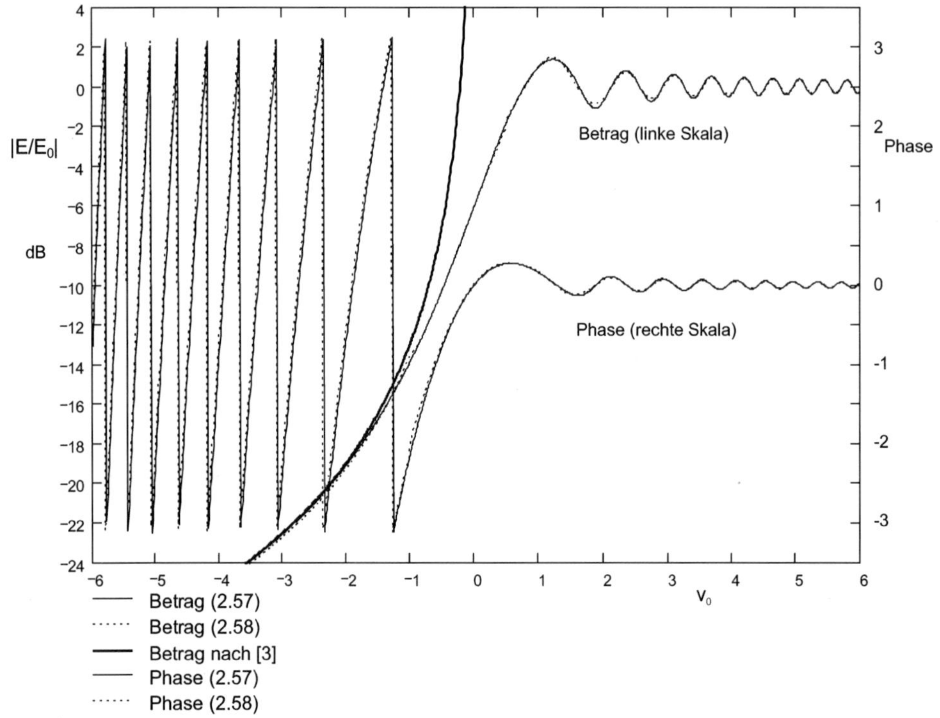

Abb. 2.17 Feldstärke nach Betrag und Phase als Funktion von v_0 gemäß (2.57). Mit eingetragen sind die Approximationen (2.58) sowie die Näherung nach [3]

erkennen. Dagegen pendelt im sichtbaren Bereich (> 0) die Phase um den Nullpunkt. Hier ist zu beachten, dass in (2.57) und (2.58) die Bezugsfeldstärke E_0 bei freier Ausbreitung die Phasenänderung am Ort v_0 bereits enthält. Zum Vergleich sind in Abb. 2.17 die Näherungen (2.58) und nach [3] mit eingetragen. Die Übereinstimmung von (2.58) in Phase und Amplitude mit (2.57) ist im ganzen Bereich für die meisten Anwendungen ausreichend gut. Für $|v_0| < 6$ sind die maximalen Fehlerbeträge des Betrags 0,03 und der Phase 8°. Abb. 2.18 veranschaulicht die Dämpfung in einem größeren Bereich hinter der Kante.

Nimmt man nur einen endlichen Abstand d_s zwischen Sender und Kante an, der in die Größenordnung von d kommt, dann muss man v_0 durch

$$v_0 = x_0 \sqrt{\frac{2}{\lambda d}\left(1 + \frac{d}{d_s}\right)}$$

ersetzen.

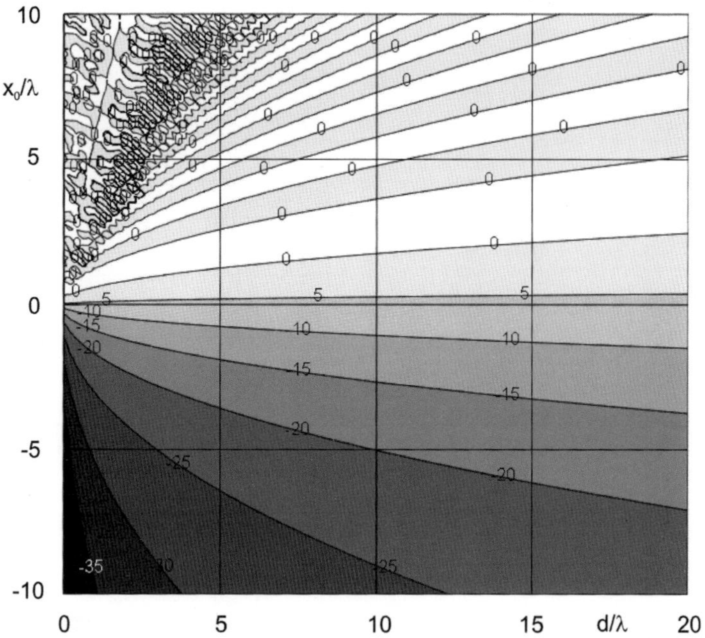

Abb. 2.18 Feldstärkeverlauf $|E/E_0|$ hinter einer Kante; Abszisse: d/λ; Ordinate: x_0/λ; Fläche $20\lambda \times 20\lambda$. Parameter: Feldstärke in dB gegenüber der ungestörten Welle

2.6 Wellenausbreitung in der Atmosphäre

2.6.1 Dämpfung der Atmosphäre

Die atmosphärische Dämpfung, insbesondere die Dämpfung durch Niederschläge, spielt beim Richtfunk, beim Radar oder bei der Kommunikation zu Satelliten eine wichtige Rolle. Die Abb. 2.19 zeigt die Freiraumdämpfung aufgetragen über einen großen Frequenzbereich von 10–1000 GHz. Nebeldämpfung sowie die zusätzliche Regendämpfungen für drei Niederschlagsraten sind mit eingetragen.

Ursache der atmosphärischen Dämpfung ist vorwiegend die Streuung der Wellen an unterschiedlichen Formen des Niederschlags (Regen, Hagel, Schnee, Nebel) sowie an Staub im optischen Bereich. Weitere Dämpfungsursachen sind Molekülresonanzen einiger Gase. Molekularer Sauerstoff O_2 zeigt mit 16 dB/km eine Resonanzabsorption bei 60 GHz und eine weitere bei der doppelten Frequenz. Die Maxima spalten sich mit zunehmender Höhe über NN in einzelne Resonanzen auf. Die Moleküle des Wasserdampfs absorbieren bei 23 GHz mit etwa 0,2 dB/km, abhängig von der Luftfeuchtigkeit, sowie bei mehreren Resonanzen oberhalb von 100 GHz. Während Nebel im optischen Bereich eine starke Dämpfung verursacht, behindert er die Wellenausbreitung bis etwa 1000 GHz nur geringfügig. Die in Abb. 2.19 gezeigte Nebeldämpfung entspricht einer optischen Sicht von etwa 50 m.

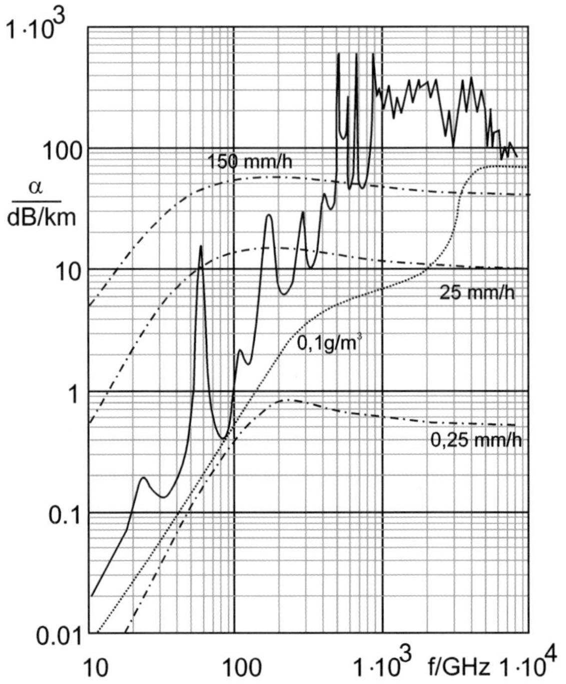

Abb. 2.19 Dämpfungskoeffizient der Atmosphäre nach [4]. *Durchgezogene Linie*: Luft; *punktiert*: zusätzliche Dämpfung durch Nebel, 0,1 g/m³ entspricht etwa 50 m Sichtweite; *strichpunktiert*: Regendämpfung, Niederschlag bis 150 mm/h

Die stärkste Dämpfung im HF- und Mikrowellenbereich bis ca. 1000 GHz wird durch den Regen verursacht, s. Abb. 2.20. Bei tiefen Frequenzen (< 10 GHz) ändert sich die Regendämpfung etwa mit der vierten Potenz der Frequenz, da hierbei die Regentropfen klein sind gegenüber der Wellenlänge und die Ausbreitung vorwiegend durch Streuung beeinflusst wird (Rayleighstreuung). Ein flaches Maximum liegt bei Frequenzen, bei denen die Wellenlänge in der Nähe des Tropfenumfangs kommt. Da mit zunehmender Niederschlagsrate ρ auch die Tropfengröße zunimmt, wandern die Maxima mit zunehmender Regenrate in Richtung tiefer Frequenzen.

Eine empirische Formel für die Regendämpfung, gültig für $f = 10$–300 GHz und Niederschlägen $\rho = 1$–150 mm/h hat sich als praktisch erwiesen, um einen schnellen Überblick zu bekommen. Sie ist eine grafische Approximation von Messwerten und in Abb. 2.20 gestrichelt eingezeichnet. Sie lautet

$$\frac{\alpha}{\mathrm{dB/km}} = \frac{\alpha_{\max}}{1 + (f_c/f)^2} \tag{2.59}$$

mit

$$\alpha_{\max} = 1{,}36 \cdot \left(\frac{\rho}{\mathrm{mm/h}}\right)^{0{,}72} \frac{\mathrm{dB}}{\mathrm{km}}$$

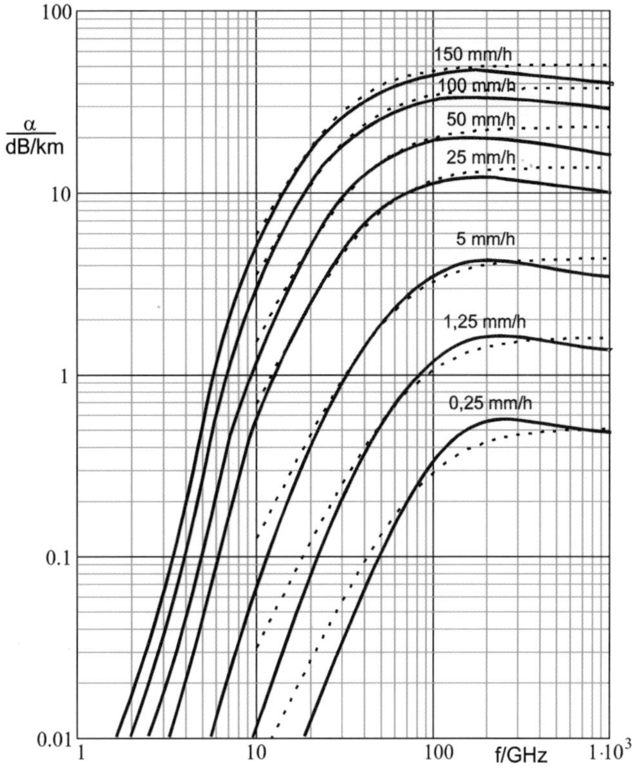

Abb. 2.20 Gemessene und genäherte spezifische Regendämpfung als Funktion der Frequenz. Parameter: Niederschlagsrate ρ. *Durchgezogene Kurven* nach [5], *gestrichelt* nach (2.59)

und

$$f_c = \left[72{,}5 - 20{,}7 \cdot \log\left(\frac{\rho}{\text{mm/h}}\right)\right] \text{GHz}.$$

Für die Auslegung von Systemen mit Funkübertragung im Freiraum ist die durch Niederschlag begrenzte Verfügbarkeit eine wichtige Größe. Die vom Ort abhängige Häufigkeitsverteilung des Regens gibt Auskunft über die Ausfallwahrscheinlichkeit von Funksystemen. Umfangreichen Messungen zufolge werden nach [6] in 50 Minuten im Jahr die Niederschlagsraten von 22 mm/h in Norddeutschland und 32 mm/h in Süddeutschland überschritten, da Gewitter mit Starkregen in Süddeutschland häufiger anzutreffen sind. Mit der Häufigkeit von 80 h/Jahr wird in Norddeutschland die Nieselregenrate von 0,6 mm/h und Süddeutschland die von 2 mm/h überschritten.

In Verbindung mit der frequenzabhängigen Dämpfung kann mit der Regenstatistik die niederschlagsbedingte Ausfallwahrscheinlichkeit einer Funkstrecke ermittelt werden.

Abb. 2.21 stellt die Summenhäufigkeit oder Überschreitungswahrscheinlichkeit der atmosphärischen Dämpfung dar. Das Diagramm gibt den Dämpfungskoeffizient in dB/km wieder, der in einem vorgegebenen relativen Zeitbereich bei einer vorgegebenen Frequenz überschritten wird. Beispiel: Für die Frequenz 50 GHz ist der Dämpfungskoeffizient

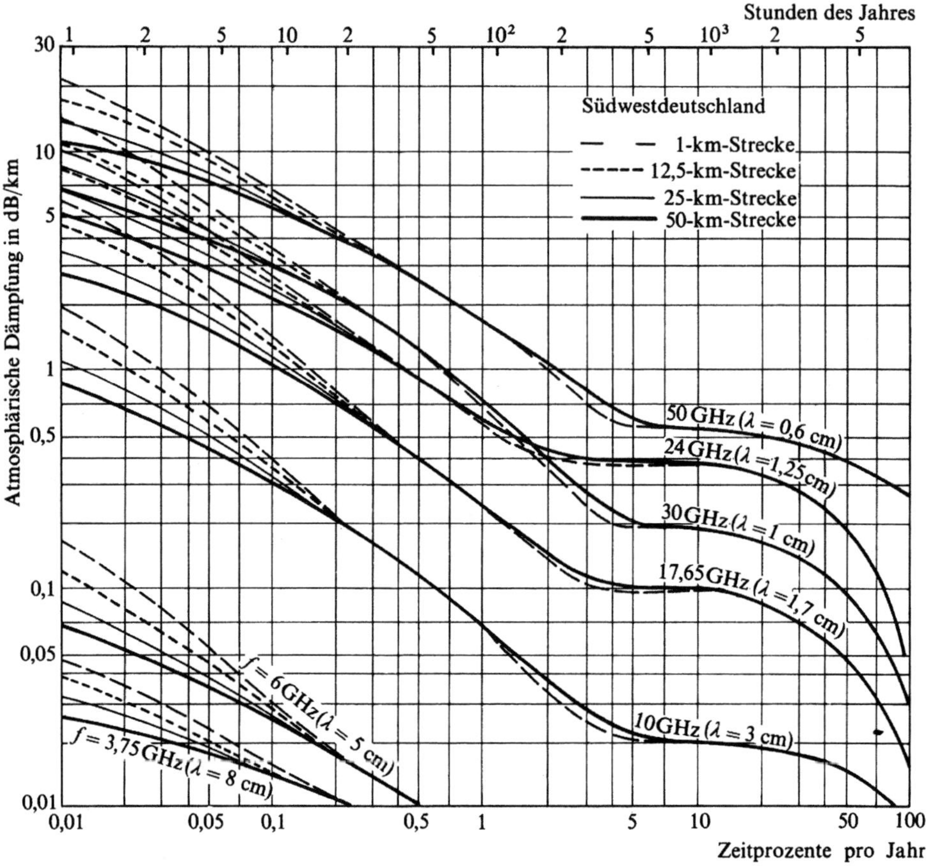

Abb. 2.21 Summenhäufigkeit der atmosphärischen Dämpfung nach [7]. Abszisse: Zeitprozente; umgerechnet auf Stunden im Jahr in der oberen Skala. Nachdruck mit freundlicher Genehmigung des Dudenverlags, Berlin

in 2 % der Zeit größer als 1 dB/km. Mit dem Diagramm kann bei einer vorgegebenen Ausfallwahrscheinlichkeit die Reserveleistung, z. B. eine höhere Sendeleistung, bestimmt werden.

Sehr starke Niederschläge, z. B. in Gewittern, sind mit kleineren Regenzellen verbunden, die Durchmesser von nur wenigen km, u. U. nur einige 100 m, aufweisen. Dieses ist in der linken Bildhälfte an der Aufteilung der Kurven erkennbar. Bei langen Übertragungsstrecken können deshalb niedrigere Dämpfungskoeffizienten angesetzt werden als bei kurzen.

Ab einer Überschreitungswahrscheinlichkeit von ca. 5 % aufwärts wird der Dämpfungskoeffizient durch die Dämpfung der Luftfeuchtigkeit in Form des Wasserdampfes dominiert. Da dieser fast immer vorhanden ist, bleibt die Dämpfung für einen größeren

Wahrscheinlichkeitsbereich konstant, so dass in der Kurve eine Stufe entsteht. Nur bei dem selteneren Zustand sehr trockener Luft unterhalb von 2–3 Stunden im Jahr nimmt die Dämpfung wieder ab. Ein Maximum der Wasserdampf-Dämpfung liegt bei 23 GHz. Deshalb wirkt sich der Effekt bei der Kurve für 24 GHz stärker aus als bei 30 GHz, und die Kurven kreuzen sich.

Die Kurve für 50 GHz endet auf der rechten Seite bei einem endlichen Wert von ca. 0,3 dB/km wegen ihrer Nähe zur immer vorhandenen Sauerstoffdämpfung bei 60 GHz.

2.6.2 Einfluss der atmosphärischen Dämpfung auf Reichweiten

Die atmosphärische Dämpfung reduziert generell die Reichweite von Funkanwendungen. Dieses gilt vorwiegend für den Richtfunk und die Satellitenkommunikation, aber auch für Radaranwendungen, die Radiometrie und den Mobilfunk bei größeren Strecken. Es gibt auch Anwendungen bei denen dieser Dämpfungseffekt erwünscht wird, z. B. bieten Funkverbindungen bei 60 GHz, die die Resonanzabsorption des Sauerstoffs von 16 dB/km nutzen, die Möglichkeit, eine stör- und abhörsichere Funkkommunikation zu realisieren (LPI-Funk, **L**ow **P**robability of **I**ntercept). Da Sauerstoff in der Atmosphäre immer vorhanden ist, ist dieser Effekt sehr zuverlässig.

Für die Freiraumübertragung mit atmosphärischer Dämpfung gilt in Erweiterung von (1.1) die Beziehung

$$\frac{P_e}{P_s} = \left(\frac{\lambda}{4\pi R}\right)^2 G_e G_s 10^{\frac{-\alpha \cdot R}{10\,\mathrm{dB}}}. \qquad (2.60)$$

Hierbei sind P_e und P_s wieder die Empfangs- und Sendeleistung und G_e und G_s die Gewinne der Empfangs- und Sendeantenne. R ist die Entfernung zwischen Sender und Empfänger und α die Dämpfungskonstante der Atmosphäre in dB/Längeneinheit. Zu beachten ist, dass die atmosphärische Dämpfung exponentiell mit der Entfernung zunimmt, z. B. bei 60 GHz um 16 dB/km, wogegen die Grundübertragungsdämpfung nur um 6 dB bei jeder Entfernungsverdoppelung anwächst.

Einen noch stärkeren Einfluss hat der atmosphärische Niederschlag auf Reichweiten in der Radartechnik. Eine Herleitung der Radargleichung findet man z. B. in [8]. Ergänzt um die atmosphärische Dämpfung erhält man daraus:

$$\frac{P_e}{P_s} = \frac{G^2 \lambda^2 \sigma}{(4\pi)^3 R^4} 10^{\frac{-2\alpha \cdot R}{10\,\mathrm{dB}}}. \qquad (2.61)$$

G ist der Gewinn der Radarantenne und σ der Radarquerschnitt des Objekts. Im Gegensatz zur Funkübertragung steht im Exponent eine 2, da die Welle zweimal die Strecke durchläuft.

Neben der Dämpfung spielt bei der Radartechnik die störende Reflexion an den Regentropfen eine entscheidende Rolle. Hier hilft eine zirkulare Polarisation, mit der der sog. Regenclutter teilweise unterdrückt werden kann. Die an Regentropfen reflektierte

Radarwelle hat bei zirkularer Polarisation einen zur hinlaufenden Welle gegenläufigen Drehsinn[6], wogegen größere Objekte wie z. B. Flugzeuge starke Polarisationsanteile mit gleichem Drehsinn erzeugen. Mit entsprechender Filterung z. B. durch einem Orthokoppler hinter der Radarantenne können die Polarisationsanteile selektiert werden.

Eine weitere Anwendung, die durch die atmosphärische Dämpfung beeinflusst wird, ist die Mikrowellenradiometrie. Hierbei wird mit einer hochbündelnden Antenne die Rauschleistung von Objekten gemessen. Kontraste in der Rauschleistung dienen zur Erzeugung von Abbildungen. Im Anhang werden die Grundlagen für eine radiometrische Messung beschrieben. Die atmosphärische Dämpfung reduziert nicht nur den Kontrast, sondern steuert zusätzliche Rauschleistung bei, die die Reichweite R eines Radiometers weiter verkürzt. Wie im Anhang näher erläutert beträgt die verkürzte Reichweite:

$$R = R_0 \cdot 10^{\frac{-\alpha R}{20\,\mathrm{dB}}}, \tag{2.62}$$

mit R_0 als Reichweite ohne Dämpfung. In den Anwendungen Funk und Radar ist die maximale Reichweite meistens dadurch gegeben, dass die Empfangsleistung eine durch Rauschzahl, Empfangsbandbreite und andere Parameter gegebene untere Grenze unterschreitet. Betrachtet man die Beziehungen für Funk und Radar, (2.60) und (2.61), kann man erkennen, dass die Verkürzung der Reichweite gemäß (2.62) auch für diese Anwendungen gilt. R_0 ist dann die Funk- bzw. Radarreichweite ohne Niederschlagsdämpfung.

Eine Lösung der impliziten Gleichung (2.62) ist bei Vorgabe von α und R_0 iterativ möglich, z. B. mit dem Newton-Verfahren. Einfacher ist die inverse Lösung durch Vorgabe von R und α mit anschließender Berechnung von R_0. Abb. 2.22 zeigt das Ergebnis für einige Dämpfungskoeffizienten.

Als Beispiel hat eine Funkstrecke bei 60 GHz im Vakuum eine Reichweite von 1000 m. Dann reduziert sich durch die Sauerstoffabsorption die Reichweite auf 450 m, also auf weniger als die Hälfte der ursprünglichen Strecke. Die Dämpfung bewirkt ferner, dass sich die Störabstände verringern. Somit kann in einem kürzeren Abstand die gleiche Frequenz wiederverwendet werden.

2.6.3 Dielektrische Eigenschaften der Atmosphäre

Auch ohne Niederschläge kann die Atmosphäre durch ihre dielektrischen Eigenschaften die Wellenausbreitung beeinflussen. Der Brechungsindex der Luft ist nicht konstant und ändert sich mit der Höhe, der Temperatur und der Luftfeuchtigkeit. Dadurch können Wellen ebenfalls reflektiert und gebeugt werden.

Die Inhomogenitäten der Atmosphäre finden Anwendung z. B. beim Wetterradar oder bei Windprofilern, die die Geschwindigkeitsverteilung der Luft ermitteln. Unerwünschte

[6] Die Dreh*richtung* der Polarisation bleibt nach der Reflexion erhalten. Da sich aber die Ausbreitungsrichtung umkehrt, ändert sich auch der Dreh*sinn* der Polarisation, da dieser sich an der Ausbreitungsrichtung orientiert.

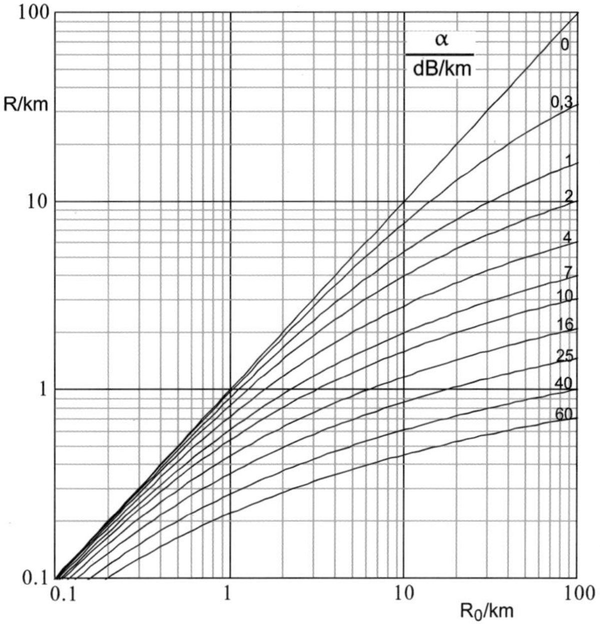

Abb. 2.22 Reduzierung der Freiraumreichweite R_0 durch atmosphärische Dämpfung. Parameter. Dämpfungskoeffizient in dB/km

Effekte sind die Beugung von Richtfunkstrahlen (*Duct*) oder durch Beugung verursachte Überreichweiten im VHF- und UHF-Bereich, z. B. im UKW-Hörfunk.

Im Folgenden werden einige Eigenschaften der Luft beschrieben. Der Brechungsindex der Luft $n = \sqrt{\varepsilon_r'}$ ist nur geringfügig größer als 1 und wird mit dem Brechwert N in dieser Form dargestellt:

$$n = 1 + N \cdot 10^{-6}.$$

Für den Brechwert kann man eine Approximation an Messwerte angeben, s. [9], [5]:

$$N = \frac{77{,}6}{T/\mathrm{K}} \cdot \left(\frac{P}{\mathrm{hPa}} + 4810 \cdot \frac{e/\mathrm{hPa}}{T/\mathrm{K}} \right). \tag{2.63}$$

Die hierin enthaltenen Größen sind der Luftdruck P, der Partialdruck e des Wasserdampfs mit der Einheit hPa und die absolute Temperatur T. hPa ist die Einheit Hektopascal. $1\,\mathrm{hPa} = 100\,\mathrm{N/m^2} \approx 1$ millibar. N ist hierin die Einheit Newton. Der Partialdruck e beträgt

$$\frac{e}{\mathrm{hPa}} = 4{,}62 \cdot 10^{-3} \frac{\rho_w}{\mathrm{g/m^3}} \frac{T}{\mathrm{K}}$$

mit der Wasserdampfdichte ρ_w. Da mit wachsender Höhe der Luftdruck näherungsweise exponentiell abnimmt, ändert sich auch der Brechwert nach dieser Gesetzmäßigkeit (engl.:

Standard Exponential Atmosphere). Man erhält für die Abhängigkeit des Brechwerts von der Höhe h über NN:

$$N(h) = N_s \cdot e^{-h/H}. \tag{2.64}$$

N_s ist der Brechwert auf Meereshöhe (Index s = surface). Als typischer Wert gilt $N_s = 312$. Die sog. Skalierungshöhe beträgt $H = 7\,\text{km}$.

2.6.4 Brechung und Beugung in der Atmosphäre

Der abnehmende Brechwert der Atmosphäre mit wachsender Höhe führt dazu, dass Wellen in ihrer Ausbreitungsrichtung beeinflusst werden. Für Frequenzen ab etwa 100 MHz können so Überreichweiten von einigen 100 km entstehen, da die Wellen wieder zur Erde zurückgebeugt werden. Der Krümmungsradius dieser Beugung stellt ein Maß dar, ob die gebeugte Welle die Erdoberfläche wieder erreicht oder nicht. Ist der Krümmungsradius kleiner als der Erdradius, muss mit Überreichweiten gerechnet werden. Ein zweckmäßiges Modell der Atmosphäre hinsichtlich dieser Wellenausbreitung ist eine Folge geschichteter Medien mit höhenabhängigem Brechungsindex. Zur Herleitung des Krümmungsradius wird die geschichtete Atmosphäre gemäß Abb. 2.23 zunächst mit zwei ebenen Schichten approximiert, wobei wegen des abnehmenden Luftdrucks der Brechungsindex der oberen Schicht kleiner ist als der der unteren: $n < n_1$. Es wird angenommen, dass die Welle unter dem Winkel α_1 auf die Grenzfläche trifft.

Das Brechungsgesetz liefert:

$$\frac{\sin\alpha(n)}{\sin\alpha_1} = \frac{n_1}{n}.$$

Der Winkel α ist eine Funktion von n. Nun werden infinitesimal kleine Differenzen zwischen den beiden Brechungsindizes angenommen. Die Ableitung d/dn ergibt dann:

$$\cos\alpha \cdot \frac{d\alpha}{dn} = -n_1 \cdot n^{-2} \cdot \sin\alpha_1.$$

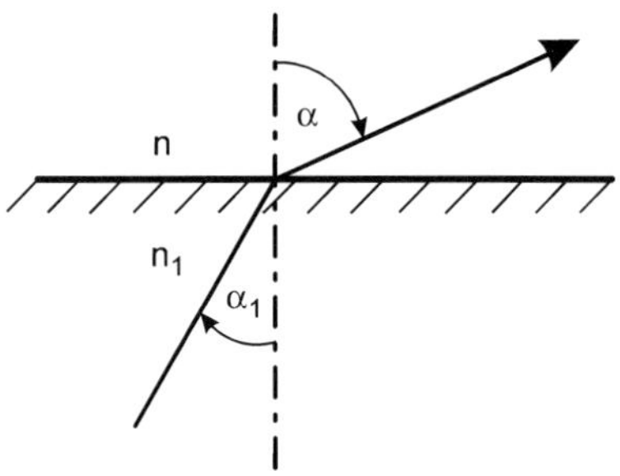

Abb. 2.23 Ebene Schichtung, nur zwei Schichten mit $n < n_1$. Eine ebene Welle trifft unter dem Winkel α_1 auf die Grenzfläche

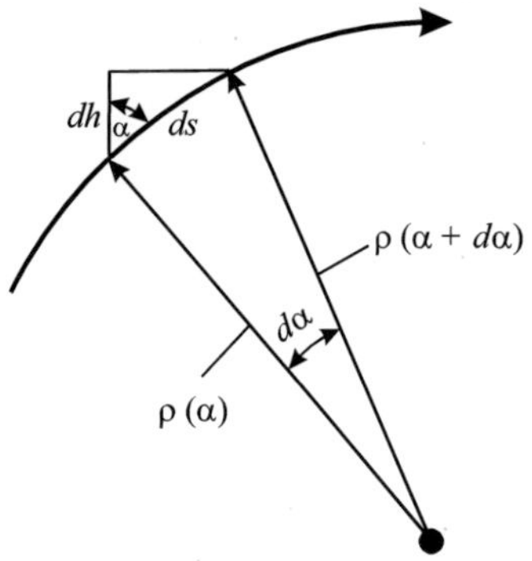

Abb. 2.24 Zur Berechnung des Krümmungsradius ρ der Ausbreitungsrichtung einer Welle in der Atmosphäre

Für $n_1 \approx n$ und $\alpha_1 \approx \alpha$ lautet die Ableitung näherungsweise:

$$\frac{d\alpha}{dn} = -\frac{1}{n} \cdot \tan\alpha.$$

Der Brechungsindex $n = n(h)$ ist eine Funktion der Höhe und man erhält:

$$\frac{d\alpha}{dh} = \frac{\partial\alpha}{\partial n} \cdot \frac{dn}{dh},$$

und damit:

$$\frac{d\alpha}{dh} = -\tan\alpha \cdot \frac{1}{n} \cdot \frac{dn}{dh}. \tag{2.65}$$

Dieses Ergebnis gilt für eine ebene Schichtung. Für eine sphärische Schichtung mit Ersatz der Höhe h durch den Radius r ergibt sich (ohne Herleitung) eine ähnliche Beziehung:

$$\frac{d\alpha}{dr} = -\tan\alpha \cdot \left(\frac{1}{r} + \frac{1}{n} \cdot \frac{dn}{dr}\right).$$

Den Krümmungsradius ρ der Welle für den Fall der ebenen Schichtung erhält man nun aus Abb. 2.24 wie folgt:

$$ds = \rho \cdot d\alpha,$$

und daraus

$$\frac{1}{\rho} = \frac{d\alpha}{ds}$$

oder

$$\frac{1}{\rho} = \frac{\partial\alpha}{\partial h} \cdot \frac{dh}{ds}. \tag{2.66}$$

Abb. 2.24 liefert ferner

$$\frac{dh}{ds} = \cos\alpha. \tag{2.67}$$

Mit (2.65) und (2.67) erhält man schließlich aus (2.66) den gesuchten Krümmungsradius des Strahlengangs einer Welle in der Atmosphäre:

$$\rho = \frac{-n}{\sin\alpha \cdot dn/dh}. \tag{2.68}$$

Für Frequenzen $> 30\,\mathrm{MHz}$ (Richtfunk, UKW, TV, Mobilfunk) findet die Ausbreitung meistens nahezu parallel zur Erdoberfläche statt, d. h. der Winkel α strebt gegen 90°. Mit $n \approx 1$ ergibt sich dann für den Krümmungsradius ρ des Strahlenganges:

$$\rho = \frac{-1}{dn/dh}. \tag{2.69}$$

Entscheidend ist der Wert für die Abnahme des Brechwerts mit zunehmender Höhe. Wir nehmen als Beispiel zunächst die Standard-Atmosphäre $N(h)$. Mit (2.64) erhält man:

$$\frac{dN}{dh} = -\frac{N_S}{H} \cdot e^{-h/H},$$

und auf Höhe $h = 0$ mit den Zahlenwerten für H und N_s (s. o.):

$$\frac{dN}{dh} = -\frac{-312}{7\,\mathrm{km}} = -44/\mathrm{km},$$

oder

$$\frac{dn}{dh} = -44 \cdot 10^{-6}/\mathrm{km},$$

und schließlich mit (2.69):

$$\rho = 23.000\,\mathrm{km}.$$

Dieser Wert ist wesentlich größer als der Erdradius $\rho_E = 6370\,\mathrm{km}$, so dass im Falle der Standard-Atmosphäre nicht mit Ductbildung zu rechnen ist. Die Reichweite ist i. Allg. auf den Horizont begrenzt.

Messungen ergeben aber, dass in 1 % der Zeit (= 80 Stunden im Jahr) der Brechwert stärker mit wachsender Höhe abnimmt, d. h.:

$$\frac{dN}{dh} < -\frac{200}{\mathrm{km}}.$$

Damit erhält man:

$$\rho < \frac{\text{km}}{200 \cdot 10^{-6}} = 5000\,\text{km}.$$

Der Krümmungsradius der Welle ist somit kleiner als der Erdradius, was zu einer Überreichweite (*Duct*) führen kann. Duct entstehen, wenn der Brechwert N schnell mit der Höhe h abnimmt, z. B. bei warmer über kalter Luft (Inversionswetter), feuchter Luft in Bodennähe oder bei Nachtfrost (Voraussetzung: ruhiges Wetter, ebenes Gelände).

2.7 Wellenausbreitung in der Ionosphäre

2.7.1 Aufbau und Bedeutung der Ionosphäre

Die Ionosphäre ist der Sammelbegriff für ein System unterschiedlich stark ionisierter Gasschichten in einer Höhe von etwa 60 bis 1000 km. Die Ionisierung der Gas Atome und Moleküle (vorwiegend Stickstoff und Wasserstoff) erfolgt durch solare UV- und Röntgenstrahlung. Die Elektronendichte N_e beträgt maximal etwa $10^{13}/\text{m}^3$.

Die damit vorhandene Leitfähigkeit führt zu einer frequenzabhängigen Reflexion von e. m. Wellen. Kurzwellen-Funkdienste und OTH-Radare („**o**ver **t**he **h**orizon") im Frequenzbereich etwa von 1,5–30 MHz nutzen diese Reflexion, um große Entfernungen zu überbrücken. Die Kurzwellenkommunikation hat heute Bedeutung im Flugfunk und vor allem für eine einfache und nur mit großem Aufwand störbare Rundfunkversorgung in Flächenländern mit geringer Infrastruktur und für Funkamateure, dient aber auch als wichtige Rückfallebene z. B. für die leicht zu unterbindende Satellitenkommunikation der Marine.

Funkdienste, die die Ionosphäre durchqueren, z. B. Satellitenkommunikation und -navigation, Satellitenfernsehen oder die Kommunikation zu Raumfahrzeugen werden durch die Ionosphäre beeinflusst.

Durch Strahlenabsorption, Rekombination und Ladungstransport ergibt sich eine komplizierte Höhenabhängigkeit der Elektronendichte. Mit zunehmender Höhe nimmt die Gasdichte ab, aber die Sonnenstrahlung zu, da sie weniger gedämpft wird. Diese gegenläufigen Effekte führen zu orts- und zeitabhängigen Schwankungen der Elektronendichte mit unterschiedlichen Schichten. Tab. 2.1 gibt einen Überblick über ihre Eigenschaften. Die wichtigsten Schichten sind die D-, E-, und F-Schicht. Die sporadisch auftretende E-Schicht E_s bildet dünne Schichten innerhalb des Bereichs der normalen E-Schicht.

Die Ladungsdichte der Schichten hängt kurzfristig vom Sonnenstand (Tag/Nacht-Unterschied) und langfristig von der Sonnenfleckenzahl ab, die alle 11 Jahre periodisch schwankt. Die in Tab. 2.1 genannten Ladungsdichten für die F-Schicht beziehen sich auf ein Sonnenfleckenmaximum. Tagsüber können Ladungsdichten bis $10^{13}/\text{m}^3$ auftreten, nachts reduziert die Rekombination die Ladungsdichte um 3–4 Zehnerpotenzen. Durch frei bewegliche Ladungsträger ist die Ionosphäre elektrisch leitfähig und wird dadurch zu einem Plasma. Das Erdmagnetfeld macht das Medium anisotrop.

Tab. 2.1 Eigenschaften der Schichten und Bedeutung für die Wellenausbreitung bis ca 30 MHz. Tabellendaten teilweise nach [10]

Schicht	Höhe/km	Moleküle/m^{-3}	N_e/m^{-3} (Tag)	N_e/m^{-3} (Nacht)	Stoßfrequ. ν/s^{-1}	f_c/MHz (Tag)	f_c/MHz (Nacht)	Bedeutung
F	130...500	$3{,}5 \cdot 10^{15}$	$5 \cdot 10^{12}$	$5 \cdot 10^{10}$	$10 \ldots 10^3$	20	2	KW-Reflexion, Fernausbreitung
E_s	90...130		10^{13}	10^{13}			30	Überreichweiten im VHF-Bereich
E	90...130	$1{,}8 \cdot 10^{19}$	10^{11}	10^9	$10^4 \ldots 10^5$	3	0,3	LF-, MF-Ausbreitung, Absorption im KW-Bereich
D	(50)70...90	10^{22}	$10^8 \ldots 10^9$	10^5	$10^6 \ldots 10^8$	0,3	0,01	VLF-Ausbreitung, Absorption im VLF-, LF-, MF-, HF-Bereich

2.7.2 Berechnung der Wellenausbreitung im Plasma

Die Modellierung der Wellenausbreitung in der Ionosphäre muss berücksichtigen, dass die Permittivität anisotrop ist und deshalb mit einer Matrix beschrieben wird. Die Permittivität $\boldsymbol{\varepsilon}$ lässt sich aber einfach aus der Bewegungsgleichung eines Elektrons und aus der Plasmastromdichte herleiten, s. [7]. $\boldsymbol{\varepsilon}$ verknüpft die Verschiebungsdichte $\boldsymbol{D}$ mit der elektrischen Feldstärke $\boldsymbol{E}$: $\boldsymbol{D} = \boldsymbol{\varepsilon}\boldsymbol{E}$. Die Matrix $\boldsymbol{\varepsilon}$ bewirkt aber, dass $\boldsymbol{E}$ und $\boldsymbol{D}$ unterschiedliche Richtungen aufweisen können. E_x kann z. B. mit einer Komponente D_y verknüpft sein. Kennt man $\boldsymbol{\varepsilon}$, kann man aus der Wellengleichung Lösungen für die Wellenausbreitung finden. Zur Herleitung von $\boldsymbol{\varepsilon}$ seien folgende Größen definiert:

- $\boldsymbol{B}_0$ ist der Vektor der magnetischen Flussdichte des Erdmagnetfeldes. Ihr Betrag ist 24 bis etwa 70 µT, das entspricht einer magnetischen Feldstärke bis zu $H_0 = 50$ A/m.
- $\boldsymbol{v}$ ist der Geschwindigkeitsvektor eines Elektrons.
- e ist der Ladungsbetrag eines Elektrons. Er beträgt $e = 1{,}602 \cdot 10^{-18}$ A s.
- m_e ist die Ruhemasse eines Elektrons. Sie beträgt $m_e = 9{,}107 \cdot 10^{-31}$ kg.
- $\boldsymbol{E}$ ist der Vektor der elektrischen Feldstärke.
- ν ist die mittlere Stoßfrequenz. Sie beschreibt die Häufigkeit von Kollisionen eines Elektrons mit einem neutralen Molekül. Der Effekt wirkt wie eine flüssige Reibung, d. h. die Reibungskraft ist proportional zur Geschwindigkeit des Elektrons. ν liegt mit steigendem Luftdruck zwischen 10/s und 10^8/s.

Weiter wird angenommen, dass das magnetische Wechselfeld klein sei gegenüber dem Erdmagnetfeld: Eine angenommene maximale Strahlungsdichte $S = 1$ mW/m^2 entspricht einer magnetischen Feldstärke im Vakuum $H = 2{,}3 \cdot 10^{-3}$ A/m und ist somit klein gegenüber dem Erdmagnetfeld, s. o.

Die Berechnung beginnt mit der Bewegungsgleichung der Ladungsträger im Plasma. Es genügt, die freien Elektronen zu berücksichtigen, da die Protonen wegen ihrer Massenträgheit vernachlässigbar sind. Über den Newton-Ansatz erhält man:

$$m_e \cdot \frac{d\boldsymbol{v}}{dt} = \underbrace{-e \cdot (\boldsymbol{E} + \boldsymbol{v} \times \boldsymbol{B}_0)}_{\substack{\text{Kraft des elektr. Feldes}\\ \text{und des magnet. Gleichfeldes}}} - \underbrace{m_e \cdot \nu \cdot \boldsymbol{v}}_{\substack{\text{Bremskraft = Masse} \times \text{Änderung}\\ \text{der Geschwindigkeit/Zeit}}} \quad . \tag{2.70}$$

Auf der rechten Seite von (2.70) stehen alle Kräfte, die auf das Elektron einwirken.

Ein weiterer Ansatz beschreibt die Stromdichte im Plasma. Sie setzt sich aus zwei Anteilen zusammen:

$$\frac{d\boldsymbol{D}}{dt} = \underbrace{\varepsilon_0 \frac{d\boldsymbol{E}}{dt}}_{\text{Verschiebungsstromdichte}} - \underbrace{N_e e \cdot \boldsymbol{v}}_{\text{Leitungsstromdichte}} \quad . \tag{2.71}$$

Wir nehmen ohne Einschränkung der Allgemeinheit an, dass das Erdmagnetfeld (Gleichfeld) in z-Richtung zeigt: $\boldsymbol{B}_0 = \boldsymbol{e}_z \cdot B_0$. Ferner sei die Zeitabhängigkeit der Wechselgrößen sinusförmig, d. h. $d/dt = j\omega$. Durch Einsetzen der Bewegungsgeschwindigkeit $\boldsymbol{v}$ des Elektrons aus (2.71) in (2.70) erhält man die Matrizengleichung $\boldsymbol{D} = \boldsymbol{\varepsilon} \boldsymbol{E}$ und in kartesischen Koordinaten nach Sortierung:

$$\begin{pmatrix} D_x \\ D_y \\ D_z \end{pmatrix} = \begin{pmatrix} \varepsilon_1 & j\varepsilon_2 & 0 \\ -j\varepsilon_2 & \varepsilon_1 & 0 \\ 0 & 0 & \varepsilon_3 \end{pmatrix} \cdot \begin{pmatrix} E_x \\ E_y \\ E_z \end{pmatrix}, \tag{2.72}$$

mit den Komponenten

$$\frac{\varepsilon_1}{\varepsilon_0} = 1 + \frac{\left(\frac{\omega_p}{\omega}\right)^2 \left(1 - j\frac{\nu}{\omega}\right)}{\left(\frac{\omega_0}{\omega}\right)^2 - \left(1 - j\frac{\nu}{\omega}\right)^2}, \tag{2.73}$$

$$\frac{\varepsilon_2}{\varepsilon_0} = \frac{\frac{\omega_0}{\omega}\left(\frac{\omega_p}{\omega}\right)^2}{\left(\frac{\omega_0}{\omega}\right)^2 - \left(1 - j\frac{\nu}{\omega}\right)^2}, \tag{2.74}$$

$$\frac{\varepsilon_3}{\varepsilon_0} = 1 - \frac{\left(\frac{\omega_p}{\omega}\right)^2}{1 - j\frac{\nu}{\omega}}. \tag{2.75}$$

Hier ist $\omega_p = 2\pi f_p$ die *Plasmakreisfrequenz*, die die Eigenschwingung des Gases ohne äußere Einflüsse beim Rekombinieren der Ladungsträger darstellt:

$$f_p = \frac{e}{2\pi} \sqrt{\frac{N_e}{\varepsilon_0 m_e}}, \tag{2.76}$$

oder als Größengleichung

$$f_p \approx 9\sqrt{N_e \cdot \mathrm{m}^3}\,\mathrm{Hz}. \tag{2.77}$$

f_p ist abhängig von der lokalen Ladungsdichte N_e und beträgt tagsüber maximal etwa 30 MHz.

$f_0 = \omega_0/(2\pi)$ ist die *gyromagnetische Resonanzfrequenz* oder *Zyklotronfrequenz*, die die Drehzahl eines Elektrons beschreibt, das sich senkrecht zu einem magnetischen Gleichfeld auf einer Kreisbahn bewegt:

$$f_0 = \frac{\omega_0}{2\pi} = \frac{B_0 \cdot e}{2\pi m_e}. \tag{2.78}$$

f_0 liegt abhängig vom lokalen Erdmagnetfeld im Bereich von 0,7 ... 1,7 MHz.

Die dritte Komponente ε_3 verknüpft gemäß (2.72) nur die Komponenten E_z und D_z und ist unabhängig von B_0, da E_z und D_z parallel zu B_0 verlaufen. Wechselwirkungen können deshalb nicht auftreten. Für $B_0 \to 0$ geht $\varepsilon_2 \to 0$ und $\varepsilon_1 \to \varepsilon_3$, d. h. $\boldsymbol{\varepsilon}$ wird zu einer isotropen Diagonalmatrix.

Mit der nun bekannten Permittivität $\boldsymbol{\varepsilon}$ kann im Folgenden die Wellenausbreitung in der Ionosphäre modelliert werden. Ausgehend von den Maxwellschen Gleichungen mit der Matrix $\boldsymbol{\varepsilon}$

$$\begin{aligned} \mathrm{rot}\,\boldsymbol{H} &= j\omega\boldsymbol{\varepsilon}\boldsymbol{E} && \text{1. Feldgleichung, Durchflutungsgesetz und} \\ \mathrm{rot}\,\boldsymbol{E} &= -j\omega\mu\boldsymbol{H} && \text{2. Feldgleichung, Induktionsgesetz} \end{aligned}$$

erhält man die Wellengleichung:

$$\mathrm{rot}\,\mathrm{rot}\,\mathbf{E} - \omega^2\mu\boldsymbol{\varepsilon}\boldsymbol{E} = \mathbf{0} \tag{2.79}$$

mit

$$\boldsymbol{\varepsilon} = \begin{pmatrix} \varepsilon_1 & +j\varepsilon_2 & 0 \\ -j\varepsilon_2 & \varepsilon_1 & 0 \\ 0 & 0 & \varepsilon_3 \end{pmatrix}. \tag{2.80}$$

Der allgemeine Lösungsansatz ist

$$\boldsymbol{E} = \begin{pmatrix} E_{x0} \\ E_{y0} \\ E_{z0} \end{pmatrix} \cdot e^{-j\boldsymbol{k}\cdot\boldsymbol{r}}. \tag{2.81}$$

Wir betrachten den häufig auftretenden Fall, dass sich die Welle vorwiegend parallel zum Erdmagnetfeld ausbreitet (z-Richtung), d. h. $\boldsymbol{k} = \boldsymbol{e}_z k_z$. Damit sind $k_x = k_y = 0$ und $\frac{\partial}{\partial x} = \frac{\partial}{\partial y} = 0$ und man erhält

$$\operatorname{rot}\operatorname{rot}\boldsymbol{E} = k_z^2 \begin{pmatrix} E_{x0} \\ E_{y0} \\ 0 \end{pmatrix} \cdot e^{-j\boldsymbol{k}\cdot\boldsymbol{r}}. \tag{2.82}$$

Einsetzen von (2.81) und (2.82) in die Wellengleichung (2.79) ergibt in Matrizenschreibweise:

$$\begin{pmatrix} k_z^2 - \omega^2\mu_0\varepsilon_1 & -j\omega^2\mu_0\varepsilon_2 & 0 \\ j\omega^2\mu_0\varepsilon_2 & k_z^2 - \omega^2\mu_0\varepsilon_1 & 0 \\ 0 & 0 & -\omega^2\mu_0\varepsilon_3 \end{pmatrix} \cdot \begin{pmatrix} E_{x0} \\ E_{y0} \\ E_{z0} \end{pmatrix} = \mathbf{0}. \tag{2.83}$$

Aus der dritten Zeile folgt unmittelbar $E_{z0} = 0$. Damit reduziert sich das Problem auf ein homogenes 2×2-Gleichungssystem für E_{x0} und E_{y0}. Aus der Forderung, dass die Determinante verschwindet, erhält man die beiden *Eigenwerte*:

$$k_{z\pm}^2 = \omega^2\mu_0\varepsilon_\pm \tag{2.84}$$

mit

$$\varepsilon_\pm = \varepsilon_1 \pm \varepsilon_2 = \varepsilon_0\left(1 - \frac{(\omega_p/\omega)^2}{1 - j\frac{\nu}{\omega} \mp \frac{\omega_0}{\omega}}\right). \tag{2.85}$$

Man beachte das Vorzeichen im Nenner. Für ε_+ gilt das Minuszeichen und für ε_- das Pluszeichen im Nenner.

Die zugehörigen *Eigenvektoren* lauten:

$$\boldsymbol{E} = \boldsymbol{E}_\pm \sim (\boldsymbol{e}_x \mp j\boldsymbol{e}_y) \cdot e^{-\gamma_\pm} \tag{2.86}$$

mit

$$\gamma_\pm = \alpha_\pm + j\beta_\pm = jk_{z\pm}. \tag{2.87}$$

Da die Komponenten in (2.86) eine Phasendifferenz $\mp 90°$ aufweisen, haben wir zirkulare Polarisation mit unterschiedlichen Ausbreitungskonstanten für die beiden Drehrichtungen. Eine auf die Ionosphäre auftreffende Welle mit beliebiger Polarisation kann in zwei gegenläufig zirkularpolarisierte Wellen zerlegt werden, die dann mit unterschiedlichen Ausbreitungskonstanten die Ionosphäre durchdringen.

Bei Abweichung der Wellenausbreitung von der z-Richtung wird aus der zirkularen Polarisation eine elliptische Polarisation.

Mit (2.84) und (2.85) erhält man aus (2.87):

$$\gamma_\pm = j\omega\sqrt{\mu_0\varepsilon_0}\sqrt{1 - \frac{(\omega_p/\omega)^2}{1 - j\frac{\nu}{\omega} \mp \frac{\omega_0}{\omega}}}. \tag{2.88}$$

Damit eine Wellenausbreitung durch die Ionosphäre überhaupt möglich ist, muss $f > f_p$ sein, andernfalls wird die Welle an der Grenzfläche reflektiert, s. u.

Im nächsten Abschnitt wird zunächst die Transmission durch die Ionosphäre untersucht.

2.7.3 Transmission durch die Ionosphäre

Satellitenfunkdienste müssen die Ionosphäre durchqueren, z. B. Satellitenfernsehen, Satellitennavigation oder Mobil- und Datenfunk über Satelliten. Andere Funkverbindungen z. B. zu Raumstationen oder die Radioastronomie müssen die Ionosphäre auch durchdringen. Für eine Transmission durch die Ionosphäre muss die Frequenz oberhalb etwa 30 MHz liegen, damit gemäß (2.88) Wellenausbreitung möglich ist. Bei der Transmission erfährt die Welle eine starke Beeinflussung der Polarisation. Außerdem können Laufzeitdifferenzen auftreten, die zu Intersymbolinterferenzen führen.

Die Richtung einer linearen Polarisation kann sich nach der Transmission durch die Ionosphäre um viele Grade drehen. Für die folgende Berechnung des Drehwinkels werden zur Vereinfachung die Annahmen getroffen, dass die Betriebsfrequenz $f > 100$ MHz ist. Mit dieser Einschränkung gilt dann $\omega > \omega_0, \omega_p, \nu$ mit typischen Werten $f_0 = 1{,}7$ MHz, $f_p = 30$ MHz und $\nu_{\max} = 100$ MHz.

Die linear polarisierte Welle kann man in zwei zirkular polarisierte Wellen aufteilen, welche nach (2.88) unterschiedliche Phasenkonstanten haben. Nach der Transmission durch die Ionosphäre setzen sich die beiden zirkularpolarisierten Wellen wieder zu einer linearpolarisierten Welle zusammen, deren Polarisationsrichtung sich gegenüber der ursprünglichen Richtung gedreht hat (*Faraday*[7]-Drehung, s. [1]). Aus den Phasenkonstanten folgt allgemein der spezifische Drehwinkel φ' (= Drehwinkel/Längeneinheit):

$$\varphi' = \frac{1}{2}(\beta_+ - \beta_-). \tag{2.89}$$

Mit den oben hergeleiteten Phasenkonstanten (2.88) erhält man für $f > 100$ MHz näherungsweise mit den o. g. Annahmen:

$$\frac{\beta_+ - \beta_-}{k_0} \approx -\frac{\omega_0}{\omega}\left(\frac{\omega_p}{\omega}\right)^2. \tag{2.90}$$

[7] Michael Faraday, 1791–1867, englischer Physiker.

Einsetzen von (2.90) in (2.89) ergibt mit $k_0 = \omega\sqrt{\mu_0\varepsilon_0}$:

$$\varphi' = \frac{1}{2}(\beta_+ - \beta_-) \approx -\frac{1}{2}\omega_0\sqrt{\mu_0\varepsilon_0}\cdot\left(\frac{\omega_p}{\omega}\right)^2. \tag{2.91}$$

Der gesamte Drehwinkel φ_{ges} ergibt sich aus dem Integral über die Ausbreitungsstrecke R durch die Ionosphäre:

$$\varphi_{\mathrm{ges}} = \int_0^R \varphi' dh, \tag{2.92}$$

und man erhält daraus mit (2.76) und (2.78) für ω_p und ω_0:

$$\varphi_{\mathrm{ges}} = \frac{-e^3 B_0}{8\pi^2 f^2 m_e^2 \varepsilon_0 c_0} \int_0^R N_e(h) dh. \tag{2.93}$$

Das Integral enthält die Anzahl der Elektronen über einer Fläche von 1 m^2 bis zu einem gedachten Aufpunkt R oberhalb der Ionosphäre, z. B. dem Orbit eines Satelliten. Der Wert beträgt tagsüber etwa 10^{17}/m^2 bis 10^{18}/m^2, gemessen aus der Reflexion am Mond. Nimmt man den oben angegebenen Maximalwert für das Erdmagnetfeld an, erhält man nach Einsetzen aller Zahlenwerte:

$$\varphi_{\mathrm{ges}} = -\varphi_0 \cdot \left(\frac{\mathrm{GHz}}{f}\right)^2. \tag{2.94}$$

Der Winkel φ_0 schwankt im Bereich von $10°\pi/180°$ bis etwa $100°\pi/180°$, abhängig vom Integral $\int N_e(h)dh$ und somit von der Elektronendichte.

Abb. 2.25 zeigt die Polarisationsdrehung. Der Drehwinkel nimmt quadratisch mit der Frequenz ab. Betrachten wir den Fall hoher Ionisation mit 10^{18} Elektronen je m^2, wie er tagsüber auftreten kann. Während dann z. B. bei 100 MHz $\varphi_{\mathrm{ges}} = 10.000°$ (fast 30 Umdrehungen) beträgt, reduziert sich der Drehwinkel bei 1 GHz auf etwa 100° und oberhalb von 10 GHz unter 1°.

Die Berechnung gilt für eine Ausbreitung längs des Erdmagnetfeldes, was typisch ist für mitteleuropäische Breiten bei Kommunikation mit geostationären Satelliten. Bei Ausbreitung quer zum Magnetfeld nimmt der Drehwinkel noch stärker ab: $\varphi_{\mathrm{ges}} \sim 1/f^3$, d. h. am Äquator ist die Polarisationsdrehung nicht so stark.

Die Polarisationsdrehung hat eine Reihe technischer Auswirkungen zur Folge. Satellitengestützte Mobilfunk- und Navigationssysteme (GPS, Galileo) mit $f = 1 \ldots 2$ GHz verwenden deshalb zirkularpolarisierte Antennen. Die Signalamplitude ist dann unempfindlich gegenüber Polarisationsdrehung oder Drehung der Antenne selbst. Satelliten-Fernsehen (DVB-S) bei Frequenzen > 10 GHz erfährt praktisch keine Polarisationsdrehung. Es können so mit zwei räumlich orthogonalen, linearen Polarisationen die Frequenzen doppelt genutzt werden (engl. frequency reuse).

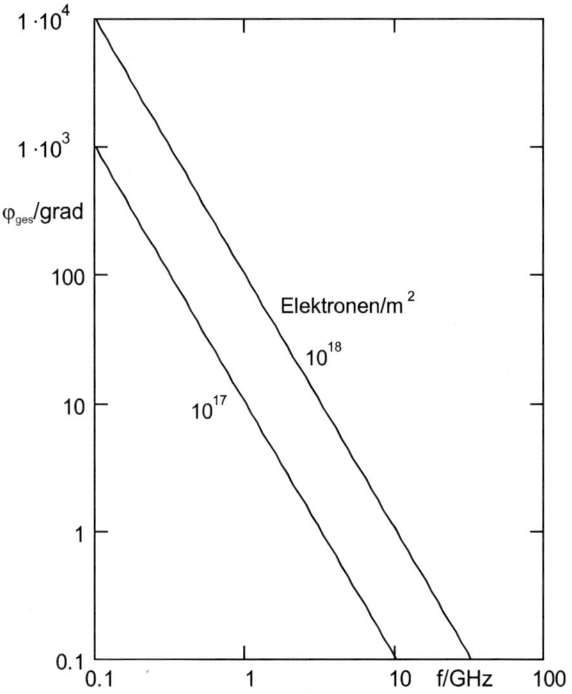

Abb. 2.25 Polarisationsdrehung der Ionosphäre. Parameter ist die Anzahl der Elektronen je Flächeneinheit in der Übertragungsstrecke

Neben der Polarisationsdrehung können bei der Transmission durch die Ionosphäre Laufzeitverzerrungen auftreten. Eine links- und eine rechtszirkular polarisierte Welle, die die Ionosphäre durchdringen, haben wegen der unterschiedlichen Phasenkonstanten verschiedene Gruppenlaufzeiten. Es entstehen somit Laufzeitdifferenzen, wenn sich eine linear polarisierte Welle in die beiden zirkular polarisierten Anteile aufspaltet (s. o.).

Zur Berechnung dieser Laufzeitverzerrung wird ein differentiell kleines Wegestück dh betrachtet. Für dieses beträgt die differentielle Gruppenlaufzeit

$$dt_{\mathrm{gr}} = dh/v_{\mathrm{gr}}(h) \tag{2.95}$$

mit der Gruppengeschwindigkeit

$$v_{\mathrm{gr}} = 1/(\partial\beta/\partial\omega).$$

Die Gruppenlaufzeit ergibt sich aus dem Integral über den Weg R durch die Ionosphäre:

$$t_{\mathrm{gr}} = \int_0^R 1/v_{\mathrm{gr}}(h)dh = \int_0^R \frac{\partial\beta}{\partial\omega}dh. \tag{2.96}$$

Nach Vertauschen von Integral und Differential ergibt die Differenz der Gruppenlaufzeiten der beiden Wellen:

$$\Delta t_{\text{gr}} = \frac{\partial}{\partial\omega} \underbrace{\int_0^R (\beta_+ - \beta_-) dh}_{2\varphi_{\text{ges}}} . \tag{2.97}$$

Das Integral in (2.97) ist bis auf den Faktor 2 identisch mit (2.92), so dass man für Δt_{gr} erhält:

$$\Delta t_{\text{gr}} = 2\frac{\partial}{\partial\omega}\varphi_{\text{ges}}. \tag{2.98}$$

Die Ableitung von (2.94) liefert schließlich

$$\frac{\partial}{\partial\omega}\varphi_{\text{ges}} = \frac{\varphi_0}{\pi f}\cdot\left(\frac{\text{GHz}}{f}\right)^2,$$

und damit folgt aus (2.98):

$$\Delta t_{\text{gr}} = 2\varphi_0\frac{(\text{GHz})^2}{\pi f^3}, \tag{2.99}$$

oder als Größengleichung:

$$\frac{\Delta t_{\text{gr}}}{\text{s}} = \frac{2\varphi_0}{\pi}10^{-9}\cdot\left(\frac{\text{GHz}}{f}\right)^3. \tag{2.100}$$

Der Winkel φ_0 variiert in Abhängigkeit von der Elektronendichte zwischen 10° und 100° (s. o.). Die Laufzeitdifferenz ist mit der dritten Potenz von der Frequenz abhängig und spielt ab 10 GHz keine Rolle mehr. Bei tiefen Frequenzen können aber große Differenzen auftreten: z. B. beträgt bei 100 MHz mit $\varphi_0 \approx \pi/2$ die Gruppenlaufzeitdifferenz $\Delta t_{\text{gr}} = 1\,\mu\text{s}$. Signale mit einer Bandbreite > 1 MHz können dann störende spektrale Verzerrungen erfahren.

2.7.4 Reflexion an der Ionosphäre

Signale mit Frequenzen unterhalb etwa 30 MHz können an der Ionosphäre reflektiert werden. Es entstehen Raumwellen, mit denen große Entfernungen überbrückbar sind. Abhängig von Frequenz, Einfallswinkel und Sonnenstand findet die Reflexion in verschiedenen Höhen der Ionosphäre statt. Tagsüber kann bei einem hohen Ionisationsgrad in der D-Schicht die Welle stark gedämpft werden, so dass die Reflexion unterdrückt wird. Wie bei der Transmission ist auch bei der Reflexion mit Mehrwegeausbreitung und Intersymbolinterferenz zu rechnen.

Anhand der oben hergeleiteten Eigenwertgleichung (2.88) können die wesentlichen Eigenschaften der Reflexion beschrieben werden. Wir betrachten zunächst den Fall, dass eine Welle nahezu senkrecht von unten auf die Ionosphäre trifft. In diesem Fall ist die obere Grenzfrequenz f_c für eine Reflexion die Plasmafrequenz f_p gemäß (2.88). (Bei schrägem Einfall sind aber auch noch oberhalb der Grenzfrequenz f_c Reflexionen möglich, s. u.). Mit zunehmender Höhe wächst zunächst N_e und damit wegen (2.76) auch die Grenzfrequenz, d. h. je höher die Betriebsfrequenz ist, desto weiter kann man in die Ionosphäre eindringen, an umso höheren Schichten erfolgt die Reflexion. Die Ionosphäre ähnelt in ihrem Übertragungsverhalten einem Hohlleiter, der sich mit wachsender Höhe immer mehr im Querschnitt verkleinert und an der Stelle höchster Ladungsdichte die kleinsten Abmessungen und damit die größte untere Grenzfrequenz für eine Transmission hat.

Nachts existiert nur die F-Schicht, da die D- und E-Schicht wegen der fehlenden Sonnenstrahlung rekombinieren. Der geringe Luftdruck in einer Höhe von 200–500 km bewirkt große Abstände zwischen den Ladungsträgern, so dass die Dauer einer Nacht für die Rekombination nicht ausreicht. Mit der Ladungsträgerdichte $N_e \approx 5 \cdot 10^{10}/\text{m}^3$ fällt die Grenzfrequenz auf $f_c \approx f_p \approx 2\,\text{MHz}$, d. h. bei senkrechtem Einfall ist oberhalb von f_c keine Reflexion mehr möglich, unterhalb von f_c ist aber wegen der großen Höhe der F-Schicht (200–500 km) eine gute Fernausbreitung gewährleistet.

Tagsüber hat die F-Schicht eine höhere Elektronenkonzentration, so dass die Grenzfrequenz bei senkrechtem Einfall auf Werte bis 20 ... 30 MHz steigt. Allerdings entwickelt sich wegen der starken Sonnenstrahlung die D-Schicht. Ihre Ionisierung ist zwar schwächer als die der F-Schicht, d. h. N_e ist kleiner, aber die Gasdichte und damit die Stoßfrequenz sind viel höher. Abgeleitet aus (2.88) beträgt der Dämpfungskoeffizient α näherungsweise

$$\alpha \approx \frac{\nu}{2c_0} \frac{(\omega_p/\omega)^2}{\sqrt{1-(\omega_p/\omega)^2}}. \tag{2.101}$$

Somit ist der Dämpfungskoeffizient wegen der inversen, quadratischen Frequenzabhängigkeit insbesondere bei tiefen Frequenzen ($< 1\,\text{MHz}$) größer. Zum Beispiel beträgt α für $\nu \approx 10^7/\text{s}$ mehrere 10 bis 100 dB/km. Die D-Schicht umfasst mehrere Kilometer und dämpft damit tagsüber im L/M/K-Bereich sehr stark. Raumwellen werden dann nicht mehr übertragen.

Neben der Frequenz und der Elektronendichte kann der Einfallswinkel der Welle beim Eintreten in die Ionosphäre bestimmen, ob eine Reflexion stattfindet. Betrachten wir den Fall, dass die Betriebsfrequenz größer als die Zyklotronfrequenz ist, und vernachlässigen die Stoßfrequenz. Dann kann man aus der Phasenkonstanten (2.88) zunächst einen Brechungsindex für das Plasma ableiten:

$$n \approx \sqrt{1-(f_p/f)^2} \tag{2.102}$$

mit $f_p \sim \sqrt{N_e}$. Der Brechungsindex ist < 1 und nimmt mit wachsender Höhe weiter ab, solange N_e zunimmt.

Zur einfachen Modellierung der winkelabhängigen Reflexion werden nur zwei Schichten angenommen: Die nicht ionisierte Atmosphäre mit $n_A = 1$ (Index A = Atmosphäre) und die darüber liegende Ionosphäre mit $n = n(f)$. Die Grenze der Reflexion ergibt sich, wenn die von unten schräg in die Ionosphäre eindringende Welle eine Totalreflexion erfährt. Nach dem Brechungsgesetz mit dem Winkel α zwischen der Ausbreitungsrichtung und der Normalen zur Grenzfläche der beiden Medien gilt dann:

$$n_A \cdot \sin\alpha = n \cdot \sin 90^\circ$$

und somit

$$n = \sin\alpha.$$

Mit (2.102) erhält man schließlich

$$f = f_\beta = \frac{f_p}{\cos\alpha}. \tag{2.103}$$

f_β ist die sog. Schrägfrequenz (engl. Basic **M**aximum **U**sable **F**requency, basic MUF), das ist die Grenzfrequenz, oberhalb derer für eine Welle mit dem Eintrittswinkel $\leq \alpha$ keine Reflexion an der Ionosphäre mehr stattfindet. Nur unterhalb f_β ist eine Reflexion und damit eine Übertragung möglich. f_β wird minimal bei $\alpha = 0$. Durch die Winkelabhängigkeit von f_β entsteht in der Nähe von Sendern mit Frequenzen im L/M/K-Bereich zwischen der Reichweite der Bodenwelle und dem Eintreffen der reflektierten Raumwelle eine sog. *Tote Zone*. Die Wellen, die nahezu senkrecht nach oben die Antennen verlassen (d. h. $\alpha \approx 0$), können diese noch durchdringen. Sie werden also nicht zur Erde reflektiert, wenn f_β noch kleiner als die Betriebsfrequenz f ist. Erst bei flacherem Einfallswinkel (z. B. $\alpha > 45^\circ$), d. h. in größerer Entfernung, wenn $f_\beta > f$ wird, kann die Ionosphäre die Welle reflektieren, so dass erst dann die Welle wieder den Erdboden erreicht. Abb. 2.26 zeigt schematisch die Abstrahlung von einer Antenne mit Anteilen, die die Ionosphäre durchdringen bzw. von ihr reflektiert werden.

Eine genauere Analyse des Reflexionsvorganges zeigt, dass die Reflexion an der Ionosphäre eine Beugung ist. Die kontinuierliche Zunahme der Ladungsdichte mit zunehmender Höhe reduziert den Brechungsindex und beugt deshalb die Welle zum dichteren Medium, d. h. zur Erdoberfläche zurück. Der zugehörige minimale Krümmungsradius im Zenit des Vorganges lässt sich ähnlich wie beim *Duct* in der Atmosphäre (s. o.) aus der Änderung des Brechungsindex berechnen. Bei einer flach einfallenden Welle, d. h. $\alpha \approx 90^\circ$, ist der Krümmungsradius des Strahlenganges gemäß (2.68)

$$\rho_K = \frac{-n}{dn(h)/dh}.$$

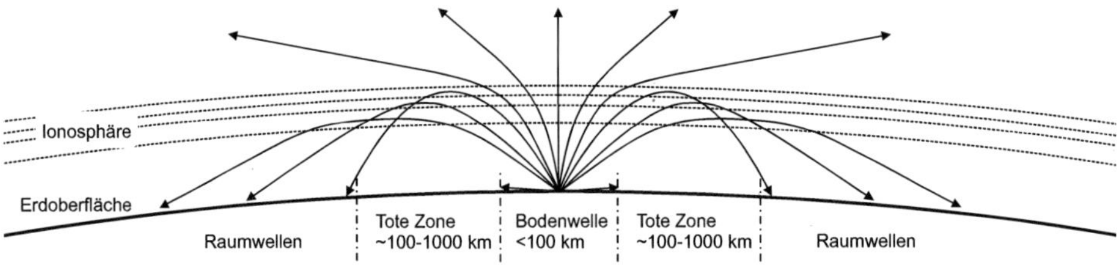

Abb. 2.26 Reflexion und Transmission in Abhängigkeit vom Eintrittswinkel

Dieses ergibt mit

$$n(h) = \sqrt{1 - (f_p/f)^2}$$

den Krümmungsradius

$$\rho_K = 2\frac{(f/f_p)^2 - 1}{\frac{dN_e/dh}{N_e}}. \tag{2.104}$$

Eine Verwendung dieser Gleichung setzt allerdings die genaue Kenntnis der Höhenabhängigkeit der Elektronendichte voraus.

Wie bei der Transmission kann auch die Reflexion zu einer Mehrwegeausbreitung führen. Da eine linear polarisierte Welle sich in zwei zirkular polarisierte Wellen aufspaltet und deren Grenzfrequenzen unterschiedlich sind, werden die beiden Teilwellen in verschiedenen Höhen reflektiert. Bei Mehrfachreflexionen können große Laufzeitunterschiede auftreten: τ_{max} bis 5 ms (entspricht 1500 km). Ionosphärenkanäle sind deshalb ohne Entzerrungsmaßnahmen relativ schmalbandig. Eine typische Bandbreite von 3 kHz zeigt bereits eine deutliche zeitvariante Frequenzselektivität.

Statistische Aussagen zu den zu erwartenden optimalen Frequenzen und notwendigen Sendeleistungen stehen seit langer Zeit zur Verfügung. Für die Feldstärkeprognose werden freie PC-Programme angeboten, z. B. erhält man über [11] das SW-Paket VoACAP, mit dem recht genaue Vorhersagen gemacht werden können.

Literatur

1. Zinke, O., Brunswig, H., Vlcek, A., Hartnagel, H.L. (Hrsg.): Hochfrequenztechnik I, 5. Aufl. Springer, Berlin (1995)
2. Beckmann, P., Spizzichino, A.: The scattering of electromagnetic waves from rough surfaces. Pergamon, Oxford (1963) S. 93
3. Parsons, D.: The Mobile Radio Propagation Channel. Wiley (2000)
4. Preissner, J.: The influence of the atmosphere on passive radiometric measurements. In: AGARD Conference Proceedings No. 245, 1979, S. 48-1

5. ITU: Propagation in non-ionized media, Attenuation by hydrometeors, in paricular precipitation, and other atmospheric particles. CCIR Report 721-3. CCIR, Genf (1990)
6. ITU: Propagation in non-ionized media, Radiometeorological data. CCIR-Report 563-4. CCIR, Genf (1990)
7. Großkopf, J.: Wellenausbreitung I, II. Hochschultaschenbücher, Bd. 141, 539. Bibliographisches Institut, Berlin (1970)
8. Meinke, H., Gundlach, F.W., Lange, K., Löcherer, K.-H. (Hrsg.): Taschenbuch der Hochfrequenztechnik. Springer, Berlin (1992)
9. Bean, B.R., Dutton, E.J.: Radiometeorology. Dover, New York (1966)
10. ITU: Propagation in ionized media, Ionospheric properties. CCIR-Report 725-3. CCIR, Genf (1990)
11. http://www.greg-hand.com/hfwin32.html

3 Mehrwegeausbreitung

Ein wichtiger und häufig vorkommender Effekt in der Funkkommunikation oder Radartechnik ist die gleichzeitige Übertragung auf zwei oder mehreren unterschiedlichen Pfaden. Einschränkungen in der übertragbaren Bandbreite oder in der Übertragungsqualität sind die Folge, wenn keine Entzerrungsmaßnahmen getroffen werden. In Kap. 7 wird aber gezeigt, dass die Existenz einer Mehrwegausbreitung auch zu deutlichen Verbesserung der Übertragung führen kann, wenn mehrere Antennen verwendet werden. Auch in einem Tunnel kann durch die Wandreflexionen der Empfangspegel größer sein im Vergleich zur reinen Freiraumausbreitung.

Die Mehrwegeausbreitung wurde bei der ionosphärischen Transmission und Reflexion schon erwähnt. Im Folgenden wird der Einfluss der Mehrwegeausbreitung auf das übertragene Signal genauer untersucht. Als einfachstes Modell mit gleichzeitig hoher Bedeutung für die Praxis wird zunächst die Zweiwegeausbreitung behandelt. Anschließend werden Begriffe zur statistischen Beschreibung der Mehrwegeausbreitung erläutert sowie Ausbreitungsszenarien nach unterschiedlichen Klassen unterschieden.

3.1 Zweiwegeausbreitung

Wir betrachten folgendes einfache Szenario, s. Abb. 3.1: Zwischen einem Sender S und einem Empfänger E existieren über einer reflektierenden Ebene mit dem Reflexionsfaktor r ein direkter Pfad D_1 (LOS) und ein Pfad D_2 (NLOS, **N**o **L**ine **O**f **S**ight). An der Empfangsantenne überlagern sich die beiden Wellen.

h_e und h_s sind die Höhen von Empfänger und Sender über der reflektierenden Ebene. Zur Beschreibung der Zweiwegeausbreitung reicht es, den Gewinn der Antennen – unabhängig von der Richtung – gleich 1 zu setzen.

Der Übertragungsfaktor zwischen den Klemmen der Sende- und Empfangsantenne besteht somit aus zwei Anteilen:

$$S_{es} = S_1 + S_2. \tag{3.1}$$

B. Rembold, *Wellenausbreitung*, DOI 10.1007/978-3-658-15284-0_3

Abb. 3.1 Zweiwegemodell

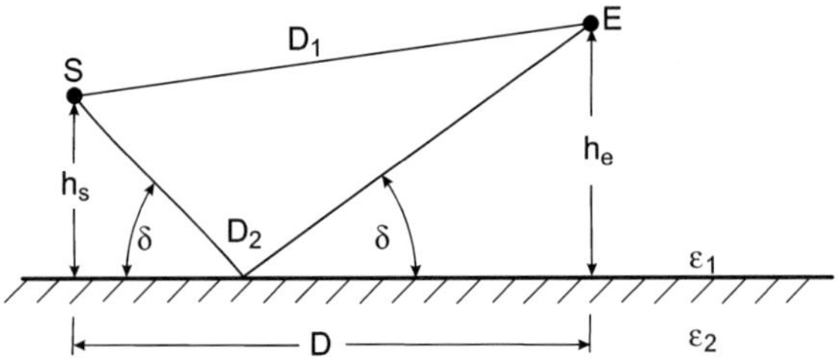

Mit den einzelnen Übertragungsfaktoren der beiden Pfade

$$S_1 = \frac{\lambda}{4\pi D_1} \cdot e^{-jkD_1}$$

und

$$S_2 = r \cdot \frac{\lambda}{4\pi D_2} \cdot e^{-jkD_2}$$

erhält man mit (3.1)

$$S_{es} = \frac{\lambda}{4\pi} \left(\frac{e^{-jkD_1}}{D_1} + r \frac{e^{-jkD_2}}{D_2} \right). \tag{3.2}$$

Aus der Abb. 3.1 können die Pfadlängen abgelesen werden:

$$D_1 = \sqrt{D^2 + (h_e - h_s)^2},$$

und

$$D_2 = \sqrt{D^2 + (h_e + h_s)^2}.$$

Die Übertragung wird wesentlich von der Größe des Reflexionsfaktors und von der auf die Wellenlänge bezogene Pfaddifferenz beeinflusst. Reflexionsfaktoren mit einem Betrag deutlich kleiner als 1 führen nur zu geringen Einbrüchen der Empfangsfeldstärke. In Abb. 3.2a, b werden für diesen Fall gemessene Zweiwegeszenarien mit (3.2) verglichen. Die Messwerte in Abb. 3.2a entstanden bei Pegelmessungen nach [1–3] auf einer Bahntrasse, wobei das Schotterbett bei den verwendeten Frequenzen eine Fläche mit diffuser Reflexion darstellte. Ein mittlerer Reflexionsfaktor $r = -0{,}3$ für die theoretischen Werte nach (3.2) approximiert die Messungen mit ausreichender Genauigkeit, wie Abb. 3.2b zeigt. In der unteren Kurve für 58 GHz wurde zusätzlich die atmosphärische Dämpfung mit $a = 12$ dB/km berücksichtigt. Die Höhen von Sender und Empfänger über Grund betragen etwa 4 m. Insgesamt wird der Pegel in diesem Fall durch die Reflexion am Boden nicht wesentlich beeinflusst. Dagegen können bei glatter Oberfläche mit größerem Reflexionsfaktor auch bei mm-Wellen stärkere Interferenzen auftreten, wie in [4] gezeigt wird.

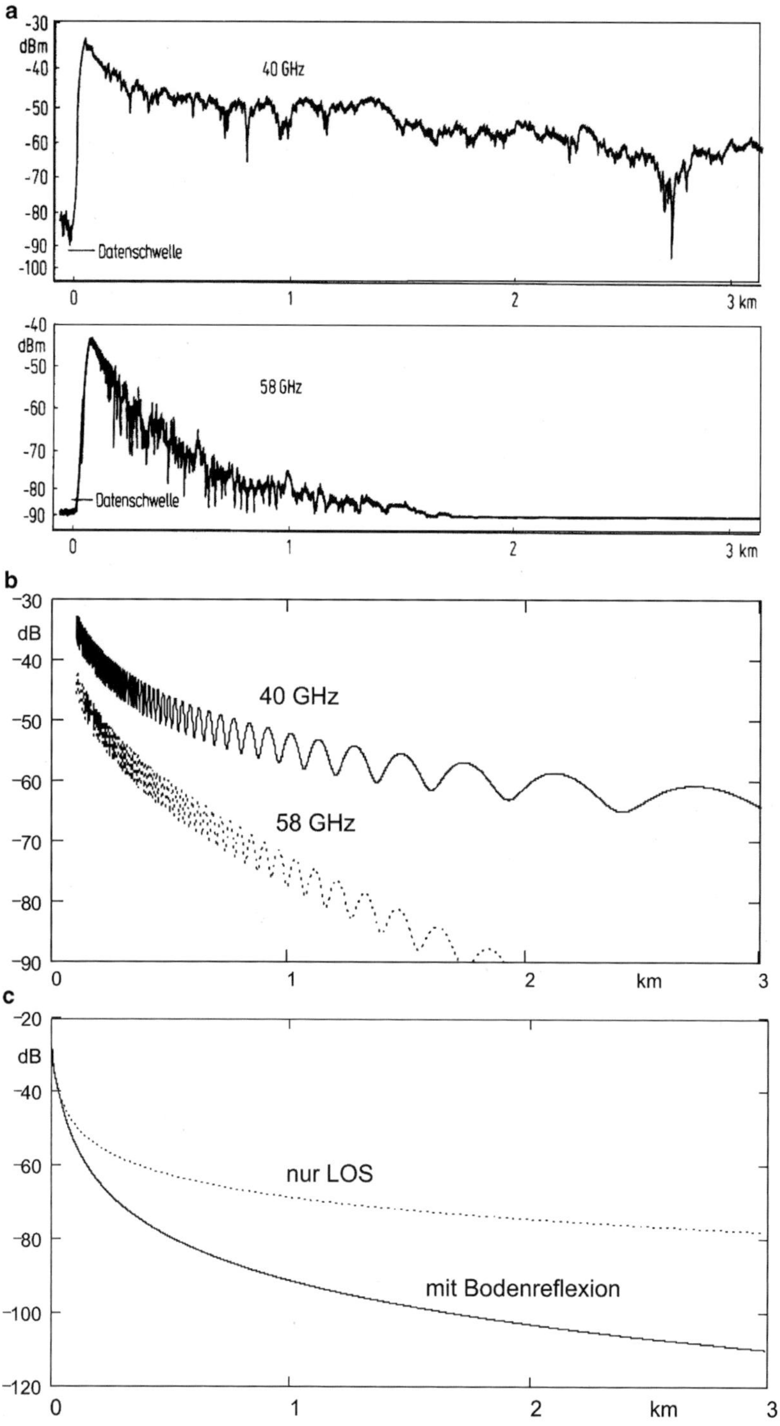

Abb. 3.2 Zweiwegeausbreitung: **a** Pegelmessungen auf einer Bahntrasse bei 40 und 58 GHz. **b** Vergleich mit dem Zweiwegemodell nach (3.2). **c** Gleiche Entfernung bei 80 MHz

Ein ganz anderes Verhalten zeigt das Zweiwegemodell bei tieferen Frequenzen: Bei flachem Welleneinfall, d. h. $h_s, h_e \ll D_1, D_2$, und bei Wellenlängen, die größer als die Rauigkeit des Bodens sind, geht der Reflexionsfaktor[1] gegen den Grenzwert -1. Näherungsweise können in den Nennertermen von (3.2) die Pfadlängen D_1 und D_2 durch D ersetzt werden. Dagegen ist in den Phasen die Pfaddifferenz zu berücksichtigen. Mit $\Delta D = D_2 - D_1$ folgt nach Betragsbildung aus (3.2):

$$|S_{es}| = \frac{\lambda}{4\pi D}|e^{+jk\Delta D/2} - e^{-jk\Delta D/2}|,$$

und somit

$$|S_{es}| = \frac{\lambda}{2\pi D}\left|\sin\left(k\frac{\Delta D}{2}\right)\right|.$$

Für den flachen Welleneinfall vereinfacht sich die Differenz der Pfadlängen zu

$$\Delta D \approx \frac{2h_s h_e}{D},$$

und man erhält die Beziehung

$$|S_{es}| = \frac{\lambda}{2\pi D}\left|\sin\left(2\pi\frac{h_s h_e}{\lambda D}\right)\right|, \tag{3.3}$$

in der der Abstand D sowohl im Vorfaktor als auch im Argument der sin-Funktion auftritt. Dadurch können schon im Nahbereich bei kleinen Abständen Nullstellen in der Übertragung auftreten.

Von besonderem Interesse ist das Verhalten von (3.3) für größere Entfernungen und Wellenlängen: Es seien z. B. $f = 80\,\text{MHz}$, $D = 1000\,\text{m}$ und h_e und h_s jeweils 4 m. Dann wird $2\pi\frac{h_s h_e}{\lambda D} = 0{,}027 \ll 1$ und man erhält aus (3.3) die einfache Beziehung:

$$|S_{es}| = \frac{h_s h_e}{D^2}. \tag{3.4}$$

Der Übertragungsfaktor nimmt nicht mehr nur mit $1/D$ sondern quadratisch mit $1/D^2$ ab, da sich die Wellen neben der Grundübertragungsdämpfung zunehmend auch noch gegenseitig auslöschen. Abb. 3.2c vergleicht den Übertragungsfaktor bei 80 MHz mit derjenigen ohne Reflexion (LOS). Schon bei einer Entfernung von nur 2 km beträgt die zusätzliche Dämpfung etwa 20 dB.

Dieser Effekt ist unabhängig von der Polarisation und weitgehend unabhängig von den elektrischen Eigenschaften der reflektierenden Ebene einschließlich Metall. Auch bei

[1] Für eine Polarisation parallel zur Reflexionsebene geht r gegen $+1$, allerdings wird die Richtung der reflektierten Feldstärke umgedreht, s. Abb. 2.1a, so dass hier für beide Polarisationen $r = -1$ gesetzt werden kann.

großer Rauigkeit der Oberfläche wird wegen des flachen Einfalls i. Allg. das Rayleigh-Kriterium nicht verletzt, so dass reguläre Reflexion vorliegt. Wegen der weitgehenden Frequenzunabhängigkeit – λ kürzt sich weg in (3.4) – ist die Auslöschung sehr breitbandig. Die Zweiwegeausbreitung mit flacher Reflexion hat im Mobilfunk und in anderen Funkdiensten große Bedeutung, da dadurch die Empfangsfeldstärke viel niedriger sein kann als erwartet. In der Nähe der Basisstation kann der Pegel periodisch stark einbrechen.

3.2 Kanalimpulsantwort und abgeleitete Größen bei Mehrwegeausbreitung

Eine praxisorientierte Beschreibung des allgemeinen Funkkanals erhält man, wenn man ähnlich wie beim Zweiwegemodell nun alle Übertragungspfade berücksichtigt und aufsummiert. Eine wichtige Voraussetzung ist, dass die Wellenlängen klein sind im Vergleich zu den Pfadlängen, was aber meistens der Fall ist. Wir betrachten im Folgenden die Übertragung zwischen zwei Toren. Diese können z. B. die Klemmen von zwei Antennen sein, oder ein beliebiges Schnittstellepaar vor der Sendeantenne und hinter der Empfangsantenne, solange lineare Verhältnisse vorliegen. Die gleichzeitige Übertragung zwischen mehreren Antennen wird in Kap. 7 untersucht.

3.2.1 Impulsantwort des linearen und zeitinvarianten Kanals

Die Darstellung der komplexen Impulsantwort eines Funkkanals kann durch die Summe über die Ausbreitungspfade approximiert werden:

$$h(\tau) = \sum_{j=1}^{n} a_j \delta(\tau - \tau_j). \tag{3.5}$$

Diese Größe wird Kanalimpulsantwort genannt, da mit ihr die Reaktion auf einen Dirac-Impuls beschrieben wird. Die englische Bezeichnung lautet channel impulse response (CIR). Nachrichtentechnische Grundlagen hierzu findet man in [5]. In (3.5) bedeuten

τ = relative Zeit, gemessen vom Sendezeitpunkt der Stoßfunktion
n = Anzahl der Pfade
a_j = komplexer Kanal-Koeffizient des j-Pfades, enthält alle Einflüsse (Antennen, Reflexionen, Beugungen, Dämpfungen) mit Ausnahme der Laufzeiten
τ_j = Laufzeit des j-Pfades (≥ 0)
$\delta(\tau)$ = Stoßfunktion

Für $\tau < 0$ ist $h(\tau) = 0$.

Die Darstellung setzt Linearität voraus. Außerdem müssen die Parameter zeitinvariant sein. Vielfach ist der Verlauf der Kanalimpulsantwort nicht eine Folge von Diracimpulsen, sondern äußert sich als kontinuierliche Funktion mit Maxima, die die wichtigsten Reflexionspfade repräsentieren.

3.2.2 Kanal-Übertragungsfunktion

Die Fouriertransformierte der CIR ist die komplexe Kanal-Übertragungsfunktion (engl.: channel transfer function, CTF):

$$H(\omega) = \int_{-\infty}^{+\infty} h(\tau) \cdot e^{-j\omega\tau} d\tau. \tag{3.6}$$

Den Zusammenhang mit den Kanalkoeffizienten erhält man wie folgt: Einsetzen von (3.5) in (3.6) ergibt

$$H(\omega) = \sum_{j=1}^{n} a_j \int_{-\infty}^{+\infty} \delta(\tau - \tau_j) e^{-j\omega\tau} d\tau.$$

Zur Lösung des Integrals kann man den Grenzübergang durchführen:

$$H(\omega) = \sum_{j=1}^{n} \frac{a_j}{-j\omega} \lim_{\varepsilon \to 0} \frac{1}{\varepsilon} \cdot e^{-j\omega\tau} \Big|_{\tau_j - \varepsilon/2}^{\tau_j + \varepsilon/2},$$

$$H(\omega) = \sum_{j=1}^{n} \frac{a_j}{-j\omega} \lim_{\varepsilon \to 0} \frac{1}{\varepsilon} \cdot e^{-j\omega\tau_j} (e^{-j\omega\varepsilon/2} - e^{+j\omega\varepsilon/2}),$$

Für kleine ε beträgt der Klammerausdruck näherungsweise

$$(e^{-j\omega\varepsilon/2} - e^{+j\omega\varepsilon/2}) \approx 1 - j\omega\varepsilon/2 - 1 - j\omega\varepsilon/2 = -j\omega\varepsilon$$

und damit ist

$$H(\omega) = \sum_{j=1}^{n} a_j \cdot e^{-j\omega\tau_j}. \tag{3.7}$$

Die Kanalkoeffizienten a_j sind in diesem Kanalmodell frequenzunabhängig. Diese Annahme kann für schmalbandige Übertragungen mit Bandbreiten, die klein sind im Vergleich zur Trägerfrequenz, in guter Näherung angenommen werden. Für breitbandige Anwendungen, z. B. UWB, werden Ansätze benötigt, die diese Abhängigkeit berücksichtigen. Ein Beispiel hierfür findet man in [6].

Im Exponent von (3.7) beschreibt $-\omega\tau_j$ die Phasen, die durch die Pfadlängen r_j entstehen. Für den freien Raum gilt $r_j = c\tau_j$ mit c = Lichtgeschwindigkeit. Mit der Wellenzahl $k = \omega/c$ ist $\omega\tau_j = kr_j$, und man kann für (3.7) schreiben:

$$H(\omega) = \sum_{j=1}^{n} a_j \cdot e^{-jkr_j}. \tag{3.8}$$

Der Kanal kann entweder mit (3.5) oder (3.7) bzw. (3.8) beschrieben werden. Beide Darstellungen sind gleichwertig. Messtechnisch ist die Bestimmung der Kanaleigenschaften mit (3.7) im Frequenzbereich aber oftmals einfacher.

Der Einfluss der Kanalimpulsantwort auf die Signalübertragung wird im Folgenden kurz umrissen. Es soll ein reelles Bandpasssignal $s(t)$ über den Kanal übertragen werden. Zunächst werden einige Begriffe definiert. Der Zusammenhang von $s(t)$ mit der komplexen Einhüllenden $z(t)$ des Signals lautet:

$$s(t) = \mathrm{Re}\{z(t) \cdot e^{j\omega_0 t}\}$$

mit ω_0 = Träger-Kreisfrequenz des Signals. Für $z(t)$ gilt:

$$z(t) = x(t) + jy(t) \quad \text{oder}$$
$$z(t) = |z(t)| \cdot e^{j\varphi(t)}$$

mit dem Real- und Imaginärteil der komplexen Einhüllenden $x(t)$ und $y(t)$ und der Phase $\varphi(t)$. Der Betrag

$$|z(t)| = \sqrt{x(t)^2 + y(t)^2}$$

ist identisch mit der Amplitude $U(t)$ des reellen Bandpass-Signals $s(t)$:

$$s(t) = \mathrm{Re}\{U(t) \cdot e^{j\varphi(t)} \cdot e^{j\omega_0 t}\} = U(t) \cdot \cos(\omega_0 t + \varphi(t)),$$

oder in anderer Schreibweise:

$$s(t) = x(t) \cdot \cos\omega_0 t - y(t) \cdot \sin(\omega_0 t).$$

Im Folgenden sei das Signal am Eingang des Kanals mit dem Index e gekennzeichnet. Die komplexe Einhüllende am Kanal-Ausgang (Index a) wird durch die Faltung der komplexen Einhüllenden mit der Kanalimpulsantwort ermittelt:

$$z_a(t) = \int_{-\infty}^{+\infty} z_e(t-\tau) \cdot h(\tau) d\tau,$$

ergänzt mit (3.5):

$$z_a(t) = \sum_{j=1}^{n} a_j \underbrace{\int_{-\infty}^{+\infty} z_e(t-\tau) \cdot \delta(\tau - \tau_j) d\tau}_{z_e(t-\tau_j)},$$

und schließlich:

$$z_a(t) = \sum_{j=1}^{n} a_j z_e(t - \tau_j). \tag{3.9}$$

Daraus erhält man das reelle Bandpasssignal am Ausgang:

$$s_a(t) = \mathrm{Re}\{z_a(t) \cdot e^{j\omega_0 t}\}.$$

Das Frequenzspektrum der komplexen Einhüllenden am Eingang erhält man aus ihrer Fouriertransformierten:

$$Z_e(\omega) = \int_{-\infty}^{+\infty} z_e(t) \cdot e^{-j\omega t} dt.$$

Entsprechend lautet das Spektrum am Ausgang:

$$Z_a(\omega) = \int_{-\infty}^{+\infty} z_a(t) \cdot e^{-j\omega t} dt,$$

und mit (3.9):

$$Z_a(\omega) = \sum_{j=1}^{n} a_j \int_{-\infty}^{+\infty} z_e(t - \tau_j) \cdot e^{-j\omega t} dt.$$

Die Einführung einer neuen Variablen $x = t - \tau_j$ führt zu:

$$Z_a(\omega) = \sum_{j=1}^{n} a_j \int_{-\infty}^{+\infty} z_e(x) \cdot e^{-j\omega(x+\tau_j)} dx$$

und schließlich mit $x \to t$:

$$Z_a(\omega) = \underbrace{\sum_{j=1}^{n} a_j \cdot e^{-j\omega\tau_j}}_{H(\omega)} \underbrace{\int_{-\infty}^{+\infty} z_e(t) \cdot e^{-j\omega t} dt}_{Z_e(\omega)}. \tag{3.10}$$

Damit ist das Signalspektrum am Kanalausgang in bekannter Weise gegeben durch das Produkt der Übertragungsfunktion mit dem Signalspektrum am Eingang:

$$Z_a(\omega) = H(\omega) \cdot Z_e(\omega). \tag{3.11}$$

3.2.3 Laufzeitspreizung

Die Kanalimpulsantwort kann zur Beschreibung einiger wichtiger Eigenschaften der Mehrwegeausbreitung genutzt werden. Abb. 3.3 zeigt den idealisierten Verzögerungsverlauf der Größe $|h(\tau)|^2$ an einem Empfänger für das Beispiel von vier Übertragungspfaden (engl. power delay profile). Miteingezeichnet ist der Mittelwert der Laufzeiten $\overline{\tau}$ (engl. mean excess delay). Dieser beträgt:

$$\overline{\tau} = \frac{\sum_{j=1}^{n} |a_j|^2 \tau_j}{\sum_{j=1}^{n} |a_j|^2}. \tag{3.12}$$

Im Nenner von (3.12) steht die Summe über die Leistungen der Einzelpfade (engl. multipath power gain) mit der Abkürzung A^2:

$$A^2 = \sum_{j=1}^{n} |a_j|^2. \tag{3.13}$$

Für die Verarbeitung des Empfangssignals ist eine weitere Größe wichtig. Die zeitliche Spreizung der Laufzeiten (engl. rms multipath time delay-spread) wird als Wurzel aus dem Mittelwert der quadratischen Abweichung vom Mittelwert $\overline{\tau}$ definiert. (Der Index rms bedeutet root mean square):

$$\tau_{\mathrm{rms}} = \frac{\sqrt{\sum_{j=1}^{n} (\tau_j - \overline{\tau})^2 |a_j|^2}}{A},$$

oder mit (3.12):

$$\tau_{\mathrm{rms}}^2 = \frac{1}{A^2} \cdot \sum_{j=1}^{n} \left[|a_j|^2 \tau_j^2 + |a_j|^2 \overline{\tau}^2 - 2\overline{\tau} \cdot \tau_j |a_j|^2 \right].$$

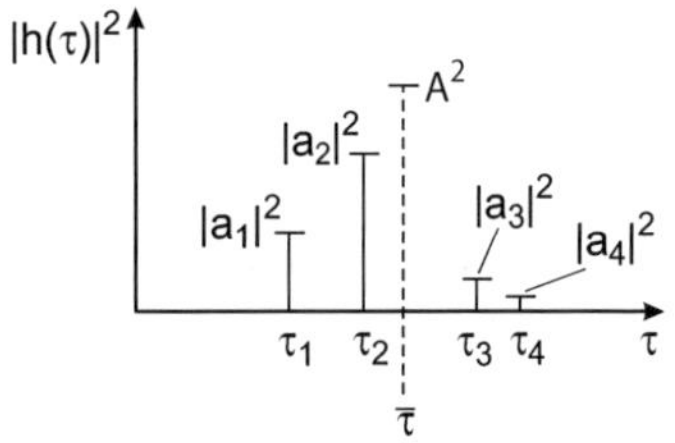

Abb. 3.3 Beispiel für den Verzögerungsverlauf der Leistung am Empfänger bei vier Pfaden

Im Einzelnen erhält man daraus:

$$\tau_{\mathrm{rms}}^2 = \frac{1}{A^2}\sum_{j=1}^{n} |a_j|^2\tau_j^2 + \frac{\overline{\tau}^2}{A^2}\cdot\sum_{j=1}^{n} |a_j|^2 - \frac{2\overline{\tau}}{A^2}\cdot\sum_{j=1}^{n} \tau_j|a_j|^2.$$

Der erste Term auf der rechten Seite ist der Mittelwert der quadratischen Laufzeit $\overline{\tau^2}$. Der zweite Term ist das Quadrat des Mittelwerts $\overline{\tau}^2$ und der dritte Term ergibt wieder $-2\overline{\tau}^2$, somit erhält man

$$\tau_{\mathrm{rms}} = \sqrt{\overline{\tau^2} - \overline{\tau}^2} \tag{3.14}$$

mit dem Mittelwert der quadratischen Laufzeit

$$\overline{\tau^2} = \frac{\sum_{j=1}^{n} |a_j|^2\tau_j^2}{\sum_{j=1}^{n} |a_j|^2}. \tag{3.15}$$

Die Zeit zwischen dem ersten und dem letzten Empfangssignal in Abb. 3.3 $\tau_4 - \tau_1$, wird in der englischen Literatur *excess delay* genannt. Während τ_1 i. A. durch die kürzeste Entfernung zwischen Sender und Antenne, die LOS, gegeben ist, hängt die obere Grenze, hier τ_4 von der Sendeleistung und Empfindlichkeit des Messsystems ab. In der Regel werden nur noch solche Empfangssignale berücksichtigt, die deutlich (z. B. 10 dB) über dem Empfängerrauschen liegen.

Beim Übergang zu unendlich vielen Übertragungspfaden geht die Kanalimpulsantwort $h(\tau)$ über in $a(\tau)$, wobei $|a(\tau)|^2$ den Verzögerungsverlauf der Leistungs*dichte* darstellt.

Aus (3.13) wird dann

$$A^2 = \int_0^\infty |a(\tau)|^2 d\tau.$$

Ferner erhält man für die Mittelwerte

$$\overline{\tau} = \frac{1}{A^2}\int_0^\infty \tau\cdot|a(\tau)|^2 d\tau$$

und

$$\overline{\tau^2} = \frac{1}{A^2}\int_0^\infty \tau^2\cdot|a(\tau)|^2 d\tau.$$

Wie wir später sehen werden, beeinflusst die Laufzeitspreizung die übertragbare Bandbreite, wogegen die mittlere Laufzeit bei Laufzeitmessungen für eine Entfernungsbestimmung eine Rolle spielt.

3.2.4 Dopplerfrequenz

Die gegenseitige räumliche Bewegung von Sender und Empfänger im Mobilfunk führt zu einer Dopplerverschiebung der Frequenz am Empfänger. Die Dopplerverschiebung ist bei der Funkverbindung zu schnellen Objekten entscheidend für die Auswahl des Übertragungssystems und der Spezifizierung der Parameter. Sie verursacht im Empfangssignal eine Bandbreitenänderung und führt ohne ihre Berücksichtigung u. U. zu Nachbarkanalstörung. Sie ist wichtig bei der Auslegung der Empfangsfilter und der Oszillatorstabilität.

Es seien f_0 = Trägerfrequenz, f_d = Dopplerverschiebung und v = Geschwindigkeitskomponente in Ausbreitungsrichtung. Wenn man nur einen Übertragungspfad betrachtet, beträgt die Dopplerfrequenz

$$f_d = \frac{v}{c} \cdot f_0. \tag{3.16}$$

Die Dopplerfrequenz ist abhängig von der Änderung der Länge des Übertragungspfades und kann negative Werte annehmen, wenn die Pfadlänge größer wird.

Im Radar beträgt die Dopplerverschiebung des reflektierten Empfangssignals das Zweifache von (3.16), wenn v die Geschwindigkeit der Objektes bezüglich des Radarstandortes bezeichnet. Dieser Effekt wird ausgenutzt, um bewegte Ziele von stationären zu unterscheiden. Tab. 3.1 zeigt Dopplerverschiebungen von typischen Funkdiensten.

Da bei mobiler Mehrwegeübertragung die einzelnen Übertragungspfadlängen oftmals unterschiedliche Änderungsgeschwindigkeiten aufweisen, können sich die pfadspezifischen Dopplerfrequenzen unterscheiden. Das Dopplerspektrum kann sich aufspreizen. Unter der Dopplerspreizung (engl. doppler-spread) versteht man diese Aufweitung des Dopplerfrequenzspektrums. Auch bei stationärer Übertragung kann eine Spreizung auftreten, wenn eine Reflexion an einem mobilen Objekt, z. B. Flugzeug erfolgt. Die Spreizung beeinflusst entscheidend die Auslegung der Übertragungsgeräte, insbesondere des Empfängers. Folgendes Beispiel in Abb. 3.4 zeigt die Übertragung zu einer Basisstation BS von einer sich mit dem Geschwindigkeitsvektor $\boldsymbol{v}$ bewegenden Mobilstation MS.

Die Projektionen der Geschwindigkeit $\boldsymbol{v}$ auf die Richtung des Ausbreitungspfads aus Sicht der MS ergeben die Pfadgeschwindigkeiten

$$v_j = |\boldsymbol{v}| \cdot \cos \varphi_j .$$

Tab. 3.1 Dopplerfrequenzverschiebung typischer Funkdienste

Dienst	Frequenz	Geschwindigkeit	Dopplerfrequenz	Bemerkung
GSM	900 MHz	100 km/h	83 Hz	$B = 200$ kHz
GSM	1800 MHz	200 km/h	333 Hz	$B = 200$ kHz
GSM-R	900 MHz	250 km/h	207 Hz	$B = 200$ kHz
DAB im Zug	230 MHz	250 km/h	53 Hz	(Unterträgerabstand 1 kHz)
Transrapid	40 GHz	500 km/h	18 kHz	(2 FSK mit 4 MHz Hub)
GPS	1,5 GHz	1600 km/h	2–3 kHz	

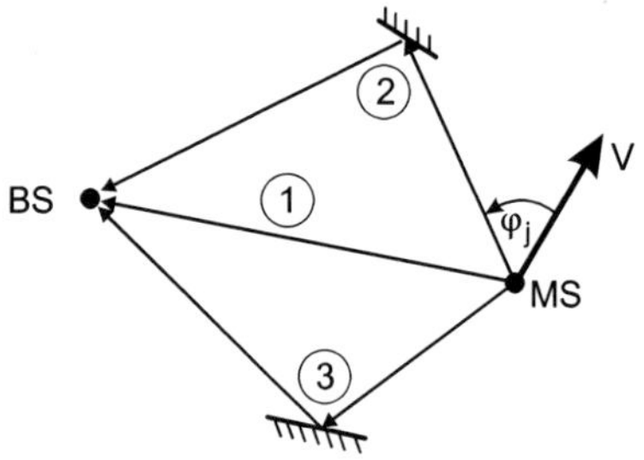

Abb. 3.4 Modell zur Erläuterung der Dopplerspreizung

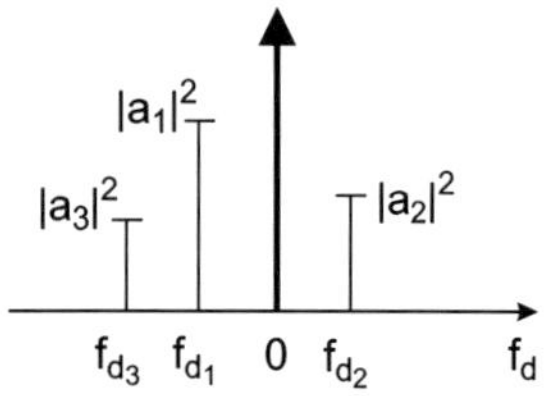

Abb. 3.5 Dopplerverschiebung einzelner Pfadbeiträge gemäß Abb. 3.4

Hierbei sind φ_j die Winkel zwischen den Pfadrichtungen und dem Geschwindigkeitsvektor $\boldsymbol{v}$. Die Dopplerfrequenz des j-ten Pfades beträgt

$$f_{dj} = \frac{v_j}{c} \cdot f_0.$$

In Abb. 3.4 sind die Geschwindigkeiten $v_1 < 0$ und $v_3 < 0$, da φ_1 und $\varphi_3 > 90°$ sind. Damit werden die zugehörigen Dopplerfrequenzen f_{d1} und f_{d3} negativ. Dagegen ist v_2 und somit f_{d2} positiv, s. Abb. 3.5.

Zur Beschreibung der Dopplerspreizung werden ähnlich wie bei der Spreizung des Verzögerungsverlaufs folgende Größen definiert. Der Mittelwert der Dopplerfrequenzen mit A gemäß (3.13) ist

$$\overline{f_d} = \frac{\sum_{j=1}^{n} |a_j|^2 f_{dj}}{A}. \tag{3.17}$$

Die Dopplerspreizung $f_{d\,\mathrm{rms}}$ wird auch mit Dopplerbandbreite B_d bezeichnet und lautet:

$$f_{d\,\mathrm{rms}}^2 = B_d^2 = \frac{\sum_{j=1}^{n} (f_{d_j} - \overline{f_d})^2 |a_j|^2}{A},$$

oder

$$B_d = \sqrt{\overline{f_d^2} - \overline{f_d}^2}, \tag{3.18}$$

mit dem Mittelwert der Quadrate

$$\overline{f_d^2} = \frac{\sum_{j=1}^{n} |a_j|^2 f_{dj}^2}{A}. \tag{3.19}$$

Die Zeitabhängigkeit des Kanals mit der Laufzeit $\tau_j = \tau_j(t)$ berücksichtigt man in der Kanal-Übertragungsfunktion, indem man in (3.7) die Kreisfrequenz ω durch $\omega + 2\pi f_{dj}$ ersetzt:

$$H(\omega) = \sum_{j=1}^{n} a_j \cdot e^{-j\omega\tau_j - j2\pi f_{dj}\cdot\tau_j}. \tag{3.20}$$

3.2.5 Dopplerspektrum

Die Beschreibung der Dopplerverschiebung im vorigen Kapitel setzt die Kenntnis eines konkreten Ausbreitungsszenarios voraus. Für manche Anwendungen, z. B. für die Untersuchung eines neuen Übertragungsverfahrens, ist es aber ausreichend, statistische Kenntnisse über die Dopplerverschiebung zu haben. Zum Beispiel ist es wichtig, wie in einem Übertragungsumfeld mit zahlreichen Reflexionspfaden das Spektrum der Dopplerverschiebung, d. h. die spektrale Leistungsdichte $S(f_d)$ über der Dopplerfrequenz verläuft. Zu diesem Zweck liefert folgendes Modell eine einfache Lösung.

Wir betrachten nach [7] einen mobilen Empfänger, der sich mit der Geschwindigkeit v in einem Szenario bewegt, und nehmen zunächst an, dass nur eine Welle auf den Empfänger trifft. Es sei φ der Winkel zwischen der Ausbreitungsrichtung der Welle und dem Geschwindigkeitsvektor $\boldsymbol{v}$ des Empfängers. Die vom Winkel abhängige Dopplerfrequenz beträgt dann

$$f_d(\varphi) = -f_{d\,\max} \cdot \cos\varphi \tag{3.21}$$

mit $f_{d\,\max} = f_0 \cdot v/c$.

Nun geht man davon aus, dass die Wellen näherungsweise gleichverteilt über den Azimut eintreffen, s. Abb. 3.6. Die auf eine Azimut-Winkel-Einheit bezogene Leistungsdichte S_φ ist somit unabhängig von φ. Nimmt man ferner eine rundstrahlende Antenne an, beträgt die empfangene Leistung aus dem Azimutbereich $\Delta\varphi$ somit $S_\varphi \Delta\varphi$ und ist ebenfalls unabhängig von φ. Betrachtet man diese Leistungsdichte nun im Spektralbereich der

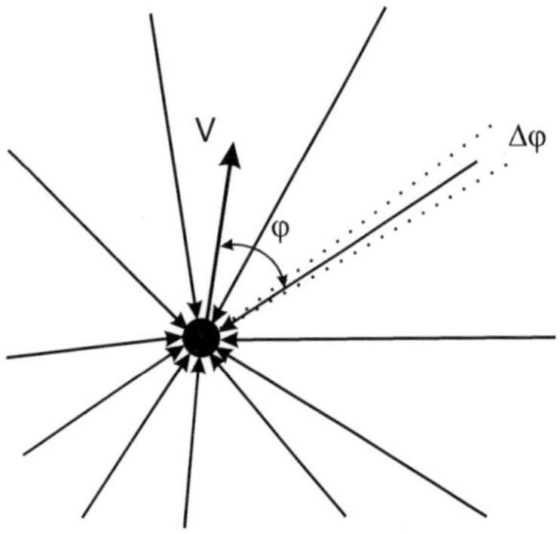

Abb. 3.6 Zur Erläuterung des Doppler-Spektrum: Eine Mobilstation bewegt sich mit der Geschwindigkeit $\boldsymbol{v}$ in einem Scenario mit gleichförmig einfallenden Wellen

Abb. 3.7 Spektrale Leistungsdichte am Empfänger als Funktion der Dopplerfrequenz

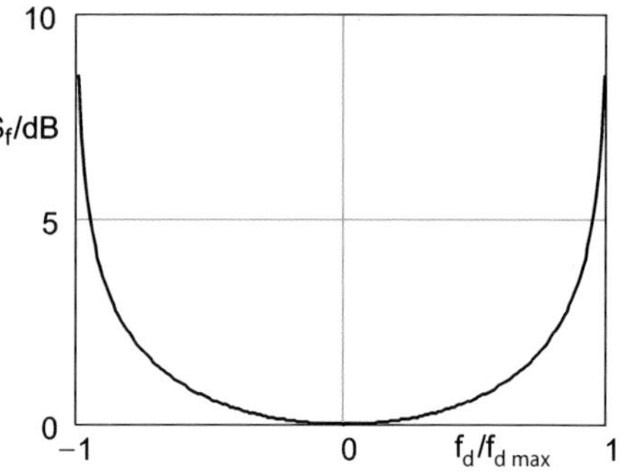

Dopplerfrequenz, so ist sie proportional zu $S_f(f_d)\Delta f_d$:

$$|S_\varphi \Delta\varphi| \sim |S_f(f_d)\Delta f_d|,$$

oder für infinitesimal kleine Winkel- bzw. Frequenzintervalle:

$$|S_f(f_d)| \sim \frac{1}{|df_d/d\varphi|}. \tag{3.22}$$

Mit (3.21) folgt ferner:

$$\left|\frac{df_d}{d\varphi}\right| \sim |f_{d\,\max} \sin\varphi|.$$

Mit Einsetzen in (3.22) erhält man die spektrale Leistungsdichte über der Dopplerfrequenz für die betrachtete Mehrwegeausbreitung:

$$|S_f(f_d)| \sim \frac{1}{|\sin\varphi|} = \frac{1}{\sqrt{1-(f_d/f_{d\,\max})^2}} \tag{3.23}$$

Die Leistungsdichten in der Nähe von $f_d \sim \pm f_{d\,\max}$ überwiegen. Abb. 3.7 zeigt den Verlauf von (3.23).

3.2.6 Fading

Fading (ältere deutsche Bezeichnung: Schwund) ist eine Beeinflussung der komplexen Einhüllenden $Z_a(\omega)$ am Ausgang durch Interferenzen des Kanals. Die Überlagerung von Signalen auf verschiedenen Pfaden führen zu Auslöschungen oder Verstärkungen. In Abhängigkeit von der Signalbandbreite und der Mobilität unterscheidet man im Fading verschiedene Klassen, die unterschiedliche Aufwände in der Signalverarbeitung des Empfängers verursachen.

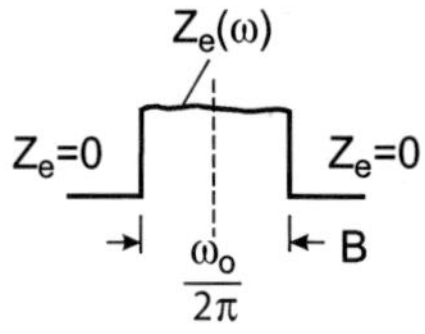

Abb. 3.8 Spektrum des Eingangssignals

Abb. 3.8 zeigt als Beispiel den Betrag des Frequenzspektrums eines Signals zunächst am Eingang des Kanals.

ω_0 ist die Trägerkreisfrequenz. Außerhalb der Signalbandbreite B sei $Z_e = 0$. Am Kanalausgang gilt gemäß (3.11):

$$Z_a(\omega) = H(\omega) \cdot Z_e(\omega),$$

und wenn der Kanal mit der Übertragung über n Pfade beschrieben werden kann:

$$Z_a(\omega) = \sum_{j=1}^{n} a_j e^{-j\omega\tau_j} \cdot Z_e(\omega). \tag{3.24}$$

Der Exponent in (3.24) kann mit $\omega = \omega_0 + \Delta\omega$ und $\tau_j = \overline{\tau} + \Delta\tau_j$ wie folgt umgeschrieben werden:

$$-j\omega\tau_j = -j(\omega_0 + \Delta\omega)(\overline{\tau} + \Delta\tau_j). \tag{3.25}$$

Es sei $\Delta\omega = 2\pi\Delta f$, $\Delta f = f - f_0$ und $|\Delta f| \leq B/2$, d. h. die Größe Δf bewegt sich innerhalb der Bandbreite B. Mit (3.25) erhalten wir damit nach Bildung der Beträge aus (3.24):

$$|Z_a(\omega)| = |Z_e(\omega)| \cdot \left| \sum_{j=1} a_j \cdot e^{-j(\omega_0 + \Delta\omega)\Delta\tau_j} \right| \tag{3.26}$$

An diesem Ausdruck können verschiedene Formen des Fadings untersucht werden.

3.2.6.1 Flaches Fading

Vielfach sind alle Laufzeitunterschiede $\Delta\tau_j$ klein gegenüber der inversen Bandbreite:

$$|\Delta\tau_j \cdot B| \ll 1. \tag{3.27}$$

Dann ist

$$|Z_a(\omega)| \approx |Z_e(\omega)| \cdot \left| \sum_{j=1} a_j \cdot e^{-j\omega_0\Delta\tau_j} \right|. \tag{3.28}$$

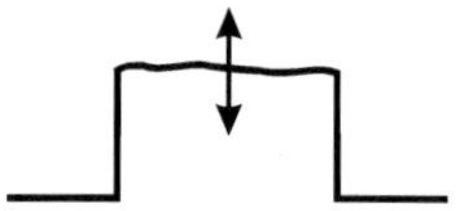

Abb. 3.9 Variation des Spektrums am Ausgang des Kanals bei Flat Fading

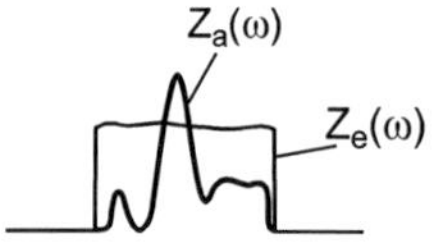

Abb. 3.10 Eingangs- und Ausgangsspektrum bei frequenzselektivem Fading

Der Gleichung (3.28) ist zu entnehmen, dass $|Z_a(\omega)|$ bezüglich der Frequenz proportional $|Z_e(\omega)|$ verläuft, da die Summe frequenzunabhängig ist. Bis auf einen konstanten Faktor unterscheiden sich die Spektren am Ein- und Ausgang des Kanals nicht. Allerdings variieren vor allem im mobilen Betrieb die Laufzeiten. Dieses ändert aber nur den Proportionalitätsfaktor und nicht die Frequenzabhängigkeit. Das Spektrum bleibt flach (engl. flat fading), wenn das Eingangsspektrum flach ist, d. h. die Form des Spektrums bleibt erhalten, s. Abb. 3.9. Die Höhe kann aber variieren, je nach Auslöschung oder Verstärkung des Signals über die Pfade.

Mit (3.27) gilt auch $|\tau_{\text{rms}} \cdot B| \ll 1$, die Bedingung für flaches Fading. Diese Übertragungssituation ist ideal, da keine Intersymbolinterferenz (ISI) erscheint und somit keine Entzerrung im Empfänger notwendig wird. Aus diesem Grund hat sich die OFDM-Technik (Orthogonal Frequency-Division Multiplexing) durchgesetzt, bei der die Modulation der Unterträger „langsam“ erfolgt und keine Intersymbolinterferenz auftritt.

3.2.6.2 Frequenzselektives Fading

Falls die Laufzeitunterschiede nicht klein sind gegenüber der inversen Bandbreite, d. h. $\tau_{\text{rms}} \cdot B \geq 1$, kann (3.26) nicht vereinfacht werden. Der rechte Term im Ausdruck wird wegen $|\Delta f \Delta\tau_j| \geq 1$ frequenzabhängig. Somit ist auch im stationären Fall, d. h. für zeitlich konstante τ_j, $|Z_a(\omega)|$ bezüglich der Frequenz nicht mehr proportional zu $|Z_e(\omega)|$, sondern ändert sich über der Frequenz. Wir sprechen von frequenzselektivem Fading (engl. frequency selective fading), da verteilt über dem Spektrum interferenzbedingte Einbrüche und Maxima auftreten können, s. Abb. 3.10.

Den Wert $1/\tau_{\text{rms}}$ nennt man *Kohärenzbandbreite* B_c. Für frequenzselektives Fading ist somit $B > B_c$.

3.2.6.3 Langsames Fading

Man definiert auch unterschiedliche Änderungsgeschwindigkeit des Fadings. Jede Änderung der Übertragungspfadlängen hat eine Dopplerverschiebung der Frequenz zur Folge. Der Fall, dass die Dopplerspreizung klein ist gegenüber der Signalbandbreite, d. h. $B_d \ll B$, wird mit langsamem Fading (engl. slow fading) bezeichnet.

Eine ähnliche Definition folgt aus der Kohärenzzeit T_c, die proportional zur Inversen der Dopplerspreizung ist: $T_c \sim 1/B_d$. Innerhalb der Kohärenzzeit ändert sich der Kanal nur unwesentlich. Man kann die Kohärenzzeit auch mit der Symboldauer T_s des Signals vergleichen. Langsames Fading liegt vor, wenn die Kohärenzzeit groß ist gegenüber der Symboldauer: $T_c \gg T_s$.

3.2.6.4 Schnelles Fading

Schnelles Fading (engl. fast fading) liegt vor, wenn die Dopplerspreizung größer ist als die Signalbandbreite: $B_d > B$, bzw. wenn die Kohärenzzeit kleiner ist als die Symboldauer. Dieser Fall verlangt großen Aufwand in der Signalentzerrung und wird in der Regel vermieden.

3.2.7 Verteilungsfunktionen der Empfangsspannung

Wie wir festgestellt haben, ändert sich die Kanalimpulsantwort bei Veränderung des Empfangsortes und damit auch die komplexe Einhüllende am Ausgang des Kanals. Vielfach reicht es aus, nur die statistischen Eigenschaften des Kanals zu kennen. Wir untersuchen die statistischen Eigenschaften des Betrages der komplexen Einhüllenden $U(t) = |z(t)|$ am Ausgang des Kanals für zwei typische Übertragungsszenarien.

Das Signal wird als schmalbandig angenommen (Flaches Fading). Für die Auslegung der Übertragungstechnik ist die Wahrscheinlichkeitsdichtefunktion $p(U)$ (engl. probability density function, Abk. pdf) von Interesse. Das Produkt $p(U) \cdot dU$ ist die Wahrscheinlichkeit, dass die Einhüllende im Intervall $(U, U + dU)$ auftritt. Man kennt hiermit die Wahrscheinlichkeit für das Auftreten einer interessierenden Amplitude.

3.2.7.1 Rayleigh-Verteilung

Wir nehmen den Fall an, dass viele Wellen mit zufälligen Real- und Imaginärteilen auf den Empfänger treffen. Dann sind nach dem zentralen Grenzwertsatz die Wahrscheinlichkeitsdichtefunktionen der Realteile und Imaginärteile von $z(t)$ gleich und normalverteilt. Für den Realteil erhält man:

$$p_1(x) = \frac{1}{\sigma\sqrt{2\pi}} \cdot e^{-\frac{x^2}{2\sigma^2}}, \tag{3.29}$$

und für den Imaginärteil:

$$p_2(y) = \frac{1}{\sigma\sqrt{2\pi}} \cdot e^{-\frac{y^2}{2\sigma^2}}. \tag{3.30}$$

Hier bedeuten σ die Standardabweichung und

$$\sigma^2 = \overline{x^2(t)} = \overline{y^2(t)} = \overline{s^2(t)} = \frac{1}{2}\overline{U^2(t)} \tag{3.31}$$

die Varianz der Zufallsgrößen x und y. Zur Definition der Größen siehe Abschn. 3.2.2.

Abb. 3.11 zeigt als Ausschnitt einen Quadranten der komplexen Signalebene. Die Wahrscheinlichkeit, dass die komplexe Einhüllende z in der Abbildung im Kästchen

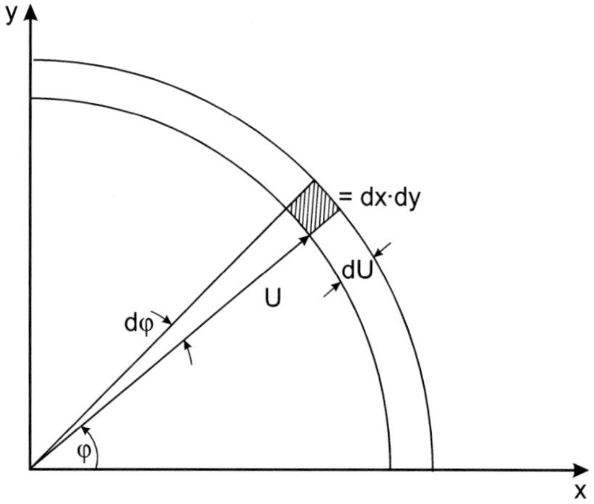

Abb. 3.11 Zur Erläuterung der Rayleigh-Verteilung

$dx \cdot dy$ erscheint, ist, da x und y statistisch unabhängig sind, gleich der Verbundwahrscheinlichkeit

$$p_1(x) \cdot p_2(y) \cdot dx \cdot dy. \tag{3.32}$$

Um in die Verbundwahrscheinlichkeit die Amplitude $U(t)$ des reellen Bandpasssignals $s(t)$ einzuführen, nehmen wir eine Koordinatentransformation vor:

$$x = U \cdot \cos\varphi \quad \text{und}$$
$$y = U \cdot \sin\varphi$$

mit $U = |z(t)|$. Nun werden die Flächenelemente in den beiden Koordinatensystemen gleichgesetzt:

$$dx \cdot dy = U \cdot d\varphi \cdot dU.$$

Damit erhält man für die Verbundwahrscheinlichkeit aus (3.32):

$$p_1(x) \cdot p_2(y) \cdot dx \cdot dy = \underbrace{p_1(U \cdot \cos\varphi) \cdot p_2(U \cdot \sin\varphi) \cdot U}_{q(U,\varphi)} \cdot d\varphi \cdot dU. \tag{3.33}$$

Das Produkt $q(U,\varphi) \cdot d\varphi \cdot dU$ ist die Wahrscheinlichkeit, dass $z(t)$ in dem Flächenelement $(U, U + dU)$ und $(\varphi, \varphi + d\varphi)$ auftritt.

Einsetzen von $p_1(x)$ und $p_2(y)$ gemäß (3.29) und (3.30) in (3.33) ergibt die Wahrscheinlichkeitsdichte

$$q(U,\varphi) = \frac{U}{\sigma^2 \cdot 2\pi} \cdot e^{-U^2/2\sigma^2}. \tag{3.34}$$

$q(U, \varphi)$ ist nun unabhängig von φ und somit ist $z(t)$ gleichverteilt in φ. Daraus ergibt die Integration über den „Ring" 0 bis 2π die Wahrscheinlichkeitsdichtefunktion von U:

$$p(U) = \int_0^{2\pi} q(U, \varphi) d\varphi,$$

und damit

$$p(U) = \frac{U}{\sigma^2} \cdot e^{-U^2/2\sigma^2}. \tag{3.35}$$

Diese Wahrscheinlichkeitsdichtefunktion wird *Rayleigh*-Verteilung genannt. Das Produkt $p(U) \cdot dU$ ist die Wahrscheinlichkeit, dass sich der Betrag der komplexen Einhüllenden im Intervall $(U, U + dU)$ befindet. Sie gilt für die Amplitude eines schmalbandigen Signals, das sich in einem Mehrwegekanal mit allseitiger Reflexion ausbreitet.

3.2.7.2 Rice-Verteilung

Beim Mobilfunk in der Nähe einer Basisstation oder beim Richtfunk kommt es häufig zu einer Überlagerung der Wellen, die in der Umgebung reflektiert werden, mit einem konstanten Anteil (Index c), der direkt vom Sender kommt (LOS). Dieser erzeugt im Empfänger zusätzlich ein Signal mit der Einhüllenden U_c. Die Einhüllende der Summe aller Signale ist mit U bezeichnet. Es gibt somit einen konstanten Ausbreitungspfad, überlagert von vielen Reflexionspfaden mit zufälligen Real- und Imaginärteilen der Signale. Die Berechnung der Verteilungsdichte erfolgt ähnlich der der Rayleigh-Verteilung und führt auf die sog. *Rice*-Verteilung:

$$p(U) = \frac{U}{\sigma^2} I_0(u) \cdot e^{-(U^2+U_c^2)/2\sigma^2} \tag{3.36}$$

mit dem Argument $u = \frac{U_c \cdot U}{\sigma^2}$.

$I_0(u)$	ist die Modifizierte Besselfunktion 1. Art, 0. Ordnung.
U	ist der Betrag der Einhüllenden der Empfangsspannung, enthält U_c.
U_c	ist die konstante Komponente des direkten Ausbreitungspfades.
σ^2	$= \frac{1}{2}(\overline{U^2} - U_c^2)$ ist die Varianz.

Für $U_c = 0$ ergibt sich aus der Rice-Verteilung die Rayleigh-Verteilung. Abb. 3.12 zeigt Beispiele für die Rice-Verteilung nach (3.36).

Ausführliche Herleitungen und weitere Diskussionen zu der Rayleigh- und Rice-Verteilung findet man in [8].

3.2.7.3 Log-Normalverteilung

Im Mobilfunk können die Feldstärkeschwankungen innerhalb weniger Wellenlängen große Werte annehmen (> 50 dB). Es hat sich gezeigt, dass der logarithmierte, über ca. 40

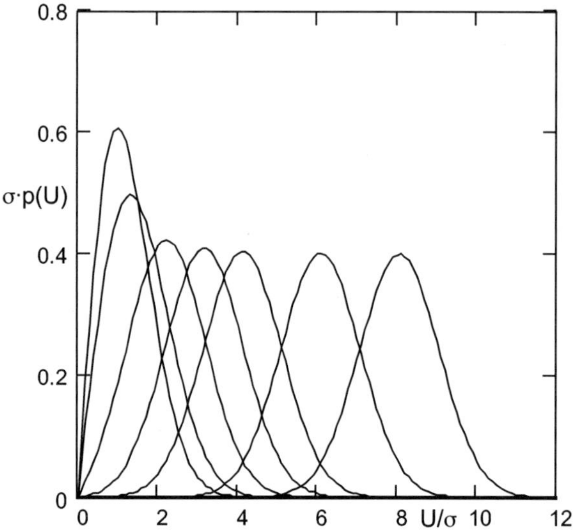

Abb. 3.12 Rice-Verteilung für $U_c/\sigma = 0; 1; 2; 3; 4; 6; 8$ (von links)

Wellenlängen gemittelte Wert der Feldstärke (lokaler Mittelwert) gut mit einer Normalverteilung approximiert werden kann. Zur Beschreibung dieser sog. Log-Normalverteilung werden folgende Definitionen verwendet:

E = Betrag der momentanen Feldstärke.
$\overline{E}$ = lokaler Mittelwert von E (engl. local mean), gemittelt über einige 10λ, in Abb. 3.13: obere Schlangenlinie um gerade Linie.
$\overline{\overline{E}}$ = Mittelwert von $\overline{E}$ (engl. area mean), in Abb. 3.12 gerade Linie.
F = $20\log(\overline{E}/E_0)$, logarithmierter lokaler Mittelwert.

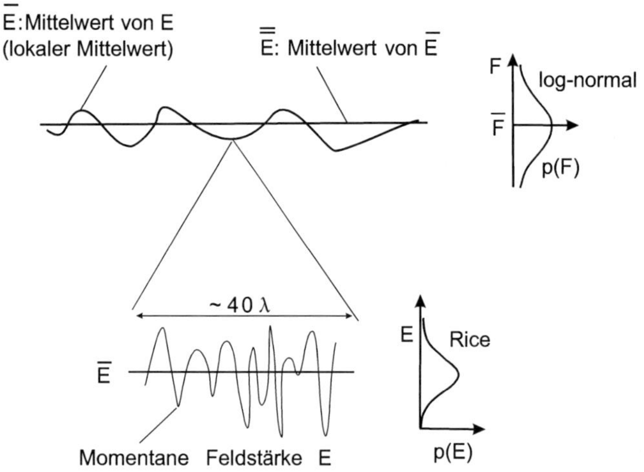

Abb. 3.13 Zur Definition der Log-Normalverteilung

E_0 ist eine beliebige Bezugsgröße für E, z. B. 1 µV/m.
$\overline{F}$ = Mittelwert von F.
$\sigma^2 = \overline{F^2} - \overline{F}^2$ = Varianz.

Die Log-Normalverteilung hat folgende Form:

$$p(F) = \frac{1}{\sqrt{2\pi} \cdot \sigma} \cdot e^{-\frac{(F-\overline{F})^2}{2\sigma^2}}. \tag{3.37}$$

Abb. 3.13 zeigt eine Darstellung der Feldstärke aufgetragen über der Länge von einigen hundert Wellenlängen. Eingetragen sind der Betrag der momentanen Feldstärke E, der einer Rice-Verteilung entspricht, sowie der lokale Mittelwert $\overline{E}$ von E, dessen Logarithmus einer Normalverteilung folgt.

Die Log-Normalverteilung wird zu tiefen Werten hin durch Null begrenzt und läuft in Richtung hoher Werte flach aus. Sie beschreibt solche Zufallsgrößen, bei denen hohe Werte mit geringer Wahrscheinlichkeit vorkommen.

Literatur

1. Meinel, H., Rembold, B.: Funkübertragung im Millimeterwellen-Bereich. Wissenschaftliche Berichte AEG-Telefunken **4–5**(54), 177–184 (1981)
2. Meinel, H., Plattner, A., Breitschädel, R.: A 35 GHz communication link for railway applications. In: 9. Europ. Microwave Conf., 1979, S. 259–262
3. Meinel, H., Plattner, A., Pehnack, H., Schickl, O.: A 58 GHz communication link for railway applications. 10. Europ. Microwave Conf., 1980, S. 185–188
4. Weiler, R.J., Peter, M., Keusgen, W., Kortke, A., Wisotzki, M.: Millimeter-wave channel sounding of outdoor ground reflections. IEEE Radio and Wireless Symposium (RWS), 2015, 95–97
5. Ohm, J.-R., Lüke, H.D.: Signalübertragung. Springer, Berlin (2002)
6. Kunisch, J., Pamp, J.: An ultra-wideband space-variant multipath indoor radio channel model. In: IEEE Conference on Ultra Wideband Systems and Technologies, 2003, S. 290–294
7. Clarke, R.H.: A statistical theory of mobile-radio reception. Bell Systems Technical Journal **47**, 957–1000 (1968)
8. Parsons, D.: The Mobile Radio Propagation Channel. Wiley (2000)

4 Modellierung von Funkkanälen

Der wichtigste Parameter bei der Auslegung einer Funkkommunikation ist der Kanal, speziell in der Wellenausbreitung der Funkkanal. Er bestimmt nicht nur den Systemwert (= Differenz zwischen notweniger Sendeleistung und Empfangsempfindlichkeit) sondern auch das Übertragungsverfahren. Betrachtet man die Fülle sehr unterschiedlicher Dienste, ist erkennbar, dass die Kanalmodelle und auch die Methodik zur Ermittlung der Kanalparameter unterschiedlich sind. Kanalkenntnisse erhält man entweder durch Messungen oder durch theoretische Untersuchungen anhand von Kanalmodellen. Hierbei unterscheidet man zwischen empirischen und deterministischen Kanalmodellen. Einen ausführlichen Überblick über Kanalmodelle insbesondere für MIMO-Systeme (s. Abschn. 7.2) mit vielen Literaturzitaten findet man in [1].

Die empirischen Modelle beschreiben typische Szenarien für eine spezielle Funktechnik, z. B. den Mobilfunk im 900 MHz-Bereich in städtischen Bereichen, und enthalten für die wichtigsten Parameter wie z. B. den Übertragungsfaktor oder die Laufzeitspreizung, die Art der Verteilungsdichte sowie deren Parameter, z. B. den Medianwert und die Standardabweichung. Die Parameter werden aus Messwerten ermittelt. Diese Modelle sind zwar im Einzelnen nicht sehr genau, haben aber den Vorteil, dass sie wenig Rechenaufwand benötigen. Man verwendet sie sowohl bei der Planung konkreter Projekte, als auch zur Bewertung eines neuen Übertragungsverfahrens.

Unter deterministischen Kanalmodellen fasst man alle Modelle zusammen, die ein konkretes Ausbreitungsszenario beschreiben, z. B. ein Stadtviertel, einen Bahnhof, einen Flugplatz, ein Gebirgstal oder das Innere einer Lagerhalle. Die Materialen, aus denen sich das Szenario zusammensetzt, müssen durch ihre geometrischen und frequenzabhängigen elektrischen Eigenschaften beschrieben werden. Die Standorte von Sender und Empfänger werden ebenso benötigt wie die Charakteristiken und Polarisationen der Antennen. Die Wellenausbreitung erfolgt meistens durch die Approximation der Pfadwellen durch ebene Wellen, die an stückweise eben angenommen Materialoberflächen reflektiert werden oder diese durchdringen. Die Erstellung des Modells ist aufwändig, die Simulation

B. Rembold, *Wellenausbreitung*, DOI 10.1007/978-3-658-15284-0_4

liefert aber die komplette CIR mit allen ableitbaren Größen. Im Folgenden werden einige Beispiele für empirische und deterministische Kanalmodelle gezeigt.

4.1 Empirische Kanalmodelle

4.1.1 ITU-Empfehlungen

Die International Telecommunication Union ITU mit Sitz in Genf betreibt Studiengruppen zu Ausbreitungsproblemen. Eine der Gruppen ist die ITU-R (Studiengruppe der ITU für „Radio"), die anhand der statistischen Analyse experimenteller Daten aus vielen Ländern Berichte und Empfehlungen (ITU-Reports and Recommendations) für die Pfaddämpfungen insbesondere für Rundfunk und Mobilfunk veröffentlicht.

Ein ITU-Modell behandelt die Übertragungseigenschaften zwischen einer hochpositionierten Basisstation und einer Mobilstation. Das Diagrammbeispiel Abb. 4.1 ist dem CCIR-Report 567-4 der ITU [2] entnommen. Es enthält zeitliche und räumliche Medianwerte der Feldstärke für hügeliges Gelände mit der Geländerauhigkeit $\Delta h = 50\,\mathrm{m}$. Weitere Daten: $f = 900\,\mathrm{MHz}$, h_1 ist die Höhe der Sendeantenne einschließlich einer natürlichen Erhebung, die den Medianwert des hügeligen Geländes überragt. Der Mobilstation wird die Höhe $h_{\mathrm{mobil}} = 1{,}5\,\mathrm{m}$ zugeordnet. Die Sendeleistung ist in *ERP* angegeben. Die Größe *ERP* enthält neben der Sendeleistung den Antennengewinn $G_{\lambda/2}$, der auf einen $\lambda/2$-Dipol bezogen ist:

$$ERP/\mathrm{dB} = P_s/\mathrm{dBm} + G_{\lambda/2}/\mathrm{dB}.$$

Der Unterschied zwischen dem auf einen isotropen Strahler bezogenen Antennengewinn G und $G_{\lambda/2}$ beträgt:

$$G/\mathrm{dB} = G_{\lambda/2}/\mathrm{dB} + 2{,}15.$$

Meistens findet man jedoch die Größe *EIRP* (equivalent isotropic radiated power):

$$EIRP/\mathrm{dB} = P_s/\mathrm{dBm} + G/\mathrm{dB}.$$

In Abb. 4.1 ist $ERP = 1\,\mathrm{kW}$.

Neben dem Medianwert werden in den Reports auch Daten für andere Zeitwahrscheinlichkeiten genannt. Varianzen und mögliche Überreichweiten werden angegeben: z. B. ist für das Szenario im angegebenen Beispiel die Feldstärke in 1 % der Zeit 20 dB höher als der Medianwert, über dem Mittelmeer sogar 53 dB. Die Daten gelten nicht innerhalb von Städten. Interferenzen in der Nähe der Mobilstationen werden nicht berücksichtigt.

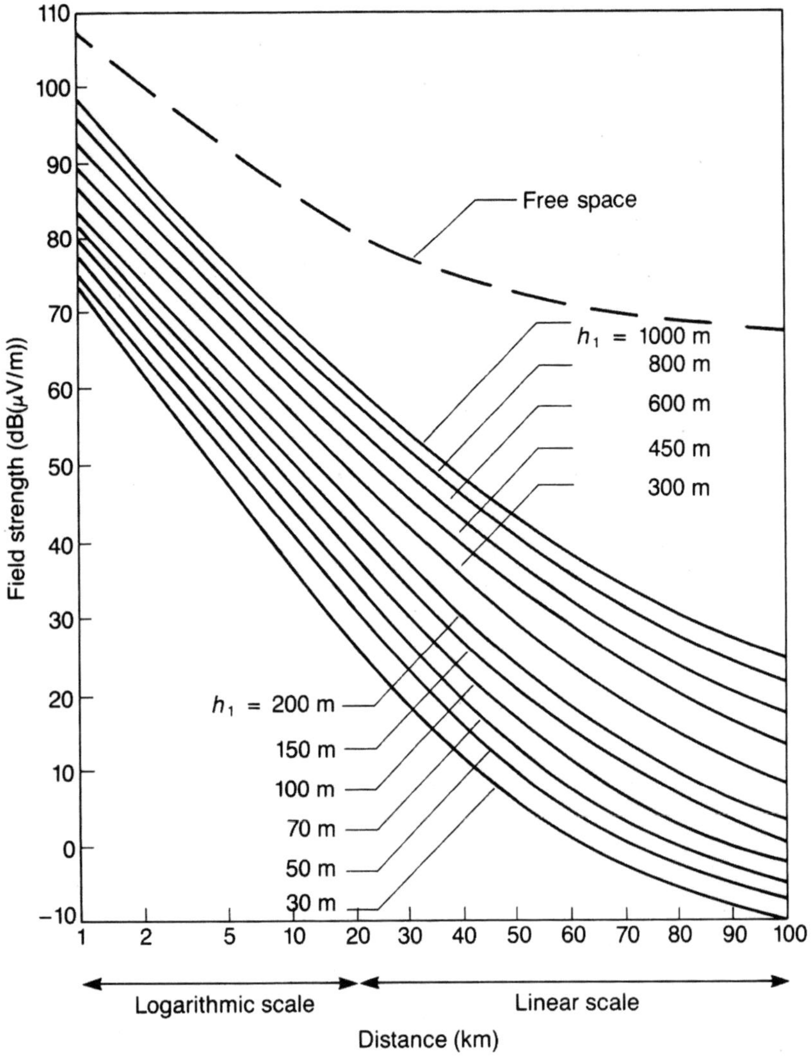

Abb. 4.1 Beispiel für die Feldstärkevorhersage nach [2] für $f = 900\,\text{MHz}$ und $ERP = 1\,\text{kW}$. Nachdruck mit freundlicher Genehmigung der ITU Genf

4.1.2 Feldstärkevorhersage nach Okumura

Städtische Bereiche werden in den folgenden Modellen berücksichtigt. Auf derBasis umfangreicher Messungen in und um Tokyo wurden von Okumura u. a. [3] für einige Frequenzbereiche bis 1920 MHz empirische Feldstärkevorhersagen abgeleitet. Das Ergebnis ist ein Medianwert, gekennzeichnet mit dem Index 50, der die Dämpfung in dB zwischen einer Basisstation (Index b) und einer Mobilstation (m) angibt:

$$L_{50} = L_F + A_{mu} - H_{tu} - H_{ru}.$$

Hierbei bedeuten:

L_F = Grundübertragungsdämpfung abzüglich der in dB einzutragenden Antennengewinne g_b und g_m:

$$L_F = -10 \cdot \log\left(\frac{\lambda}{4\pi d}\right)^2 - g_b - g_m.$$

d = Entfernung zwischen Basis- und Mobilstation.
H = Height-Gain Faktor (Indizes: $t$ransmitter, $r$eceiver, $u$rban),
A_{mu} = Basic median attenuation für $\Delta h < 20\,\text{m}$, $h_b = 200\,\text{m}$, $h_m = 3\,\text{m}$.

Die Diagramme für H und A_{mu} findet man z. B. in [4]. Da für eine numerische Nutzung die Diagramme nicht sehr praktisch sind, wurden die Ergebnisse durch Hata als Formeln approximiert, wie im folgenden Kapitel beschrieben.

4.1.3 Feldstärkevorhersage nach Hata/Okumura

Hatas Formulierung [5] unterscheidet städtische, vorstädtische Gebiete und offenes Gelände. Die städtischen Gebiete werden nochmals aufgeteilt in kleine oder mittelgroße Städte sowie in große Städte. Die Basisstation wird hier als Sender (Index t) bezeichnet, die Mobilstation als Empfänger (Index r).

1. Städtische Gebiete

$$\begin{aligned}\frac{L_{50}}{\text{dB}} &= 69{,}55 + 26{,}16 \cdot \log\left(\frac{f_c}{\text{MHz}}\right) - 13{,}82 \cdot \log\left(\frac{h_t}{\text{m}}\right) - a(h_r) \\ &\quad + \left[44{,}9 - 6{,}55 \cdot \log\left(\frac{h_t}{\text{m}}\right)\right] \cdot \log\left(\frac{d}{\text{km}}\right).\end{aligned} \tag{4.1}$$

Hierbei bedeuten f_c Trägerfrequenz, h_t Senderhöhe, h_r Empfängerhöhe und d Entfernung zwischen Sender und Empfänger. Die Höhe der Empfangsstation h_r geht abhängig von der Größe der Stadt unterschiedlich in die Dämpfung ein. Für den Bereich $1 \leq h_r/\text{m} \leq 10$ gilt:

Für eine kleine oder mittelgroße Stadt:

$$a(h_r) = [1{,}1 \cdot \log(f_c/\text{MHz}) - 0{,}7] \cdot h_r/\text{m} - [1{,}56 \cdot \log(f_c/\text{MHz}) - 0{,}8].$$

Für eine große Stadt:

$$a(h_r) = \begin{cases} 8{,}29 \cdot [\log(1{,}54 \cdot h_r/\text{m})]^2 - 1{,}1 & \text{für } f_c \leq 200\,\text{MHz}, \\ 3{,}2 \cdot [\log(11{,}75 \cdot h_r/\text{m})]^2 - 4{,}97 & \text{für } f_c \geq 400\,\text{MHz}. \end{cases}$$

2. Vorstädtische Gebiete

$$\frac{L_{50}}{\text{dB}} = \frac{L_{50}(\text{Stadt})}{\text{dB}} - 2 \cdot \left[\log\left(\frac{f_c}{28 \cdot \text{MHz}}\right)\right]^2 - 5{,}4.$$

3. Offenes Gelände

$$\frac{L_{50}}{\text{dB}} = \frac{L_{50}(\text{Stadt})}{\text{dB}} - 4{,}78 \cdot \left[\log\left(\frac{f_c}{\text{MHz}}\right)\right]^2 - 18{,}33 \cdot \log\left(\frac{f_c}{\text{MHz}}\right) - 40{,}94.$$

Die Gültigkeitsbereiche sind:

$$150 \le f_c/\text{MHz} \le 1500,$$
$$30 \le h_t/\text{m} \le 200,$$
$$1 \le d/\text{km} \le 20.$$

4.1.4 Inhouse Modell: Cost 259 Multi-Wall-Modell

Ein weiteres Beispiel für ein empirisches Modell ist das Cost 259 Multi-Wall-Modell. *Cost* ist die Abkürzung für European **Co**operation in the field of **s**cientific and **t**echnical research. Untersuchungen zur Modellierung der Ausbreitung innerhalb von Gebäuden mündeten in diesen Modellstandard, [6]. Er behandelt die häufig anzutreffende Übertragung innerhalb einer Etage eines Gebäudes und ist gültig für den Frequenzbereich um 5 GHz. Das Modell liefert den Pfadverlust in dB:

$$L_{\text{Path}} = L_{FS} + \sum_{i=1}^{l} k_{wi}^{\left[\frac{k_{wi}+1{,}5}{k_{wi}+1} - b_{wi}\right]} L_{wi}. \tag{4.2}$$

Hierbei bedeuten

L_{FS} = Pfadverlust im freien Raum (in dB).
k_{wi} = Anzahl der durchdrungenen Wände der Kategorie i.
L_{wi} = Dämpfung der Wand der Kategorie i (in dB).
b_{wi} = Korrekturfaktor:

$$b_{wi} = -0{,}064 + 0{,}0705 L_{wi} - 0{,}0018 L_{wi}^2.$$

In [7] findet man Beispiele für b_{wi}:

dünne Wand: $L_{wi} = 3{,}4\,\text{dB}$, $b_{wi} = 0{,}15$,
dicke Wand: $L_{wi} = 11{,}8\,\text{dB}$, $b_{wi} = 0{,}52$.

Das Modell berücksichtigt stärker die Transmission durch Türen und Fenster, wenn die Anzahl der Wände sehr groß wird.

4.1.5 VHF-UHF: mobile-to-mobile

Alle Rundfunkmodelle und die meisten Mobilfunkmodelle gehen von einer hochliegenden, stationären Basisstation (Sender bzw. „Fest“-Station) und mobilen oder auch stationären Teilnehmern mit niedriger Höhe aus. Bei manchen Anwendungen, z. B. bei ad-hoc-Netzwerken oder beim taktischen militärischen Mobilfunk kommunizieren zwei mobile Teilnehmer direkt miteinander, ohne Zwischenschaltung einer Basisstation. Da sich beide Stationen maximal nur wenige Meter über dem Boden befinden, versagen die Modelle nach Hata/Okumura u. a. in diesem Fall.

Die Antennen haben Rundstrahlcharakteristik und sind meistens auf einem Fahrzeugdach befestigt. Auch tragbare Geräte sind im Einsatz. Um Reichweiten bis zu einigen 10 km zu erreichen, liegen die hierfür verwendeten Frequenzen im Bereich von 30–400 MHz, d. h. im VHF- und unteren UHF-Bereich.

In [8] wird für diese Anwendungen ein empirisches Kanalmodell für die Pfaddämpfung vorgestellt, das auf Messfahrten mit rundstrahlenden Fahrzeugantennen in vier verschiedenen Geländeklassen basiert: Städtisch (urban), offenes Land (rural), hügelig (hilly) und gebirgig (montainous). Aus den gemessenen Feldstärken werden über Intervalle von 10 λ entfernungsabhängige lokale Mittelwerte gebildet (s. auch Abb. 3.13) und diese getrennt für jede Klasse und Messfrequenz durch Ausgleichsgeraden im logarithmischen Maßstab approximiert.

Die an die gemessenen Dämpfungen angepasste Pfaddämpfung (ohne Antennengewinne) beträgt:

$$\frac{L_T(d)}{\text{dB}} = 32{,}46 + A_E + 20 \cdot \log\left(\frac{f}{\text{MHz}}\right) + 10 \cdot n_E \cdot \log\left(\frac{d}{\text{km}}\right). \qquad (4.3)$$

Der Index T bezieht sich auf die in [8] erfolgte Namensgebung *TacCom* für das Modell. f ist die Betriebsfrequenz und d die Entfernung zwischen Sender und Empfänger (Luftlinie). Die geschätzten Parameter A_E und n_E (Index E: estimated) gemäß [8] können Tab. 4.1 entnommen werden. Bemerkenswert ist, dass sich die Frequenzabhängigkeit nahezu unabhängig von den Geländeklassen herausstellt und etwa entsprechend der Grundübertragungsdämpfung proportional f^2 ist. Der Faktor n_E hingegen, der den Exponent der Entfernungsabhängigkeit angibt, überschreitet deutlich den Faktor 2 in der Grundübertragungsdämpfung. Das Modell ist gültig im Frequenzbereich 30–400 MHz und Entfernungen bis etwa 15 km.

Die Messungen wurden mit Multisinussignalen von Bandbreiten bis 2 MHz durchgeführt. Dadurch sind auch Aussagen über die Laufzeitspreizung möglich (s. Abschn. 3.2.3). Die getrennt nach Geländeklasse und Messfrequenz über alle Messungen ermittelten Wahrscheinlichkeitsdichtefunktionen der Laufzeitspreizung folgen einer Log-Normalverteilung. Im Gegensatz zur Normalverteilung erfasst diese auch große, aber selten auftretende Werte von τ_{rms}. Tab. 4.1 gibt die gemessenen Bereiche des Medianwerts τ_{med} der Laufzeitspreizung und ihrer Standardabweichung σ (in dB) für die

Tab. 4.1 Die von der Geländeklasse abhängigen Bereiche für τ_{med} und σ sowie die Parameter des DSD-Modells nach [8] und [9]

Geländeklasse	$\tau_{\mathrm{med}}/\mu\mathrm{s}$	σ/dB	A_E	n_E	A_τ	A_σ	B_σ
städtisch	0,9–1,4	1,2–2,3	30,01	4,68	0,82	1,01	0,0039
offenes Land	0,5–1,0	1,0–2,5	26,02	3,36	0,37	0,66	0,0051
hügelig	1,0–2,0	1,9–2,5	19,48	3,34	1,28	2,05	0,0010
gebirgig	5,8–6,2	1,9–2,3	17,34	3,23	5,73	1,92	0,0011

verschiedenen Geländeklassen wider. Im *Delayspread Distribution Model* (DSD) nach [9] werden τ_{med} und σ durch lineare Frequenzabhängigkeiten approximiert:

$$\frac{\tau_{\mathrm{med,\,DSD}}}{\mu\mathrm{s}} = 0{,}0015 \cdot \frac{f}{\mathrm{MHz}} + A_\tau\,, \tag{4.4}$$

$$\frac{\sigma_{\mathrm{DSD}}}{\mathrm{dB}} = B_\sigma \cdot \frac{f}{\mathrm{MHz}} + A_\sigma\,. \tag{4.5}$$

Mit den beiden Gl. 4.4 und 4.5 kann unter Verwendung der Verteilungsfunktion 4.6 der Log-Normalverteilung die Unterschreitungswahrscheinlichkeit der Laufzeitspreizung in Abhängigkeit von der Geländeklasse im Frequenzbereich 30–400 MHz ermittelt werden:

$$P\left(\tau_{\mathrm{rms}} \le \tau\right) = \frac{1}{\sigma\sqrt{2\pi}} \cdot \int_0^\tau \frac{1}{t} e^{-\frac{\left(\ln(t)-\ln\left(\tau_{\mathrm{med,\,DSD}}\right)\right)^2}{2\sigma^2}} dt \tag{4.6}$$

mit

$$\sigma = \frac{\ln(10)}{10} \cdot \frac{\sigma_{\mathrm{DSD}}}{\mathrm{dB}}\,.$$

4.2 Deterministische Kanalmodelle

4.2.1 Grundlagen

Deterministische Kanalmodelle beschreiben die Wellenausbreitung in einem konkreten Ausbreitungsszenario. Grundlage zur Berechnung ist die Geometrische Theorie der Beugung, die voraussetzt, dass die Wellenlängen klein sind gegenüber den linearen Objekt- und Szenarienabmessungen [10]. Von einer Antenne abgestrahlte Kugelwellen werden in genügendem Abstand von der Antenne durch ebene Wellen approximiert. Die Objekte im Ausbreitungsszenario sind neben ihren geometrischen Abmessungen durch ihre elektrischen Eigenschaften, meistens nur durch ihre komplexe Permittivität, charakterisiert. Die Snelliusschen Reflexions- und Brechungsgesetze kommen zum Einsatz. Es können die

Antennencharakteristiken einschließlich der Polarisation, ferner die Kantenbeugung, raue oder streuende Oberflächen, atmosphärische Dämpfung, Brechung in der Atmosphäre sowie Einflüsse der Ionosphäre in deterministischen Kanalmodellen Eingang finden.

Drei Schritte sind notwendig: Erstellung des Szenarienmodells, Ermittlung der Ausbreitungspfade zwischen Sender und Empfänger sowie die Berechnung der Übertragung und Auswertung.

4.2.2 Erstellung des Szenarienmodells

Die geometrische und elektrische Beschreibung des Modells ist abhängig vom Typ des Szenarios. Im freien, flachen, hügeligen oder bergigen Gelände dienen topographische Daten als Basis. Geländeschnitte sind ausreichend, wenn keine seitlichen Reflexionen zu erwarten sind. Die Ausbreitung wird dann durch Kantenbeugung längs des Geländeschnittes dominiert. Bei starker Abschattung kann die Wellenausbreitung aber ausschließlich durch Reflexionen oder Oberflächenstreuung erfolgen. Zum Beispiel in einem Gebirgstal oder innerstädtisch sowie innerhalb von Gebäuden ist die geometrische und elektrische Beschreibung aller bei der Übertragung erfasster Objekte und ggf. deren Oberflächenstreuung notwendig. Gelegentlich wird auch die Oberflächenrauigkeit mit Polygonen beschrieben. Die erforderliche Auflösung, d. h. der Kehrwert des maximalen Durchmessers der Polygone, wächst mit steigender Frequenz.

Einige Beispiele: Abb. 4.2 zeigt einen Ausschnitt aus dem Modell der Innenstadt von München nach [11], basierend auf Daten aus [12]. Die modellierte Fläche beträgt $2400 \times 3400\,m^2$, die Gebäude wurden mit 17.444 Polygonen dargestellt. Das Modell kann zur Simulation der Wellenausbreitung bei Mobilfunkfrequenzen vorwiegend durch seitliche Reflexionen an senkrechten Wänden verwendet werden.

Abb. 4.3 zeigt ein Beispiel für die Modellierung der Versorgung mit Betriebsfunk für ein Tal. Mit eingezeichnet sind gefundene Pfade als Ergebnis eines Pfadsuchverfahrens, s. Abschn. 4.2.3.

Abb. 4.2 Ausschnitt Innenstadt München, Modell für Mobilfunk 900 MHz, Quelle siehe Text

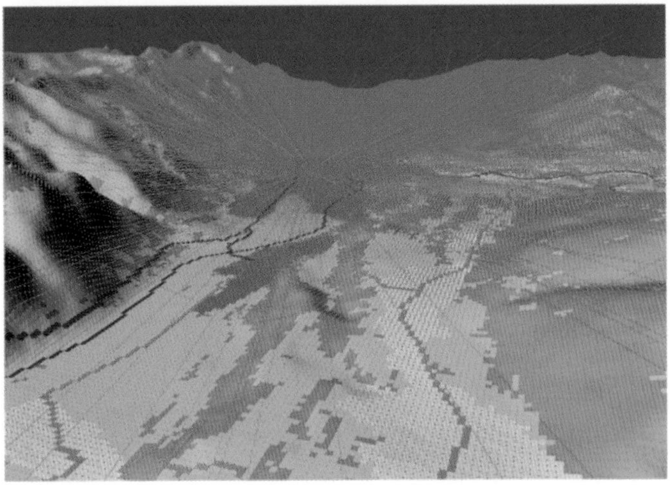

Abb. 4.3 Inntal, Blick nach Osten; Betriebsfunk bei 400 MHz, direkte und reflektierte Ausbreitungspfade, Polygongröße 50 m × 50 m, etwa 400.000 Polygone, nach [13]. Die Farbcodierung kennzeichnet die Morphologie der Oberfläche

Abb. 4.4 Laborraum mit Eintrag der direkten und reflektierten Pfade zwischen einer Sendeantenne und einer Fangkugel an der Position der Empfangsantenne

Abb. 4.4 zeigt als weiteres Beispiel die gefundenen Pfade zwischen einer Senderposition (WLAN) am hinteren Ende eines Laborraums und einer Fangkugel (s. u.) nach [14].

Szenarienmodelle können auch synthetisch erzeugt werden, um z. B. die Ergebnisse empirischer Kanalmodelle mit denjenigen deterministischer Modelle zu vergleichen. Abb. 4.5 zeigt einen Innenstadtbereich, der mit einem Szenarien-Generator nach [15] erstellt wurde.

Abb. 4.5 Erstellung eines Innenstadtbereichs mit einem Szenarien-Generator zur Gewinnung statistischer Ergebnisse für ein Kanalmodell, nach [15]

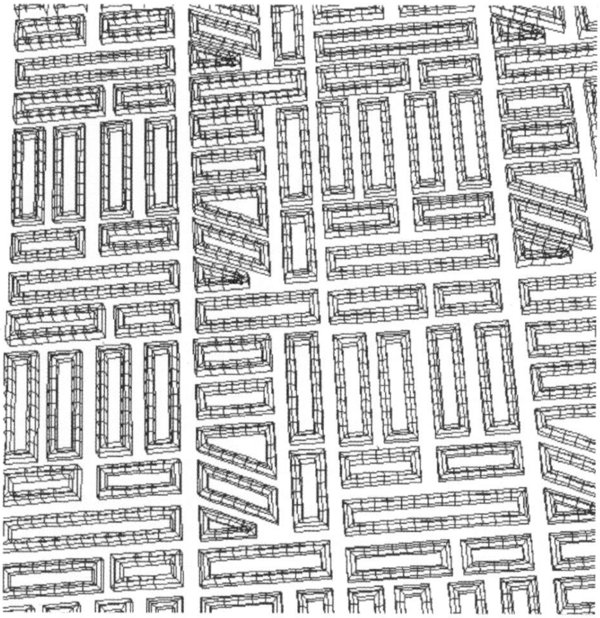

Abb. 4.6 zeigt nach [15] z. B. die Wahrscheinlichkeitsdichtefunktionen von Empfangsleistungen für folgendes synthetisches Szenario: Die Gebäudehöhen liegen zwischen 15 und 25 m, die Straßenbreiten zwischen 10 und 20 m. Für die Pfadsuche mit einem Ray-Tracer (s. u.) werden 10 BS-Positionen in verschiedenen Höhen mit insgesamt 60.000

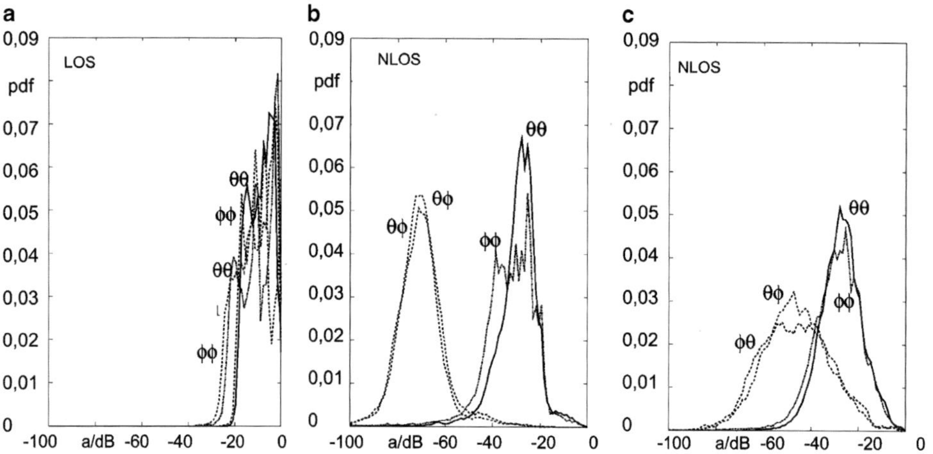

Abb. 4.6 pdf der Empfangsleistung relativ zur Freiraumdämpfung für unterschiedliche Polarisationen nach [15]. Polarisation z. B. $\Theta\Phi$ = BS-Dipol senkrecht und MS-Dipol waagerecht. BS-Höhe: **a**, **b** 10 m, **c** 30 m. Weitere Erläuterungen s. Text

MS-Positionen in einem Abstand zur BS zwischen 200 m und 300 m untersucht. Die Frequenz beträgt 900 MHz.

Der Abb. 4.6 kann der Einfluss von Polarisation und BS-Höhe auf die Übertragung entnommen werden. In dem relativ kurzen Abstand zwischen BS und MS zeigen gleichpolarisierte Antennen geringere Verluste als kreuzpolarisierte. Bei der niedrigen BS-Höhe von Abb. 4.6b (10 m) und ausschließlich waagerechter Polarisation ($\Phi\Phi$) verschiebt sich die pdf zu höheren Dämpfungen. Ursache ist der Brewstereffekt, der durch die vorwiegende Reflexion an senkrechten Wänden bei horizontaler Polarisation stärker zur Geltung kommt. Die Parameterextraktion aus diesen synthetischen Szenarien liefert weitere Daten, z. B. die Ankunftsrichtungen in Elevation und Azimut, Laufzeit- und Dopplerspreizungen und vieles mehr.

4.2.3 Ermittlung der Ausbreitungspfade zwischen Sender und Empfänger

Wenn das Szenarienmodell steht, können die Ausbreitungspfade zwischen der Sender- und Empfängerposition gesucht werden. Wegen der vorherrschenden Übertragungssymmetrie des Kanals kann die Pfadsuche im Sender oder Empfänger beginnen. Zur Anschauung starten wir hier beim Sender. Neben dem direkten Pfad gibt es für gegebene Sender- und Empfängerkonstellationen reflektierte Pfade über Polygonflächen, deren Reflexionen mit dem direkten Pfad oder auch untereinander interferieren. Im Allgemeinen trägt nur ein geringer Teil aller Polygone zur Übertragung bei. Um diesen Anteil mit wenig Rechenaufwand zu finden, sind hierarchische Baumstrukturen hilfreich, s. [16] und [11].

Für die Pfadsuche wird insbesondere für große Szenarien *Ray-Launching* verwendet, s. Abb. 4.7a. Hierbei werden von der Senderposition in alle Raumrichtungen Test-Strahlen abgeschickt, die an Objekten ein- oder mehrfach reflektiert werden. An der Empfängerposition befindet sich eine Fangkugel mit einstellbarem Durchmesser. Nur der Anteil der Strahlen, der diese Kugel durchstößt, wird bei der Übertragung berücksichtigt. Mit zunehmendem Kugeldurchmesser wächst zwar die Wahrscheinlichkeit, diese zu treffen, allerdings wird das Ergebnis ungenauer, da die exakte Empfangsposition unscharf wird.

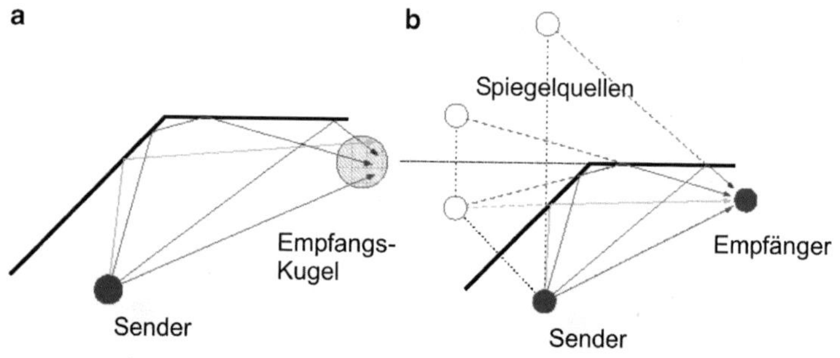

Abb. 4.7 **a** Ray-Launching und **b** Ray-Imaging

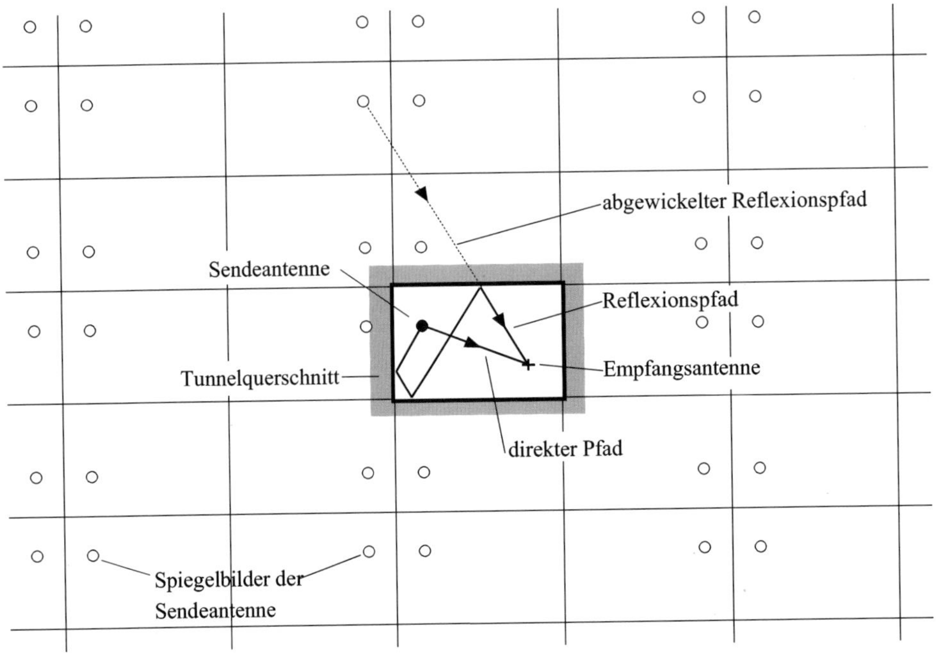

Abb. 4.8 Rechteckiger Tunnelquerschnitt mit Spiegelquellen und einem abgewickelten Reflexionspfad, nach [17]

Für kleinere Szenarien hat sich das Spiegelungsprinzip bewährt, wenn die Anzahl der Spiegelquellen begrenzt bleibt oder einfach zu ermitteln ist, s. Abb. 4.7b, *Ray-Imaging*. Vorteil dieses Verfahrens ist im Vergleich zum Ray-Launching eine genaue vektorielle und phasentreue Addition der Feldstärken. Bei beiden Verfahren sind die Größe des Polygons und der Abstand zu Sender und Empfänger nach Abschn. 2.4 zu beachten.

Abb. 4.8 zeigt als Beispiel für das Spiegelungsprinzip die Funkübertragung in einem Tunnel nach [17]. Neben einem direkten Pfad existieren viele Reflexionspfade, deren Abwicklungen zu Spiegelquellen führen. Auf diese Weise ist die Pfadsuche einfach.

Eine Kombination der beiden Verfahren nach [18] selektiert zunächst mit dem schnellen Ray-Launching die relevanten Polygone und ermittelt anschließend durch Rückverfolgung eines jeden Pfades die genauen Spiegelpunkte. Dadurch schneiden sich die Pfade exakt im vorgegebenen Empfangspunkt. Die vektoriellen Feldstärken können dort phasenrichtig addiert werden [19].

Die Ermittlung der Pfade enthält viele Parameter, die teilweise nur empirisch eingestellt werden können: Anzahl der Test-Strahlen beim Ray-Launching, Verteilung über den Raumwinkel, maximale Anzahl berücksichtigter Reflexionen je Strahl, Größe der Fangkugel u. a. Beim Ray-Imaging ist die maximale Anzahl der Reflexionen zu begrenzen, jedoch ist die Konvergenz des Ergebnisses bei der Berücksichtigung weiterer Reflexionspfade zu überprüfen.

Ein hilfreiches Kriterium zur Beurteilung der Ergebnisse ist die Übertragungssymmetrie der Übertragungsstrecke, die bei den gefundenen Pfaden bei Vertauschung der Übertragungsrichtung gewährleistet sein muss. Hierbei dürfen die Antennen nicht vertauscht werden, da sie Bestandteil des Kanals sind.

4.2.4 Berechnung der Übertragung und Auswertung

Der Übertragungsfaktor S_{es} zwischen den beiden Toren von Sende- und Empfangsantenne (Index s und e) setzt sich aus der Summe der einzelnen Pfad-Übertragungsfaktoren zusammen. Die Pfade werden im Folgenden mit n bezeichnet. Neben dem direkten Pfad ($n = 0$) erhält man bei N Reflexionspfaden:

$$S_{es} = \sum_{n=0}^{N} S_n. \tag{4.7}$$

Zur Vereinfachung nehmen wir an, dass die Reflexionen an den Polygonen nach dem Spiegelungsprinzip erfolgen, d. h. die Flächen der Polygone sind so groß, dass der Fall einer kleinen streuenden Fläche nicht auftritt (s. Abschn. 2.4). Bei dieser Vereinfachung ist die Abhängigkeit der Feldstärke von der Pfadlänge R durch e^{-jkR}/R gegeben. Weiterhin vernachlässigen wir die Beugung an und die Transmission durch Objekte.

Wir betrachten zunächst die Abstrahlung von der Sendeantenne längs eines der Strahlen. Die elektrische Feldstärke an der ersten Reflexionsstelle beträgt (s. auch Abschn. 8.1):

$$\boldsymbol{E}_1 = a\sqrt{\frac{Z_0}{4\pi}} \cdot \frac{e^{-jkR_1}}{R_1} \cdot \boldsymbol{C}_{s1}. \tag{4.8}$$

Hierbei bedeuten:

- a hinlaufende Welle auf der Leitung an der Speisestelle der Sendeantenne.
- Z_0 Freiraumwellenwiderstand.
- k Wellenzahl.
- R_1 Pfadlänge zwischen dem Phasenzentrum der Sendeantenne und dem Auftreffpunkt des Pfades auf dem ersten Polygon.
- $\boldsymbol{C}_{s1}$ Charakteristik der Sendeantenne.

Generell gilt folgender Zusammenhang zwischen der Charakteristik und dem Gewinn G einer Antenne:

$$|\boldsymbol{C}|^2 = (1 - |\Gamma|^2) \cdot G. \tag{4.9}$$

Man beachte, dass $|\boldsymbol{C}|^2$ und G in gleichem Maße richtungsabhängig sind. Γ ist der Reflexionsfaktor der Antenne auf der Anschlussleitung am Antennentor. Bei Fehlanpassung, d. h. $|\Gamma| > 0$, wird $|\boldsymbol{C}|^2$ entsprechend kleiner.

Startend mit (4.8) können nun rekursiv alle Feldstärken an den hintereinander folgenden Reflexionsstellen bis zur Empfangsantenne berechnet werden. Hierfür ist die in Abschn. 2.1 angegebene Gleichung (2.6) nützlich. Man erhält aus ihr nach Erweiterung um die Abhängigkeit von der Pfadlänge die Rekursionsgleichung:

$$\boldsymbol{E}_{m+1} = \left[r_s \boldsymbol{e}_s \left(\boldsymbol{e}_s \cdot \boldsymbol{E}_m\right) + r_p \left(\boldsymbol{e}_s \times \boldsymbol{e}_r\right) \cdot \left[\left(\boldsymbol{e}_i \times \boldsymbol{e}_s\right) \cdot \boldsymbol{E}_m\right]\right] \cdot \frac{R_m}{R_{m+1}} \cdot e^{-jk(R_{m+1}-R_m)}, \tag{4.10}$$

gültig für $1 \leq m \leq M-1$. R_m bzw. R_{m+1} sind die Pfadlängen vom Phasenzentrum der Sendeantenne bis zum Polygon m bzw. $m+1$. Die Gleichungen für die Reflexionsfaktoren r_s und r_p, und die Einheitsvektoren $\boldsymbol{e}_s$ und $\boldsymbol{n}$ können Abschn. 2.1 entnommen werden. Sie beziehen sich auf die Grenzfläche des Objekts m, auf das die elektrische Feldstärke $\boldsymbol{E}_m$ trifft. Die Materialparameter dieses Objekts und die Lage seiner Oberfläche im Raum (Normalenvektor $\boldsymbol{n}$) sind hier einzusetzen.

Die letzte Iteration liefert mit $\boldsymbol{E}_M$ die Feldstärke an der Empfangsantenne. Hiermit erhält man mit (8.11) die auf der Leitung an der Empfangsantenne abfließende Welle:

$$b = \frac{\lambda}{\sqrt{4\pi Z_0}} \cdot \boldsymbol{E}_M \cdot \boldsymbol{C}_{eM}. \tag{4.11}$$

C_{eM} ist die Charakteristik der Empfangsantenne in Richtung des letzten Pfadteils von der Empfangsantenne zum Polygon $M-1$. Die Berechnung von C_{eM} benötigt die Richtung der einfallenden Welle. Diese ist in dem Einheitsvektor der letzten Ausbreitungsrichtung enthalten. Mit dem im Anhang angegebenen Einheitsvektor (8.36) für die Richtung einer reflektierte Welle erhält man als Rekursionsgleichung,

$$\boldsymbol{e}_{m+1} = \boldsymbol{e}_m - 2\left(\boldsymbol{e}_m \cdot \boldsymbol{n}\right) \cdot \boldsymbol{n}, \tag{4.12}$$

ebenfalls gültig für $1 \leq m \leq M-1$. Auch hier bezieht sich der Normalenvektor $\boldsymbol{n}$ auf die jeweilige Grenzfläche des Objekts m. Mit $\boldsymbol{e}_M = (x_M, y_M, z_M)^T$, hier z. B. in kartesischen Koordinaten, liegt nach der letzten Rekursion mit $m = M-1$ die Richtung der einfallenden Welle an der Empfangsantenne vor. Die Empfangsantenne hat i. A. ihr eigenes Koordinatensystem, das hier wie im Anhang mit $'$ gekennzeichnet ist. Wir nehmen zunächst an, dass dieses Koordinatensystem außer einer räumlichen Verschiebung gleich dem der Sendeantenne ist, d. h. die Achsen sind nur parallel verschoben, es findet keine Drehung statt. Der Ursprung des Koordinatensystems liegt im Phasenzentrum der Empfangsantenne. Dann ist im Koordinatensystem der Empfangsantenne die Richtung, in der die Antenne die einfallende Welle empfängt, gegeben durch den Einheitsvektor

$$\boldsymbol{e}'_e = -\boldsymbol{e}_M, \tag{4.13}$$

und in kartesischen Koordinaten

$$\begin{pmatrix} x'_e \\ y'_e \\ z'_e \end{pmatrix} = -\begin{pmatrix} x_M \\ y_M \\ z_M \end{pmatrix} .$$

Die Empfangsantenne „sieht“ der einfallenden Welle „entgegen“. Da die Charakteristik einer Antenne sich immer auf das Fernfeld bezieht und somit keine r-Abhängigkeit vorliegt, werden dafür meistens Kugelkoordinaten verwendet. Die zugehörigen Winkel ϑ'_e und φ'_e können aus dem Einheitsvektor, in dessen Richtung die Empfangsantenne sieht, berechnet werden:

$$\vartheta'_e = \arccos\left(z'_e\right) ,$$

und

$$\begin{aligned}
\varphi'_e &= \arctan\left(y'_e/x'_e\right) && \text{für } y'_e \geq 0 \text{ und } x'_e > 0 , \\
\varphi'_e &= \arctan\left(y'_e/x'_e\right) + \pi && \text{für } x'_e < 0 , \\
\varphi'_e &= \arctan\left(y'_e/x'_e\right) + 2\pi && \text{für } y'_e < 0 \text{ und } x'_e > 0 , \\
\varphi'_e &= \pi/2 && \text{für } x'_e = 0 \text{ und } y'_e > 0 , \\
\varphi'_e &= 3\pi/2 && \text{für } x'_e = 0 \text{ und } y'_e < 0 . \qquad (4.14)
\end{aligned}$$

Diese Beziehungen gelten für die Wertebereiche $0 \leq \vartheta' \leq \pi$ und $0 \leq \varphi' < 2\pi$.

Im Falle, dass das Koordinatensystem der Empfangsantenne zu dem der Sendeantenne nicht nur verschoben sondern auch gedreht ist, muss (4.13) durch

$$\boldsymbol{e}'_e = -\boldsymbol{D}^T \cdot \boldsymbol{e}_M \qquad (4.15)$$

ersetzt werden. Die Drehungsmatrix $\boldsymbol{D}$ enthält die neun Kosinus der Winkel zwischen den Achsen der beiden Koordinatensysteme. Die Winkel lassen sich aus den Euler'schen Winkeln, die die Drehung um die drei Achsen beschreiben, berechnen, s. z. B. [20]. Mit (4.15) erhält man den Einheitsvektor der Empfangsrichtung im Koordinatensystem der Empfangsantenne. Daraus folgen mit (4.14) die zugehörigen Winkel ϑ'_e und φ'_e zur Berechnung der Empfangscharakteristik $\boldsymbol{C}'$, aus der die Rücktransformation $\boldsymbol{C} = \boldsymbol{D} \cdot \boldsymbol{C}'$ die Charakteristik der Empfangsantenne im Koordinatensystem der Sendeantenne liefert.

Den gesuchten Übertragungsfaktor S_n längs des Pfades n erhält man schließlich aus (4.11) mit (4.8) durch Bildung des Quotienten b/a. Der gesamte Übertragungsfaktor über alle Pfade ergibt sich aus der komplexwertigen Summe der einzelnen Übertragungsfaktoren gemäß (4.7).

Neben dem Übertragungsfaktor können weitere Größen abgeleitet werden. Da die Daten der einzelnen Pfade vorliegen, erhält man mit Berücksichtigung der unterschiedlichen

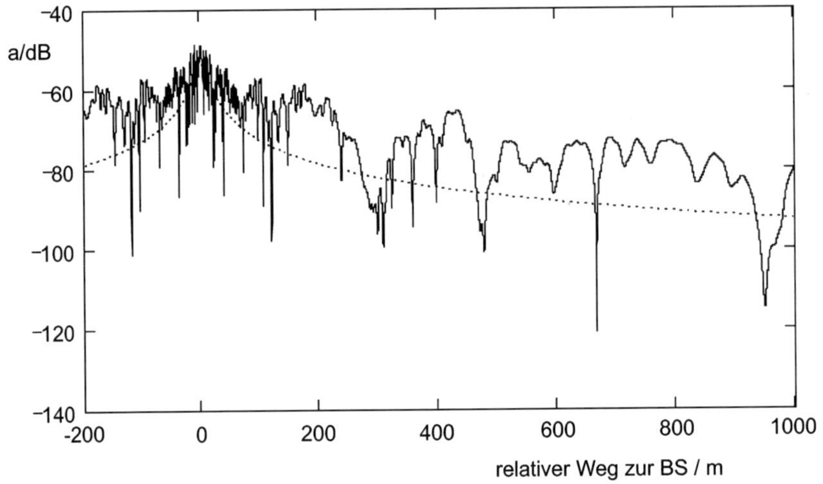

Abb. 4.9 Übertragungsfaktor bei der Vorbeifahrt einer MS an einer BS im Tunnel. Parameter s. Text. Die *gestrichelte Kurve* zeigt den Übertragungsfaktor des direkten Pfades

Pfadlängen unmittelbar die Kanalimpulsantwort und damit die Laufzeitspreizung. Ist ein reflektierendes Objekt längs eines Pfades oder die Sende- oder Empfangsantenne mobil, kann auch die Dopplerspreizung hieraus abgeleitet werden.

Abb. 4.9 zeigt als Beispiel für das Spieglungsprinzip die Simulation einer Vorbeifahrt einer Mobilstation an einer Basisstation in einem rechteckförmigen Tunnel auf einer Länge von insgesamt 1200 m. Der rechteckförmige Tunnel hat die Abmessungen 10 m $\times$ 6 m, die Wände, Decke und Boden sind aus Beton ($\varepsilon_r = 6 - j\,0{,}06$). Die Frequenz ist 900 MHz, die Polarisationen der Omni-Antennen sind linear: BS vertikal, MS um 45° gedreht bezogen auf die Tunnellängsachse. Der Vergleich zum Übertragungsfaktor des direkten Pfades zeigt, dass der Pegel durch die Reflexionen im Mittel deutlich ansteigt, allerdings existieren durch Interferenzen auch tiefe Einbrüche, die einige 10 m lang sein können.

Literatur

1. Almers, P. et al.: Survey of channel and radio propagation models for wireless MIMO systems. EURASIP Journal on Wireless Communications and Networking **2007**, 1–19 (2007)
2. ITU: Propagation in non-ionized media, Propagation data and prediction methods for the terrestrial land mobile service using the frequency range 30 MHz to 3 GHz. CCIR-Report 567-4. CCIR Genf (1990)
3. Ohmori, Y., Kawano, E., Fukuda, T., Okumura, K.: Field strength and its variability in VHF and UHF land mobile radio service. Rev. Electr. Commun. Lab. **16**, 825–873 (1968)
4. Parsons, D.: The Mobile Radio Propagation Channel. Wiley (2000)
5. Hata, M.: Empirical formula for propagation loss in land mobile radio services. IEEE Trans. Veh. Tech. **29**, 317–325 (1980)

6. COST Action 259: Wireless flexible personalized communications, final report. Wiley & Sons, Chichester, Sussex (2001)
7. BRAIN: Broadband radio access for IP based networks, Channel model for 5 GHz. Technical report (2000)
8. Felber, W., Landmann, M., Heuberger, A.: A measurement-based path loss model for wireless links in mobile ad-hoc networks (MANET) operating in the VHF and UHF band. IEEE-APS Topical Conf. Antennas Propagat. Wireless. Commun. (APWC), 349–352 (2012)
9. Fischer, J., Grossmann, M., Felber, W., Landmann, M., Heuberger, A.: A novel delay spread distribution model vor VHF und UHF mobile-to-mobile channels. 7th European Conference on Antennas and Propagation (EuCAP), 469–472 (2013)
10. Schroth, A., Stein, V.: Moderne numerische Verfahren zur Lösung von Antennen- und Streuproblemen. Oldenburg, München (1985)
11. Frach, T.: Adaptives hierarchisches ray tracing Verfahren zur parallelen Berechnung der Wellenausbreitung in Funknetzen. Dissertation, RWTH-Aachen (2003)
12. Cichon, D.J.: Propagation models for small and micro-cells. In: Damosso, E., Correia, L.M. (Hrsg.) COST Action 231: Digital Mobile Radio Towards Future Generation Systems, Final Report, Kap. 4.5. Office for Official Publications of the European Communities, Luxembourg (1999)
13. Bosselmann, P.: Systemprojektierung und Bewertung von RFID-Anwendungen mit Hilfe von Ray Tracing. Dissertation, RWTH-Aachen (2010)
14. Oikonomopoulos-Zachos, C.: Untersuchung und Realisierung von Mehrtorantennen zur Kanalkapazitätssteigerung von MIMO Systemen in Innenraumszenarien. Dissertation, RWTH-Aachen (2010)
15. Dietert, J.E., Channel model for mobile communications systems with adaptive antennas. Dissertation, RWTH Aachen (2001)
16. Frach, T., Fischer, W., Rembold, B.: Fast pararallel ray-tracing simulator. In: Proceedings of the Millenium Conference on Antennas and Propagation, Davos, 2000
17. Rembold, B.: Simulation der Funkübertragung in einem Tunnel. Frequenz **47**, 270–275 (1993)
18. Schöberl, T.: Polarimetrische Modellierung der elektromagnetischen Wellenausbreitung in pikozellularen Funknetzen. Dissertation, RWTH-Aachen (1978)
19. Felbecker, R., Raschkowski, L., Keusgen, W., Peter, M.: Elektromagnetic wave propagation in the millimeter wave band using the NVIDIA OptiX GPU ray tracing engine. 6th European Conference on Antennas and Propagation (EuCAP), 488–492 (2012)
20. Bronstein, I.N., et al.: Taschenbuch der Mathematik. 5. Aufl. Harri Deutsch, Frankfurt a. M. (2001) 218 f.

5 Messverfahren für den Übertragungskanal

Messtechnische Untersuchungen des Funkkanals sind für eine Vielzahl von Aufgaben notwendig. Im Vordergrund steht die Parametrisierung empirischer Kanalmodelle. Beispiele hierfür sind z. B. die Untersuchungen von Okumura u. a. [1], aus denen die o. g. Diagramme und Formeln entstanden. Messungen sind ferner wichtig zur Überprüfung deterministischer Modelle, z. B. eines Ray-Tracers. Auch zur Verifizierung neuer Übertragungsverfahren sind Messungen angebracht, obgleich Simulationen bereits viele Messungen ersetzen können. Die Erforschung neuer Frequenzbereiche erfordert weitere messtechnische Untersuchungen. Schließlich verhilft eine Messung bei konkreten Projekten zu abgesicherten Planungsgrundlagen.

Im Folgenden werden einige Messmethoden beschrieben, die sich in der Zielsetzung, im Aufwand und im Ergebnis unterscheiden.

5.1 Schmalbandmessung

Die Messung des flat-fadings, also der flachen Interferenzeinbrüche eines schmalbandigen Signals mit $B < 1/\tau_{\mathrm{rms}}$, kann mit der in Abb. 5.1 gezeigten einfachen Messeinrichtung erfolgen.

Der Messsender besteht aus einem Synthesizer, der ein Trägersignal konstanter Amplitude und Frequenz, z. B. 900 MHz, erzeugt. Dieses Signal wird verstärkt und über eine Antenne abgestrahlt. Auf der Empfangsseite wird das Signal hinter der Empfangsantenne zunächst gefiltert und dann mit einem Abwärtsmischer in einen Zwischenfrequenzbereich umgesetzt.

Ein Hüllkurvendemodulator liefert den Verlauf der Amplitude $U(t)$, welche nach einer A/D-Wandlung und Logarithmierung digital gespeichert werden kann. Zur Dokumentation werden Zeit- und Wegmarken eingefügt. Da das Sendesignal eine konstante Amplitude hat, ist $U(t)$ proportional dem Betrag des Übertragungsfaktors des Kanals bei der vorgegebenen Sendefrequenz.

B. Rembold, *Wellenausbreitung*, DOI 10.1007/978-3-658-15284-0_5

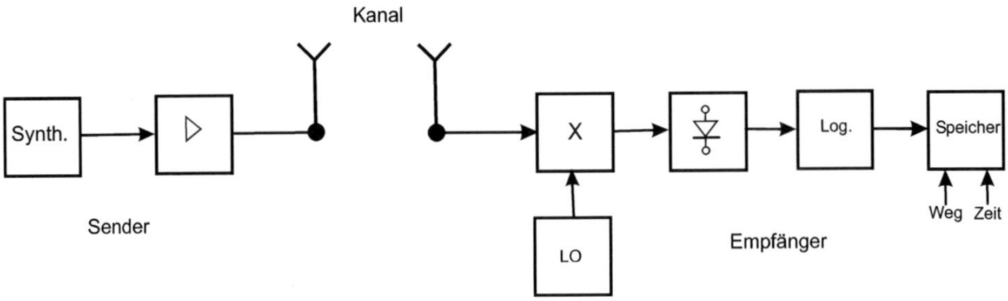

Abb. 5.1 Messeinrichtung zur Schmalbandmessung mit einem Hüllkurvendemodulator

Ersetzt man den Hüllkurvendemodulator durch einen Quadraturmischer, ist auch die Phase des Übertragungsfaktors zugänglich, solange der Sende- und der Mischeroszillator genügend stabil sind. Die Phasenmessung mit dem Quadratur-Demodulator liefert $\varphi = \mathrm{arc}(z)$.

5.2 Breitbandmessung

Von größerem Interesse ist die Messung der Kanaleigenschaften über die gesamte Bandbreite eines Übertragungsverfahrens, wenn $B > 1/\tau_{\mathrm{rms}}$ ist und damit frequenzselektives Fading vorliegt. Verschiedene Verfahren sind üblich:

5.2.1 Periodic Pulse Sounding

Eine einfache Breitbandmessung liefert ein der Radartechnik nachempfundenes Verfahren. Ein Sender erzeugt einen periodischen Rechteckpuls, der als Approximation eines Diracpulses im Empfänger gemäß Abb. 5.2 unmittelbar die Kanalimpulsantwort $h(t)$ liefert, einschließlich der Verzögerung τ_d der Übertragung auf dem direkten Pfad. In [2] wird mit einem Periodic Pulse Sounding die Kanalimpulsantwort bei 900 MHz gemessen. Die Sendeleistung beträgt 60 W und die Pulsdauer 0,5 μs. Die Pulsperiode liegt bei 100 μs

Dem Vorteil des einfachen Verfahrens steht der Nachteil begrenzter Empfindlichkeit gegenüber, da die mittlere Sendeleistung begrenzt ist. Es können deshalb keine größeren Reichweiten untersucht werden. Die Spitzenleistung ist durch die Sendeendstufe gegeben. Eine breitere Pulsdauer T_1 vergrößert zwar die mittlere Sendeleistung und verbessert damit die Reichweite, verschlechtert aber die Auflösung der Kanalmessung. Auch eine Verkürzung der Pulsperiode T_2 verbessert die mittlere Leistung, allerdings sollte T_2 größer als die größte noch messbare Verzögerung im Kanal sein, um Alias-Effekte zu vermeiden. Damit ist die Reichweite begrenzt. Das Verfahren liefert somit nur geringe Auflösung und Empfindlichkeit, ist aber einfach zu realisieren. In der Praxis wird dem Pulssignal ein

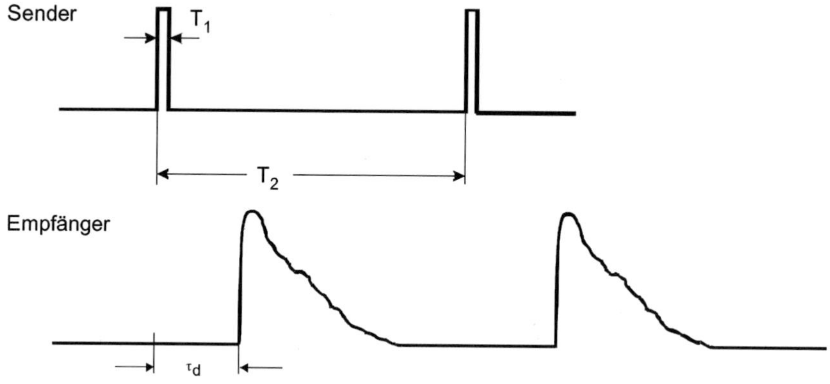

Abb. 5.2 Ermittlung der Kanalimpulsantwort mit einem Rechteckpuls (Periodic Pulse Sounding)

Träger im interessierenden Frequenzbereich unterlegt, dessen Frequenz $f_c \gg 1/T_1$ sein muss.

5.2.2 Chirp- und Multisinus-Signale

Moderne Netzwerkanalysatoren können Chirp-Signale liefern, d. h. Signale mit konstanter Einhüllenden, aber sägezahnförmigem Frequenzverlauf zwischen f_0 und $f_0 + \Delta f$. Sendet man ein solches Signal über eine Funkstrecke, erhält man im Empfänger im Bereich f_0 und $f_0 + \Delta f$ die Übertragungsfunktion $H(\omega)$, aus der durch eine inverse Fouriertransformation angenähert die Kanalimpulsantwort $h(\tau)$ gewonnen werden kann. Abb. 5.3 zeigt das Blockschaltbild. Die zeitliche und somit räumliche Auflösung[1] ist proportional der Chirp-Bandbreite. Wie beim Periodic Pulse Sounding darf die Periode des Sägezahns nicht zu kurz sein. Die Periodenlänge ist nach oben durch die Kohärenzzeit des Kanals begrenzt [3].

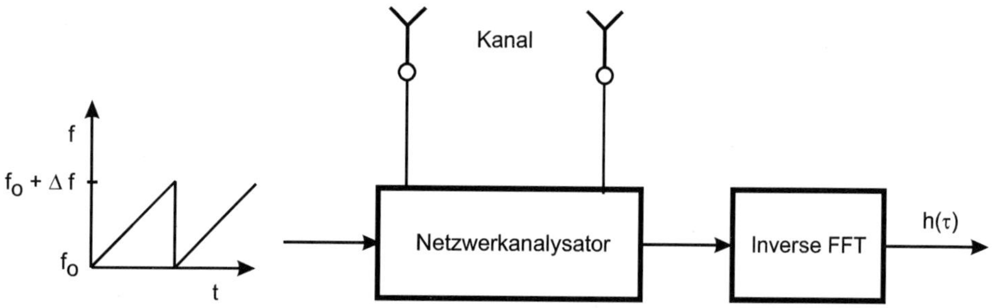

Abb. 5.3 Chirp-Technik mit anschließender inverser FFT

[1] Hohe Auflösung bedeutet kleine messbare Objektabstände.

Das Verfahren ist einfach, verlangt aber Kabelverbindungen zwischen dem Netzwerkanalysator und den Sende- und Empfangsantennen. Diese Messtechnik findet man auch in vielen Radargeräten, z. B. den Abstandswarnradaren für Kraftfahrzeuge, s. [4].

Die Chirp-Technik hat den Vorteil, dass das Verhältnis von maximaler- zur mittlerer Leistung (engl. crest factor) nur wenig über 1 liegt. Damit können Leistungsverstärker verwendet werden, die ähnlich wie verlustlose Schalter wirken und einen hohen Wirkungsgrad haben. Nachteil der Chirp-Technik ist jedoch die i. d. R. lange Chirpdauer, die lange Kohärenzzeiten voraussetzt.

Multisinussignale [5] dagegen senden alle Spektralanteile gleichzeitig. Sie bestehen aus einem periodischen Signal im Zeitbereich, das man sich im Frequenzbereich als ein Bündel benachbarter Spektrallinien vorstellen kann. Im Empfänger wird dadurch unmittelbar die spektrale Übertragungsfunktion (begrenzt auf die Bandbreite B) abgeliefert. Die Bandbreite B des Multisinussignals hängt mit $B = 1/t_0$ von der gewünschten Auflösung t_0 im Zeitbereich ab, wogegen die Periodenlänge t_p im Zeitbereich größer als der excess delay des Kanals sein sollte, [6]. Mit $f_0 = 1/t_p$ ist folglich der minimale Abstand der Spektrallinien gegeben, deren Anzahl sich somit zu $N = B/f_0 = t_p/t_0$ ergibt. Das Verfahren ist flexibel bezüglich der Bandbreite und der Pulslänge und zeichnet sich durch geringe Außerbandstrahlung ab. Der ohne Maßnahmen hohe crest factor kann durch Wahl geeigneter Phasen der Spektralsignale reduziert werden.

5.2.3 Pulskompressionsverfahren

Viele Messverfahren beruhen auf dem Prinzip der Pulskompression. Grundlage ist die Autokorrelationsfunktion eines rauschähnlichen Signals $n(t)$. Der Vorteil dieses Verfahrens liegt darin, dass im Gegensatz zum Periodic Pulse Sounding ausreichende Leistung gesendet werden kann, ohne dass die Auflösung oder die Reichweite leidet.

Im Idealfall ist eine Autokorrelationsfunktion gleich Null, wenn die Signale um $\tau > 0$ zeitverschoben sind:

$$\int_{-\infty}^{+\infty} n(t) \cdot n^*(t-\tau)dt = N_0 \cdot \delta(\tau). \tag{5.1}$$

N_0 ist die Leistung des Signals.

Wird ein solches Signal gesendet, erscheint am Empfängereingang, d. h. am Kanalausgang, das mit der Kanalimpulsantwort $h(\tau)$ gefaltete Sendesignal:

$$z_a(t) = \int h(\xi) \cdot n(t-\xi)d\xi. \tag{5.2}$$

Im Empfänger wird $z_a(t)$ mit dem konjugiert komplexen, um τ verzögerten Signal $n(t-\tau)$ korreliert und man erhält gemäß Abschn. 3.2.2:

$$w_a(\tau) = \int_{\eta} z_a(\eta) \cdot n^*(\eta-\tau)d\eta,$$

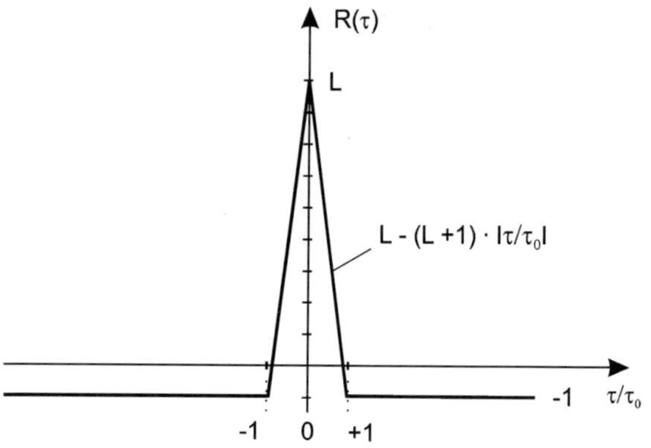

Abb. 5.4 Autokorrelationsfunktion einer m-Sequenz: $R(\tau) = L$ für $\tau/\tau_0 = 0$ und $R(\tau) = -1$ für $|\tau/\tau_0| \geq 1$

und mit (5.2):

$$w_a(\tau) = \int_\eta \int_\xi h(\xi) \cdot n(\eta - \xi) d\xi \cdot n^*(\eta - \tau) d\eta. \tag{5.3}$$

Eine Vertauschung der Integrale liefert die gesuchte Kanalimpulsantwort:

$$w_a(\tau) = \int_\xi h(\xi) \cdot \underbrace{\int_\eta n(\eta - \xi) \cdot n^*(\eta - \tau) d\eta}_{N_0 \delta(\xi - \tau)} \cdot d\xi$$

und damit das Ergebnis

$$w_a(\tau) = N_0 \cdot h(\tau). \tag{5.4}$$

In der Praxis approximiert man das Rauschsignal durch sog. *m-Sequenzen* der Codelänge $L = 2^m - 1$. Die Abb. 5.4 zeigt die Autokorrelationsfunktion einer m-Sequenz. τ_0 ist die Dauer eines „Chips" und L deren Anzahl, der Kehrwert ist die Chiprate.

Bei der Realisierungen wird eine Trägerfrequenz mit $n(t)$ moduliert. Im einfachsten Fall geschieht dies durch Phasenumtastung des Dauerstrichsignals eines Senders, z. B. 0° für eine Null und 180° für eine Eins in der Sequenz. Abb. 5.5 zeigt das Blockschaltbild eines Senders. Das Dauerstrichsignal des Generators wird mit einer periodisch gesendeten m-Sequenz phasenumgetastet und anschließend in den geforderten Frequenzbereich hochgemischt, verstärkt und ausgesendet.

5.2.4 Korrelationsempfänger für Pulskompressionsverfahren

Auf der Empfängerseite sind verschiedene Verfahren üblich. Allen ist die Aufgabe gemeinsam, die überlagerten Impulsantworten zu entkoppeln und gleichzeitig zu komprimieren. Ein Korrelator besteht somit aus einem Multiplizierer, der die empfangenen Impulsantworten mit der Referenz multipliziert, und einem sich anschließenden Integrator.

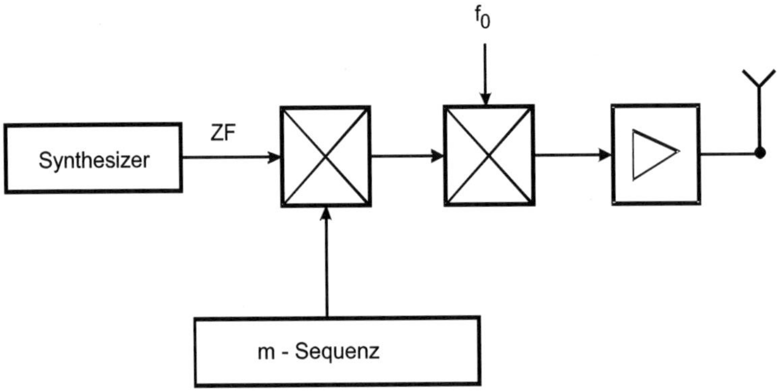

Abb. 5.5 Blockschaltbild eines Senders zur Kanalvermessung mit einem Pulskompressionsverfahren

5.2.4.1 Asynchroner Korrelationsempfänger mit „swept time-delay"

Ein erstmals von D.C. Cox [7] aufgebauter Channel Sounder realisiert den Korrelator in analoger Technik durch eine Multiplikation (Mischung) des empfangenen Signals mit einer in der Taktfrequenz leicht verschobenen m-Sequenz (engl. swept-time delay) und anschließender Tiefpassfilterung. Der Empfänger liefert die komplexe Kanalimpulsantwort. Abb. 5.6 zeigt ein vereinfachtes Blockschaltbild, in dem die wichtigsten Funktionen enthalten sind. Die Empfangsantenne liefert eine periodische Folge der vom Sender kommenden m-Sequenz, gefaltet mit der Kanalimpulsantwort. Das Signal enthält somit der Anzahl der Reflexionen im Kanal entsprechende, sich überlagernde m-Sequenzen, deren Zeitverschiebung die Laufzeiten und deren Amplitude die Kanalkoeffizienten wiedergeben. An diesem Signal wird die m-Sequenz des Empfängers mit einer um Δf leicht verringerten Taktfrequenz „vorbeigeschoben". Die Länge L der m-Sequenz ist so klein,

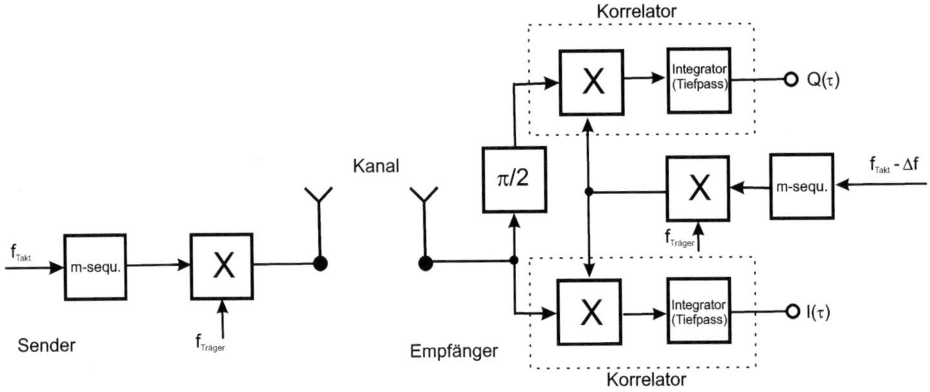

Abb. 5.6 Korrelationsempfänger nach Cox [7], vereinfachtes Blockschaltbild

dass die Frequenzverschiebung bei der Multiplikation einer empfangenen Sequenz mit der Referenzsequenz keine Rolle spielt. In der Realisierung von [7] sind $L = 511$, $f_{\text{Takt}} = 10\,\text{MHz}$ und $\Delta f = 2\,\text{kHz}$. Am Ende einer Sequenz beträgt die Verschiebung mit 0,01 µs nur 10 % einer Chiplänge der Sequenz und ist damit nicht spürbar. Die Verschiebung bewirkt aber, dass alle Sequenzen des Kanals hintereinander abgearbeitet werden. Passt die Referenzsequenz mit einer Kanalsequenz zeitlich übereinander, dann liefert der Mischer des Korrelators nur gleichsinnige Signale, die dann vom Integrator zu einem Puls aufsummiert werden. Die Amplitude des Pulses entspricht der Höhe des Kanalkoeffizienten.

Nachteil des Verfahrens ist die Notwendigkeit eines statischen Kanals für die Länge der maximal zu erwartenden Pfadverzögerung, hier 15 µs, multipliziert um das Verhältnis der Taktfrequenz f_{Takt} zur Differenzfrequenz Δf. Die Vermessung des Kanals kann deshalb nur mit geringer Geschwindigkeit erfolgen. Vorteilhaft ist der einfache Aufbau und die inhärente Datenreduktion durch die Tiefpassfilterung im Korrelator. Eine Synchronisation zwischen Sender und Empfänger ist nicht notwendig.

5.2.4.2 Asynchroner Korrelationsempfänger mit SAW-Matched-Filter

Der folgende Empfänger mit einem SAW-Filter-Korrelator (**S**urface **A**custical **W**ave) benötigt ebenfalls keine Synchronisation. Ein SAW-Korrelator besteht aus einem piezoelektrischen Substrat, auf dem Wechselspannungen durch einfache Elektroden (interdigitale Transducer) mechanische Oberflächenwellen erzeugen können, s. Abb. 5.7a, b. Die Welle wird am Ende des Substrates wieder in ein elektrisches Signal gewandelt. Da im Vergleich zur Lichtgeschwindigkeit die Oberflächenwelle sehr langsam ist, kann durch entsprechend gepolte Transducer-Finger eine vollständige m-Sequenz auf der Oberfläche des Substrats abgebildet werden, s. Abb. 5.7c. Die Polung der Transducer gibt die m-Sequenz wieder. Die Fingersignale werden über zwei seitliche Leiter abgegriffen und addiert. Ein am Anfang des Substrats eingespeister Zwischenfrequenzträger, der mit der m-Sequenz moduliert ist, erzeugt am Ausgang dann ein Signal, wenn die zugehörige m-Sequenz die Substratlänge genau ausfüllt. Die Anordnung verhält sich wie ein Matched-Filter.

Abb. 5.8 zeigt das Blockschaltbild eines SAW-Empfängers. Das Signal wird am Eingang zunächst mit einem ersten Mischeroszillator in den ZF-Bereich gebracht, in dem die Korrelation stattfindet. Aus dem komprimierten Chirp-Signal kann in der Folge durch eine weitere Frequenzumsetzung ins Basisband die komplexe Kanalimpulsantwort gewonnen werden.

Dem Vorteil nicht notwendiger Synchronisation stehen die Nachteile einer nicht änderbaren Codierung und der Begrenzung in Codelänge und Chiprate durch die SAW-Technologie entgegen.

5.2.4.3 Schnelle Faltung

Die Korrelation (bestehend aus Multiplikation und Integration) kann durch eine Multiplikation im Frequenzbereich ersetzt werden. Als Ergebnis erhält man die Kanalübertra-

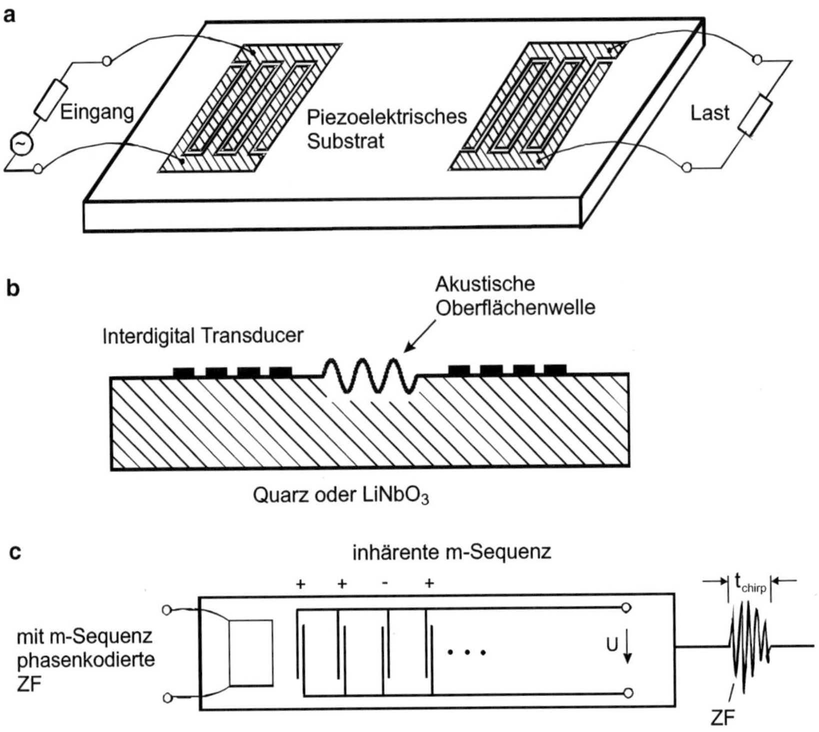

Abb. 5.7 SAW-Filter-Korrelator. **a** Beschaltung, **b** Ausbreitung der Oberflächenwelle, **c** Ausgangstransducer mit inhärenter m-Sequenz

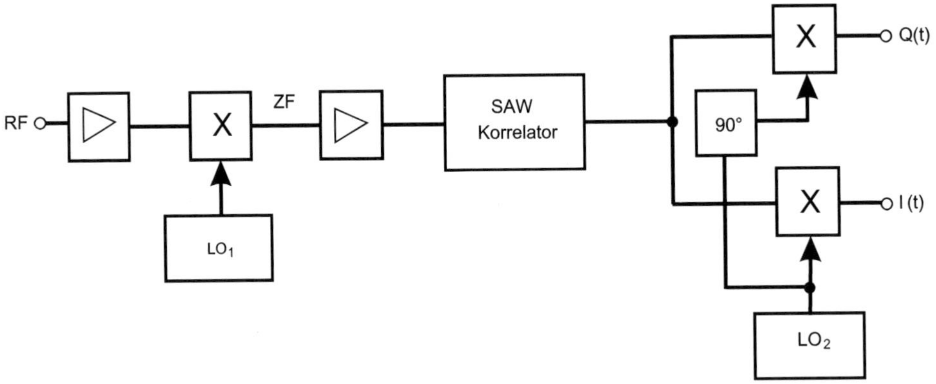

Abb. 5.8 Blockschaltbild eines SAW-Filter-Korrelator-Empfängers

gungsfunktion. Dieses Verfahren nennt man auch „Schnelle Faltung“, da für die Fouriertransformation eine FFT verwendet werden kann.

Zum Verständnis ist folgende allgemeine Darstellung hilfreich: Die Faltung von $z_a(t)$ am Kanalausgang mit einem *zeitinversen*, konjugiert-komplexen Rauschsignal ergibt (in der Realisierung: m-Sequenz) zunächst:

$$\int_{\eta} n^*(-\eta) \cdot z_a(\tau - \eta) d\eta. \tag{5.5}$$

Die Fouriertransformierte dieses Ausdrucks liefert, zunächst noch nicht erkennbar, bereits das Endergebnis $W_a(\omega)$:

$$W_a(\omega) = \int_{\tau}\int_{\eta} n^*(-\eta) \cdot z_a(\tau - \eta) d\eta e^{-j\omega\tau} d\tau. \tag{5.6}$$

Eine Vertauschung der Integrale ergibt:

$$W_a(\omega) = \int_{\eta} n^*(-\eta) \int_{\tau} z_a(\tau - \eta) \cdot e^{-j\omega\tau} d\tau d\eta.$$

Eine einfache Koordinatentransformation (Verschiebung) $\tau' = \tau - \eta$ liefert folgenden Ausdruck:

$$W_a(\omega) = \int_{\eta} n^*(-\eta) \int_{\tau'} z_a(\tau') \cdot e^{-j\omega(\tau' + \eta)} d\tau' d\eta.$$

Eine „Entkopplung“ der Integrale mit Umformung $\tau' \rightarrow \tau$ ergibt wegen $n^*(-\eta) \circ\!\!-\!\!\bullet\, N^*(\omega)$ schließlich:

$$W_a(\omega) = \underbrace{\int_{\eta} n^*(-\eta) \cdot e^{-j\omega\eta} d\eta}_{N^*(\omega)} \cdot \underbrace{\int_{\tau} z_a(\tau) \cdot e^{-j\omega\tau} d\tau}_{Z_a(\omega) = H(\omega) \cdot N(\omega)}.$$

Somit erhält man:

$$W_a(\omega) = N^*(\omega) \cdot H(\omega) \cdot N(\omega),$$

oder

$$W_a(\omega) = |N(\omega)|^2 \cdot H(\omega) = N_0 \cdot H(\omega). \tag{5.7}$$

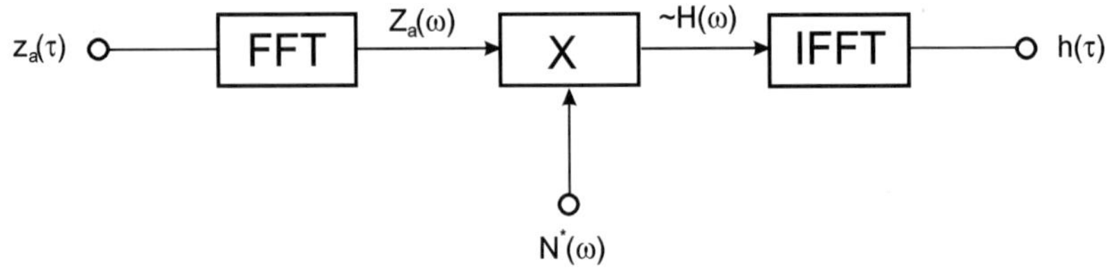

Abb. 5.9 Blockschaltbild der „Schnellen Faltung“

Bei weißem Rauschen wird wegen $N^*(\omega) \cdot N(\omega) = |N(\omega)|^2 = N_0$ die Frequenzabhängigkeit des Rauschspektrums eliminiert. $N(\omega)$ ist die Fouriertransformierte des Rausch*signals* und N_0 die Rausch*leistung*. In der Praxis wird $n(t)$ wieder durch eine Pseudozufallsfolge, z. B. eine m-Sequenz, realisiert.

Man erhält die Kanalübertragungsfunktion $H(\omega)$ somit durch Multiplikation der Kanalausgangsfunktion $Z_a(\omega)$ mit der konjugiert komplexen Pseudozufallsfolge. Eine inverse FFT liefert die Kanalimpulsantwort.

Zusammengefasst verläuft der Algorithmus wie in Abb. 5.9 dargestellt:

1. Die Fouriertransformation von $z_a(\tau)$ ergibt $Z_a(\omega)$,
2. Eine Multiplikation mit der Fourier-transformierten, konjugiert komplexen Pseudozufallsfolge ergibt $H(\omega) \cdot N_0$,
3. Eine inverse Fouriertransformation ergibt den Schätzwert für $h(\tau)$.

Literatur

1. Ohmori, Y., Kawano, E., Fukuda, T., Okumura, K.: Field strength and its variability in VHF and UHF land mobile radio service. Rev. Electr. Commun. Lab. **16**, 825–873 (1968)
2. Rappaport, T., Seidel, S., Singh, R.: 900-MHz multipath propagation measurements for us digital cellular radiotelephon. IEEE Transactions on Vehicular Technology, **39**, 132–139 (1990)
3. Lüke, H.D.: Korrelationssignale. Springer, Berlin, Heidelberg, New York u. a. (1992)
4. Menzel, W., Moebius, A.: Antenna concepts for millimeter-wave automotive radar sensors. Proceedings of the IEEE **100**(7), 2372–2379 (2012)
5. Schoukens, J., Pintelon, R., v.d. Ouderaa, E., Renneboog, J.: Survey of excitation signals for FFT based signal analyzers. IEEE Transactions on Instrumentation and Measurements **17**(3), 342–352 (1988)
6. Thomä, R.S., Hampicke, D., Richter, A., Sommerkorn, G., Schneider, A., Trautwein, U., Wirnitzer, W.: Identification of time-variant directional mobile radio channels. IEEE Transactions on Instrumentation and Measurements **49**(2), 357–364 (2000)
7. Cox, D.C.: Delay-Doppler characteristics of multipath propagation at 910 MHz in a suburban mobile radio enviroment. IEEE Transactions on Antennas and Propagation **20**(5), 625–635 (1972)

6 Bestimmung der Richtung einfallender Wellen durch Peilung

Die Bestimmung der Richtung einer einfallenden Welle durch Peilung spielt bei vielen Aufgaben eine wichtige Rolle. Ursprünglich im militärischen Bereich bei der Funkaufklärung und in der Spionageabwehr angesiedelt, hilft die Peilung heute auch zur Sicherung und Wartung kommerzieller Netze. Die Suche nach Störquellen oder nichtlizensierten Sendern ist die vorwiegende Anwendung. Somit spricht man auch von nichtkooperativer Ortung, da von Seiten des Emitters keine Maßnahme zur Unterstützung der Ortung geleistet wird, im Gegensatz zur heute üblichen Ortung von Mobilstationen auf der Basis von Laufzeitmessungen. Anwendungen für die Peilung findet man auch bei der Vermessung der Pfadauflösung von MIMO-Kanälen, bei der Verfolgung von Peilsendern, z. B. bei Wildtieren oder in der Observierung. Im militärischen Bereich werden neben Funksignalen auch Radarsender gepeilt.

Bei Kenntnis der Richtung eines Senders, gemessen von mindestens zwei genügend voneinander entfernten Positionen, kann durch Kreuzpeilung die Position des Senders ermittelt werden (Ortung). Ortungsfehler hängen vom Peilfehler ab. Peilfehler entstehen z. B. durch Überlagerung der direkten Welle mit reflektierten Wellen.

Die Aufgabe besteht darin, aus den Eigenschaften einer elektromagnetischen Welle, z. B. der Phasenfront nach Abb. 6.1, die Ausbreitungsrichtung der Welle zu ermitteln. Die

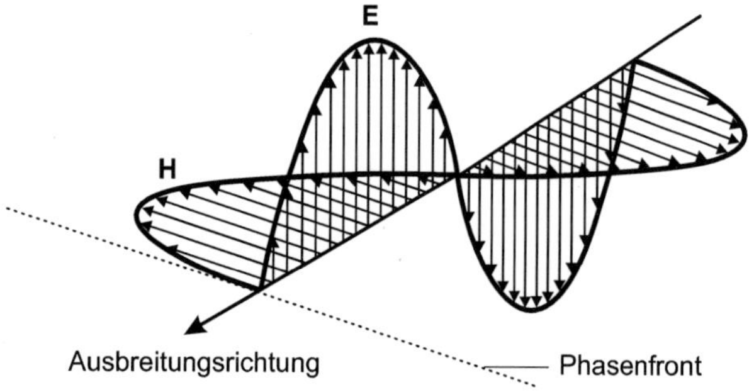

Abb. 6.1 Zeitliche und räumliche Darstellung einer ebenen Welle mit vertikaler Polarisation

B. Rembold, *Wellenausbreitung*, DOI 10.1007/978-3-658-15284-0_6

Peilverfahren hängen ab von Frequenzbereich, Bandbreite, gewünschter Genauigkeit und verfügbarer Peilzeit. Voraussetzung für die Durchführbarkeit einer Peilung sind die Kenntnis der Frequenz sowie wichtiger Übertragungsparameter wie z. B. Sendezeit, Modulation und Codierung. Zur Peilung kann die Polarisation oder die Phasenfront verwendet werden.

6.1 Klassische Peilverfahren

6.1.1 Schmalbandige Einkanalpeiler

Mit Hilfe einer schwenkbaren Antenne mit ausgeprägter Nullstelle in der Charakteristik kann ein einfaches Peilgerät aufgebaut werden. Die Bewegung der Antenne im Raum erfolgt manuell, mechanisch oder elektrisch. Das Signalminimum gibt die Richtung der einfallenden Welle an. Grundsätzlich könnte auch ein anderes Merkmal als die Nullstelle zur Richtungsbestimmung verwendet werden, allerdings verursacht die Nullstelle die geringsten Peilfehler. Da die Bewegung der Antenne eine gewisse Zeit beansprucht, ist das Verfahren für sehr kurze Signale nicht geeignet. Der Vorteil liegt aber in der geringen Anforderung an den Peil-Empfänger, da er nur einen Kanal benötigt (Einkanalpeiler). Seine Aufgabe besteht in der Selektion, Verstärkung und Anzeige des zu peilenden Signals. Mit der Bezeichnung *schmalbandig* wird festgelegt, dass hiermit im Gegensatz zu unten besprochenen Breitband-Systemen nur *ein* Sender, der dazu aus nur *einer* Richtung erwartet wird, gepeilt werden soll.

Als bewegliche Antennen bis zu Frequenzen von etwa 30 MHz dienen senkrecht angeordnete *Luft-* oder *Ferritrahmenantennen* (= *Drehrahmenpeiler*). Diese Antennen reagieren auf das magnetische Feld der einfallenden Welle und setzen dafür eine horizontale magnetische Feldstärke, d. h. vertikale Polarisation, voraus. Bei tieferen Frequenzen unterhalb etwa 30 MHz existieren durch die Bodenleitfähigkeit vorrangig vertikale Polarisationen. Durch Drehung der Antenne um die senkrechte Achse wird die Richtung minimaler Empfangsspannung ermittelt. Da die Rahmenantenne zwei Minima im gesamten Azimut hat, erfolgt die Seitenkennung durch Überlagerung des Peilsignals mit dem Signal einer zentral angeordneten, omnidirektionalen Dipolantenne, s. z. B. [1].

Oberhalb von 30 MHz können mit sog. *Adcock*-Antennen, s. Abb. 6.2, auch andere Polarisationen sicher gepeilt werden. Adcocks bestehen aus zwei gleichen Antennen, z. B. senkrecht angeordneten Dipolen, die in einem Abstand bis zu einer halben Wellenlänge nebeneinander angeordnet sind, und deren Signale über einen Differentialtransformator summiert und zu einem Empfänger geführt werden.

Sind a der Abstand der beiden Antennen längs einer Basislinie und α die Richtung des Welleneinfalls gemessen senkrecht zur Basislinie, so ist die Amplitude der Spannung am Ausgang des Differentialtransformators wie folgt proportional

$$\Delta U \sim \sin\left(\pi \frac{a}{\lambda} \sin\alpha\right)$$

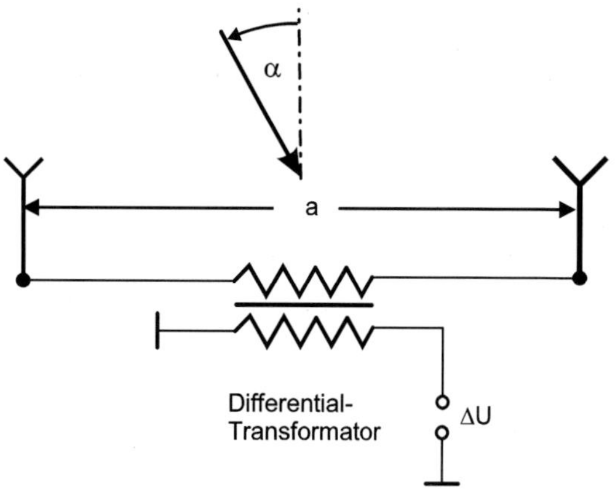

Abb. 6.2 Prinzip einer Adcock-Antenne

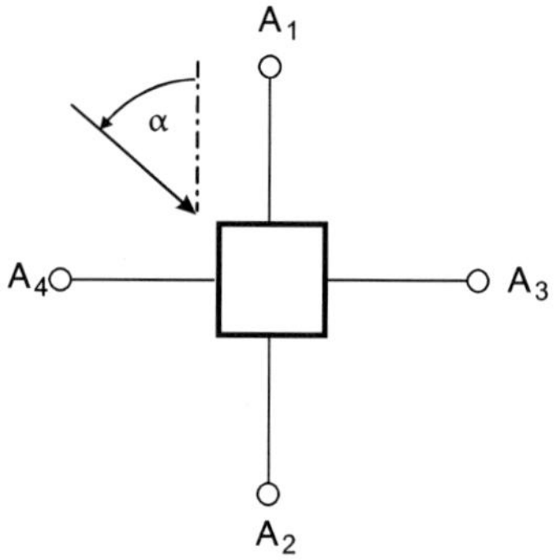

Abb. 6.3 Vier-Elemente-Adcock

und für $a \ll \lambda$ näherungsweise

$$\Delta U \sim \pi \frac{a}{\lambda} \sin\alpha,$$

d. h. $\Delta U \sim \sin\alpha$. Da eine Änderung der Polarisation beide Antennen gleichermaßen betrifft, ist das Ergebnis von der Polarisation unabhängig, solange ausreichend große Empfangsspannungen an den Antennen vorliegen.

Ein Vier-Elemente-Adcock, s. Abb. 6.3, mit zwei gekreuzten Basislinien beseitigt das Problem der Seitenkennung, da ein zweites Signal über einen zweiten Differentialtransformator zwischen den beiden Antennen A_3 und A_4 zur Verfügung steht. Sein Ausgangssignal verhält sich für $a \ll \lambda$ proportional zu $\cos\alpha$. Durch Vergleich mit der im Gerät vorliegenden Referenzspannung aus einer omnidirektionalen Antenne kann der Winkel α direkt ermittelt werden.

Die Verwendung von Kombinationen von zwei oder mehreren Adcocks zu *Dreh-Adcock* in Verbindung mit mechanischen *Goniometern* erspart die mechanische Bewegung der Antennen, s. Abb. 6.4. Hierbei werden die Signale der beiden orthogonalen

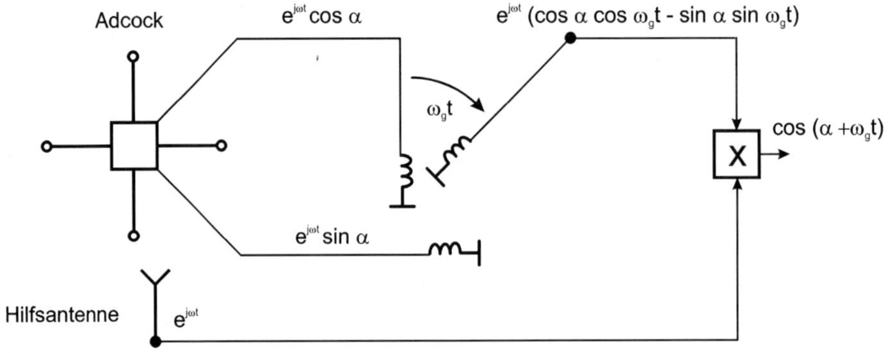

Abb. 6.4 Adcock mit mechanischem Goniometer und Hilfsantenne

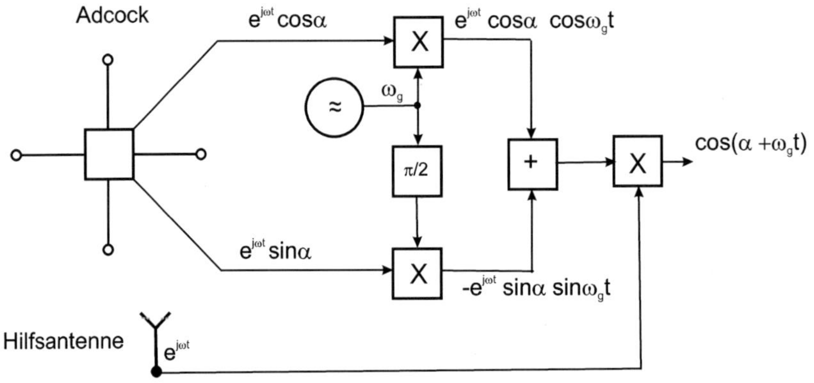

Abb. 6.5 Prinzip des elektronischen Goniometers

Adcocks auf zwei orthogonal angeordnete Spulen gegeben, in deren Summenfeld eine mechanisch rotierende weitere Spule ein der Rotation entsprechendes moduliertes Ausgangssignal liefert. Nach Demodulation ins Basisband durch Subtraktion der Trägerfrequenz, die durch eine Hilfsantenne gewonnen wird, erhält man die Einfallsrichtung aus der Modulationsphase durch Vergleich mit der im Gerät vorliegenden Referenzphase.

Die Rotation der Spulen kann durch ein elektronisches Goniometer ersetzt werden, s. Abb. 6.5. Die beiden Signale des Vier-Elemente-Adcocks werden um $\pi/2$ phasenversetzt mit der Goniometer-Kreisfrequenz ω_g moduliert.

Man erhält zwei Signale. Nach Summation und Abmischen ins Basisband durch das Signal der Hilfsantenne kann aus der Phase der Modulation wieder der Winkel α berechnet werden.

Ein elegantes Verfahren, mit dem sowohl der Azimut- als auch der Elevationswinkel mit nur einem Empfangskanal ermittelt werden kann, bietet der *Dopplerpeiler*.

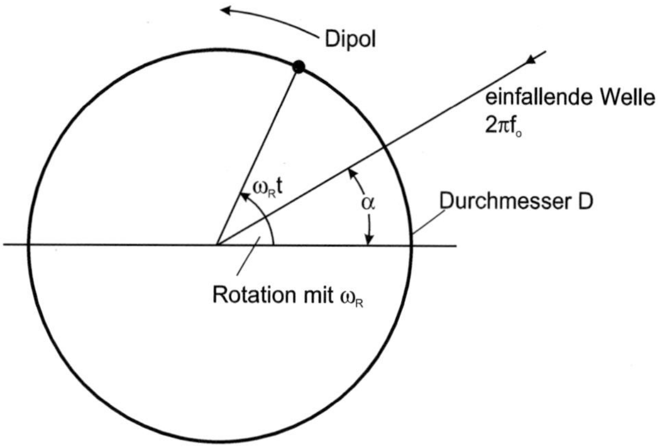

Abb. 6.6 Zum Prinzip des Dopplerpeilers

Zur Erklärung des Prinzips wird zunächst angenommen, dass eine Antenne, z. B. ein Dipol, mit der Kreisfrequenz ω_R mechanisch in der horizontalen Ebene rotiert, s. Abb. 6.6. Bei Einfall einer Welle mit dem Azimutwinkel α ist die Empfangsspannung:

$$u(t) \sim \cos[\omega_0 t + \eta \cdot \cos(\omega_R t - \alpha)], \tag{6.1}$$

mit der Abkürzung

$$\eta = k_0 \cdot \frac{D}{2} \cdot \cos \varepsilon. \tag{6.2}$$

Hier ist ε der Elevationswinkel der einfallenden Welle und $k_0 = 2\pi/\lambda_0 = 2\pi f_0/c$ die Wellenzahl. Die Rotation der Empfangsantenne bewirkt eine Änderung der Phase und damit eine Verschiebung der Frequenz durch den Dopplereffekt. Die Auswertung erfolgt somit durch einen Frequenzdemodulator. Die Ableitung der Signalphase ergibt die Momentan-Kreisfrequenz:

$$\omega_p(t) = \frac{d\varphi(t)}{dt} = \omega_0 - \eta\omega_R \sin(\omega_R t - \alpha),$$

oder

$$\omega_p(t) = \omega_0(1 + S_{\text{Dem}}(t)).$$

Der Wechselanteil hierin ist

$$S_{\text{Dem}}(t) = -\eta \frac{\omega_R}{\omega_0} \sin(\omega_R t - \alpha). \tag{6.3}$$

Der Phasenvergleich mit einer im Gerät bekannten Referenzphase für die Rotation liefert unmittelbar den Azimutwinkel α. Der Elevationswinkel ε folgt mit (6.2) aus dem gemessenen Frequenzhub $\eta\omega_R/\omega_0$.

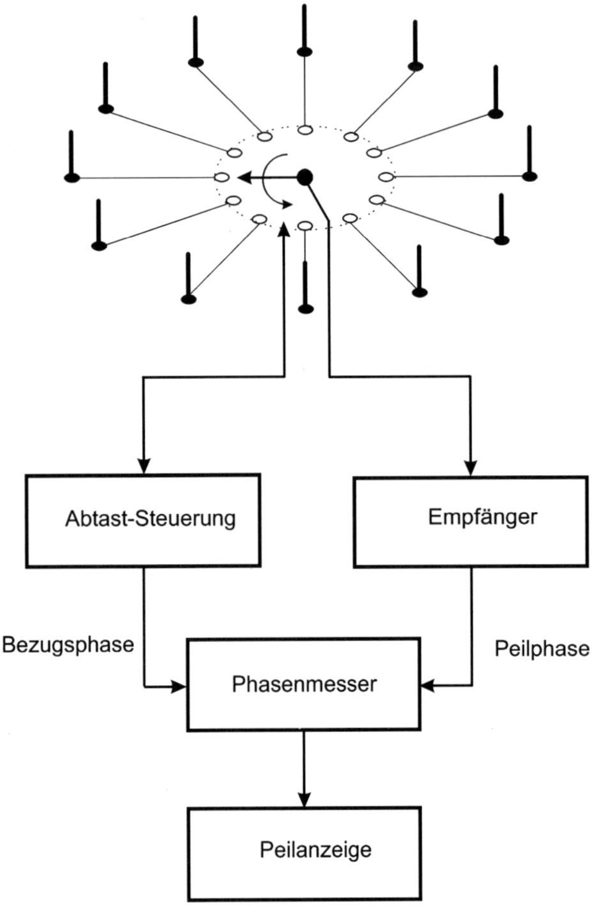

Abb. 6.7 Dopplerpeiler mit elektronischer Rotation

In der Praxis wird die mechanische Rotation durch eine Abtastung einer Anzahl von Antennen, die ringförmig angeordnet sind, realisiert, s. Abb. 6.7. Eine Abtaststeuerung schaltet die Antennen hintereinander auf den Empfänger. Die Peilphase wird mit einer Bezugsphase aus der Abtaststeuerung verglichen und daraus der Peilwinkel ermittelt.

Wegen des Abtasttheorems muss der Abstand der Einzelantennen kleiner sein als $\lambda_{\min}/2$ und beträgt typisch $\lambda_{\min}/3$ bei der maximalen Trägerfrequenz $f_{\max} = c/\lambda_{\min}$. Daraus folgt mit dem Kreisdurchmesser D die minimale Anzahl der Antennen:

$$N = 3\pi D/\lambda_{\min}.$$

Die Rotationsfrequenz f_R muss innerhalb der Kanalbandbreite des Empfängers liegen.

Ein Vorteil des Dopplerpeilers ist, dass der Prozess nicht durch eine eventuelle Amplitudenmodulation des Signals gestört wird. Bei Winkelmodulation ist eine schmalbandige

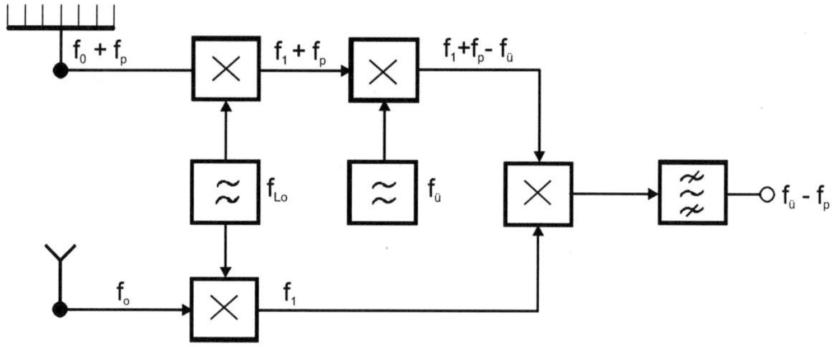

Abb. 6.8 Dopplerpeiler mit Hilfskanal zur Unterdrückung der Winkelmodulation

Ausfilterung von f_R und anschließende Mittelung des Signals möglich. Komfortabler ist bei der Peilung von winkelmodulierten Signalen die Verwendung eines Hilfskanals (ohne f_R) mit Kompensation der Signal-Modulation, wie es das Prinzipschaltbild Abb. 6.8 zeigt. Die Erklärung soll anhand einiger typischen Zahlenwerte erfolgen:

$f_0(t)$ Empfangsfrequenz einschließlich der Modulation, Trägermitte 900 MHz,
$f_p(t)$ Momentanfrequenz, entsteht durch Phasenmodulation bei Antennenumschaltung mit einer Rotationsfrequenz von 200 Hz,
f_{L0} Local-Oszillator-Frequenz 830 MHz,
$f_ü$ Überlagerungsfrequenz 1 MHz,
f_1 $= f_0 - f_{L0}$ Zwischenfrequenz 70 MHz.

Ähnlich wie bei der kontinuierlichen Rotation mit (6.1) entsteht bei der Umschaltung der Antennen eine Frequenzmodulation, die durch die Momentanfrequenz $f_p(t)$ beschrieben werden kann. Nach der ersten Frequenzumsetzung besteht das Zwischenfrequenzsignal somit aus den Frequenzen $f_1 + f_p$. Eine zweite Frequenzumsetzung verschiebt das Signal um $-f_ü$, so dass in einer weiteren Mischstufe der frequenzmodulierte Träger entfernt werden kann. Ohne Frequenzmodulation ist das Signal schmalbandiger. Die inhärente Bandbreitenreduktion erhöht die Empfindlichkeit.

Die bei den Mischprozessen entstehenden quadratischen Komponenten können durch einen in Abb. 6.8 nicht eingetragenen Begrenzer entfernt werden, da bei der Auswertung die Amplitude keine Rolle spielt. Der Vergleich der Phase des Ausgangssignals mit der Referenz-Phase liefert die Winkelinformation. Nachteilig ist, dass die Phasen der Empfangskomponenten bekannt sein müssen. Deshalb ist eine Phasenkalibrierung notwendig. Da bei einem Dopplerpeiler vom Prinzip her mehrere Antennen und damit mehrere Empfangskanäle verwendet werden, gehört dieser Peiler strenggenommen nicht mehr zu den Einkanalpeilern. Allerdings ist der Schaltungsaufwand von der einzelnen Antenne bis zum Umschalter im Vergleich zu dem nachgeschalteten (einkanaligen) Empfänger gering. Dopplerpeiler werden häufig auf Flughäfen zur Peilung von Flugzeugen eingesetzt.

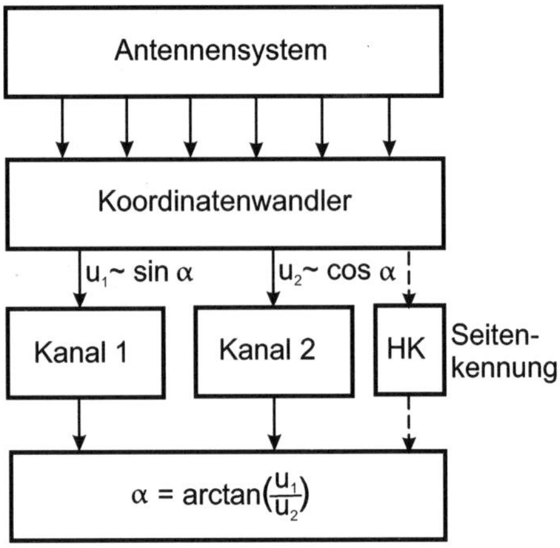

Abb. 6.9 Prinzip eines Mehrkanalpeilers. HK steht für Hilfskanal

6.1.2 Schmalbandige Mehrkanalpeiler

Obwohl Einkanalpeiler weit verbreitet sind, benötigen manche Anwendungen Mehrkanalpeiler. Der wesentliche Vorteil liegt in der Möglichkeit, auch kurze Signale mit Längen bis herab etwa zur Inversen der Signalbandbreite erkennen zu können. Hierbei werden die mit dem Peilwinkel versehenen Empfangssignale, z. B. die einer Adcockantenne, parallel zu mehreren Empfangskanälen geleitet. Der Nachteil liegt in dem geforderten exakten Gleichlauf der Kanäle über alle Funktionskomponenten, insbesondere der analogen: d. h. Kabel zwischen Antenne und Gerät, Verstärker, Filter, Frequenzumsetzer, A/D-Wandler. Der Gleichlauf muss auch Temperaturänderungen und Pegelschwankungen berücksichtigen. Eine Kalibrierung der einzelnen Kanäle ist deshalb erforderlich.

Bei einem 2-kanaligen System wird der Azimutwinkel aus den winkelabhängigen Amplituden berechnet (*Watson-Watt*-Peiler), s. Abb. 6.9. Ein Hilfskanal (HK) ohne Kalibrierung dient zur Seitenkennung. Dreikanalige Peiler können auch den Elevationswinkel ermitteln. Das Ergebnis kann als Peilellipse oder als Histogramm dargestellt werden.

6.1.3 Breitbandige Ein- und Mehrkanalpeiler

Breitbandige Ein- und Mehrkanalpeiler (übliche Bezeichnung: *Vielkanalpeiler*, mit „Kanal" sind hier die Funkkanäle, nicht die Empfangszüge des Peilers, gemeint) verarbeiten breite Frequenzbänder, z. B. 100 kHz im Kurzwellenbereich, mit i. Allg. zahlreichen Einzelsignalen aus unterschiedlichen Richtungen. Das Ziel ist die Entdeckung von Kurzzeitsignalen und Frequenzhoppern. Eine Mehrkanalige Verarbeitung mit einer schnellen Fouriertransformation, mit anschließender Segmentierung im Zeit- und Frequenzbereich sowie die Peilwertberechnung von als Emitter identifizierten Spektralanteilen fordern hohen Rechenaufwand in Realzeit. Der Gleichlauf der Empfangszüge über die große Bandbreite muss sichergestellt sein, um die i. Allg. geforderten geringen Peilfehler (bis unter 1°) zu erreichen.

6.1.4 Interferometer

Interferometerpeiler bestehen aus zwei senkrecht aufeinander stehenden horizontalen Reihen von Einzelantennen mit maximalen Abständen von mehreren Wellenlängen. Aufgabe ist die Bestimmung der Phasenlage der Wellenfront. Für eine eindeutige Messung im 2-D-Bereich sind mindestens drei Antennen erforderlich, die ein rechtwinkliges Koordinatensystem aufspannen, s. Abb. 6.10. Durch eine große Basis von mehreren Wellenlängen können Phasenfehler, hervorgerufen durch Mehrwegeausbreitung, ausgeglichen werden. Zur Unterdrückung der Mehrdeutigkeit bei Antennenabständen $> \lambda/2$ werden mehrere Antennen je Koordinatenrichtung mit gestaffelten Abständen verwendet. Die Peilwerte der kleineren Basis (in Abb. 6.10: b_1) liefern Startwerte zur Selektion der mehrdeutigen Peilergebnisse der nächst größeren Basis. Typisches Verhältnis aufeinander folgende Basisgrößen ist 1 : 3. Als Antennen dienen im Kurzwellenbereich vorwiegend Kombinationen von Rahmen und Dipolantennen, um unterschiedliche Polarisationen empfangen zu können.

In Abhängigkeit von der Einfallsrichtung mit Azimut α und Elevation ε betragen die Phasen zwischen den Antennen A_1 und A_0 bzw. A_2 und A_0:

$$\varphi_{01} = \frac{2\pi b_1}{\lambda} \cdot \sin\alpha \cdot \cos\varepsilon$$

und

$$\varphi_{02} = \frac{2\pi b_1}{\lambda} \cdot \cos\alpha \cdot \cos\varepsilon.$$

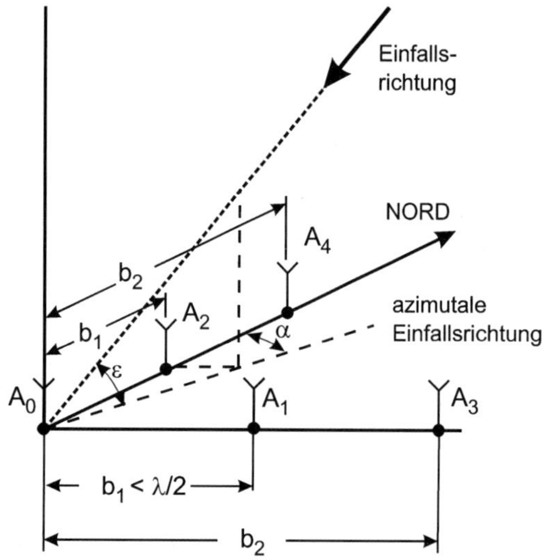

Abb. 6.10 Interferometerpeiler, Verwendung vorwiegend im Kurzwellenbereich

Daraus folgt das Peilergebnis:

$$\alpha = \arctan \frac{\varphi_{01}}{\varphi_{02}} \tag{6.4}$$

und

$$\varepsilon = \arccos \frac{\sqrt{\varphi_{01}^2 + \varphi_{02}^2}}{2\pi b_1/\lambda}. \tag{6.5}$$

Ausgehend von diesem Ergebnis kann mit einer zweiten Messung die Basis von b_1 auf b_2 vergrößert und aus der Mehrdeutigkeit der genauere Peilwert selektiert werden.

Interferometer werden häufig im Kurzwellenbereich zur Peilung von Raumwellen verwendet. Die Kenntnis des Elevationswinkels ermöglicht über eine Abschätzung der Reflexionsstelle in der Ionosphäre eine ungefähre Ortung des Emitterortes. Somit entfällt die Notwendigkeit einer zweiten Peilstation (engl. SSL, **s**ingle **s**tation **l**ocation).

6.2 Peilung mit Gruppenantennen

Durch die Verfügbarkeit schneller Rechner werden Peilsysteme mit mehreren Antennen realisierbar, die gegenüber o. g. Systemen unempfindlicher gegenüber Rauschen und externen Störsignalen sind. Je nach Peil-Methode können auch gleichzeitig mehrere Emitter gepeilt werden. Im Folgenden werden vier Verfahren vorgestellt. Eine Beschreibung setzt zunächst die Definition eines Modells voraus.

6.2.1 Systemmodell

Folgende Annahmen werden getroffen: Wir betrachten eine im Raum verteilte Anzahl von Antennenelementen (Gruppenantenne) mit gleichen oder verschiedenen Eigenschaften. Die Signalbandbreiten der zu peilenden Emitter seien klein gegenüber der inversen Laufzeit der Welle über die Gruppenantenne. Wir nehmen an, dass sich die Gruppenantenne im freien Raum befindet, d. h. die durch Objekte im Raum verursachte Mehrwegeausbreitung und Abschattung wird zunächst vernachlässigt. Die Emitter sind beliebig im Raum verteilt, befinden sich allerdings im Fernfeld der Gruppenantenne (der minimale Fernfeldabstand ist $2D_A^2/\lambda$, D_A = größter Durchmesser der Gruppenantenne). Die Signale der Emitter (Sender) sind nicht korreliert.

Die Anzahl der Sender ist D, die der Antennenelemente M, und es wird für alle folgenden Berechnungen vorausgesetzt, dass $D < M$ ist. Die Senderorte und die Orte der Antennenelemente werden gemäß Abb. 6.11 mit den Vektoren $\boldsymbol{\rho}_d$ und $\boldsymbol{r}_m$ beschrieben. k_d ist die Wellenzahl des Senders d.

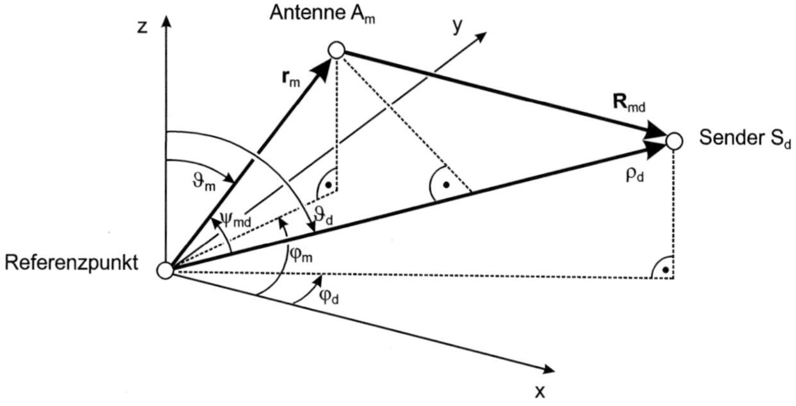

Abb. 6.11 Definition der Positionen des Antennenelementes A_m und des Senders S_d bezüglich des Referenzpunkts

Wie in der Signaltheorie üblich, werden dimensionslose Größen betrachtet. Dieses vereinfacht die Darstellung und erlaubt kürzere Formeln. Die physikalischen Größen sind auf ihre Einheiten normiert, d. h. die elektrische Feldstärke auf 1 V/m und die Empfangssignale hinter der Antenne sowie die Rauschsignale auf $W^{1/2}$. Die Betragsquadrate der Signale stellen die Signalleistungen dar. Da im Folgenden nur relative Leistungen (z. B. SNR, Wirkungsgrad usw.) interessieren, kürzen sich Vorfaktoren heraus.

Folgende Größen werden betrachtet:

f_d komplexe Einhüllende der Feldstärke von Sender d im Referenzpunkt,
x_m Empfangssignal in Antenne m,
n_m Rauschanteil im Signal x_m, verursacht durch Empfängerrauschen.

Mit diesen Annahmen kann man gemäß Abb. 6.11 die Phase δ_{md} der Welle d an der Antenne m gegenüber dem Referenzpunkt angeben:

$$\delta_{md} = k_d \cdot (|\boldsymbol{\rho}_d| - |\boldsymbol{R}_{md}|) \ .$$

Wenn sich der Sender im Fernfeld befindet, sind die Vektoren ρ_d und R_{md} nahezu parallel, und man kann schreiben:

$$\delta_{md} = k_d \cdot r_m \cdot cos\psi_{md} \tag{6.6}$$

mit $r_m = |\boldsymbol{r}_m|$. Die Winkelfunktion erhält man aus dem Skalarprodukt von $\boldsymbol{r}_m$ und $\boldsymbol{\rho}_d$:

$$\boldsymbol{r}_m \cdot \boldsymbol{\rho}_d = r_m \rho_d \cos\psi_{md} \ ,$$

und mit den kartesischen Koordinaten von Antenne m und Sender d :

$$\cos\psi_{md} = \frac{x_m x_d + y_m y_d + z_m z_d}{r_m \rho_d}.$$

Für die Antenne m gilt: $x_m = r_m \cdot \sin\vartheta_m \cos\varphi_m$, $y_m = r_m \cdot \sin\vartheta_m \sin\varphi_m$ und $z_m = r_m \cdot \cos\vartheta_m$, die Senderkoordinaten erhält man entsprechend. Damit ist:

$$\cos\psi_{md} = \sin\vartheta_d \sin\vartheta_m \cos(\varphi_d - \varphi_m) + \cos\vartheta_d \cos\vartheta_m \tag{6.7}$$

mit den Kugelkoordinaten ϑ_d und φ_d sowie ϑ_m und φ_m.

Die Eigenschaften der Antennenelemente sind durch a_{md} beschrieben. a_{md} enthält den Gewinn des Strahlerelementes m in Richtung des Senders d sowie die Verluste durch Fehlanpassung von Impedanz und Polarisation dieses Elementes. Der Vorfaktor $\lambda/(4\pi Z_0)^{1/2}$ gemäß (8.11) wird hier zur Vereinfachung weggelassen.

Bei idealen rundstrahlenden Antennenelementen mit Polarisationsanpassung ist mit (6.6) für Sender im Fernfeld:

$$a_{md} = e^{j \cdot k_d \cdot r_m \cdot \cos\psi_{md}}.$$

Somit beträgt das Signal an der Antenne m:

$$x_m = \sum_{d=1}^{D} a_{md} \cdot f_d + n_m. \tag{6.8}$$

Wir können mit (6.8) die Antennensignale in Matrizenschreibweise darstellen:

$$\begin{pmatrix} x_1 \\ \vdots \\ x_M \end{pmatrix} = \begin{pmatrix} a_{11} & \cdots & a_{1D} \\ \vdots & \ddots & \vdots \\ a_{M1} & \cdots & a_{MD} \end{pmatrix} \cdot \begin{pmatrix} f_1 \\ \vdots \\ f_D \end{pmatrix} + \begin{pmatrix} n_1 \\ \vdots \\ n_M \end{pmatrix}, \tag{6.9}$$

oder zusammengefasst:

$$\boldsymbol{x} = \boldsymbol{A} \cdot \boldsymbol{f} + \boldsymbol{n}. \tag{6.10}$$

Eine Spalte der Matrix $\boldsymbol{A}$ ist ein *Modenvektor* $\boldsymbol{a}_d$ (engl. *array steering vector* oder *array response for looking direction*). Das Produkt $a_{md} \cdot f_d$ ist das Signal, das eine ebene Welle aus der Richtung d am Speisepunkt der Antenne m erzeugt.

Ziel der Berechnung ist die Ermittlung der $\boldsymbol{a}_d$ und damit der Richtungen der einfallenden Wellen. Die Abhängigkeit eines Modenvektors $\boldsymbol{a}$ von der Einfallsrichtung kann aus der Antennenstruktur berechnet oder muss bei komplizierten Gruppenantennen gemessen werden. Der Vorgang wird Kalibrierung (engl. *calibration*) genannt.

Der Wertebereich, den ein Vektor $\boldsymbol{a}$ durchfahren kann, ist auf den Bereich der physikalisch möglichen Einfallsrichtungen begrenzt, der *Kontinuum* von $\boldsymbol{a}$ genannt wird (engl. *array manifold*). Die Spalten von $\boldsymbol{A}$, d. h. die Vektoren $\boldsymbol{a}_d$, spannen deshalb einen Unterraum auf, in dem sich der Vektor $\boldsymbol{x}$ bei Variation der Koeffizienten $\boldsymbol{f}$ bewegen kann, d. h. der Antennensignalvektor $\boldsymbol{x}$ ist eine Linearkombination der Modenvektoren $\boldsymbol{a}_d$.

Der Rauschvektor $\boldsymbol{n}$ enthält nur die Rauschsignale, die im Gerät entstehen, einschließlich möglicher Anteile der Antennen. Externe Rauschquellen verhalten sich wie Signale.

6.2.2 Peilung durch Maximierung von SNR

Zur Richtungsbestimmung einer einfallenden Welle stehen nun verschiedene Verfahren zur Verfügung. Ein einfaches Verfahren wichtet die Antennensignale in geeigneter Weise und addiert sie anschließend, s. Abb. 6.12.

Das Maximum der Ausgangsleistung kann als Kriterium für die Richtung der einfallenden Welle verwendet werden. Dieses Verfahren setzt die Existenz von nur *einer* Welle f_1 voraus.

Mit dieser Annahme betragen die Antennensignale nach (6.10):

$$x_m = f_1 \cdot a_{m1} + n_m. \tag{6.11}$$

Nach Wichtung von x_m mit w_m und Aufsummieren ergibt sich:

$$y = \sum_{m=1}^{M} w_m \cdot x_m,$$

oder mit (6.11):

$$y = \sum_{m=1}^{M} w_m \cdot (f_1 \cdot a_{m1} + n_m) \tag{6.12}$$

und in Matrizenschreibweise:

$$y = \boldsymbol{w}^T \cdot (f_1 \cdot \boldsymbol{a} + \boldsymbol{n}). \tag{6.13}$$

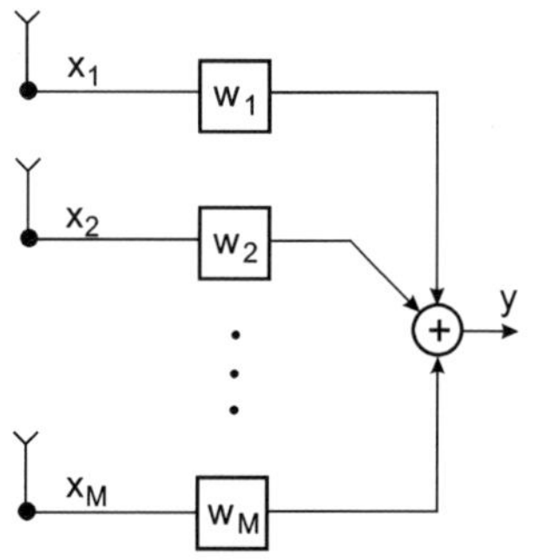

Abb. 6.12 Peilung durch Maximumssuche des Signal-zu-Rauschleistung-Verhältnisses

Die Leistung am Ausgang ist der Erwartungswert von $y^* y$:

$$P = E\{y^* y\} = \overline{y^* y},$$

und mit (6.13):

$$P = E\left\{[(f_1^* \boldsymbol{a}^H + \boldsymbol{n}^H)\boldsymbol{w}^*] \cdot [\boldsymbol{w}^T(f_1 \boldsymbol{a} + \boldsymbol{n})]\right\}$$

und ausführlich

$$P = \overline{|f_1|^2}(\boldsymbol{a}^H \boldsymbol{w}^*)(\boldsymbol{w}^T \boldsymbol{a}) + \overline{(\boldsymbol{n}^H \boldsymbol{w}^*)(\boldsymbol{w}^T \boldsymbol{n})} + \underbrace{\overline{(f_1^* \boldsymbol{a}^H \boldsymbol{w}^*)(\boldsymbol{w}^T \boldsymbol{n})}}_{0} + \underbrace{\overline{(\boldsymbol{n}^H \boldsymbol{w}^*)(\boldsymbol{w}^T \boldsymbol{a}) f_1}}_{0}.$$

Die Erwartungswerte der mit einem mittelwertfreien Rauschsignal multiplizierten Signale verschwinden. Der Rest des Ausdrucks besteht aus einem Signal- und einem Rauschanteil und ergibt in Summendarstellung:

$$P = \overline{|f_1|^2} \sum_{m=1}^{M} a_m^* w_m^* \cdot \sum_{m=1}^{M} w_m a_m + \sum_{m=1}^{M} \overline{|n_m|^2} |w_m|^2. \tag{6.14}$$

Der Quotient aus den beiden Termen stellt das *Signal-zu-Rauschleistung-Verhältnis* η dar:

$$\eta = \overline{|f_1|^2} \frac{|\sum_{m=1}^{M} a_m w_m|^2}{\sum_{m=1}^{M} \overline{|n_m|^2} |w_m|^2}. \tag{6.15}$$

Gesucht werden nun geeignete Wichtungen $\tilde{\boldsymbol{w}}$, um η zu maximieren. Vereinfachend wird angenommen, dass die Rauschleistung an allen Antennen gleich groß ist. Dann erhält man aus (6.15) für η:

$$\eta = \frac{\overline{|f_1|^2}}{\overline{|n|^2}} \cdot \frac{|\sum_{m=1}^{M} a_m w_m|^2}{\sum_{m=1}^{M} |w_m|^2}. \tag{6.16}$$

Das Maximum von η ergibt sich, wenn $\tilde{\boldsymbol{w}} = \boldsymbol{a}^*$ wird. Da der Modenvektor $\boldsymbol{a}$ unbekannt ist, muss mit einer numerischen Suchprozedur von $\tilde{\boldsymbol{w}}$ im Kontinuum von $\boldsymbol{a}$, d. h. im physikalisch sinnvollen Bereich, das Maximum von η gesucht werden. Der gefundene Modenvektor gibt die Richtung der einfallenden Welle an. $\eta_{\max}$ beträgt dann

$$\eta_{\max} = \frac{\overline{|f_1|^2}}{\overline{|n|^2}} \cdot \sum_{m=1}^{M} |a_m|^2. \tag{6.17}$$

Die Wichtung mit dem konjugiert komplexen Modenvektor ($\tilde{\boldsymbol{w}} = \boldsymbol{a}^*$) nennt man *Beam-Forming*. Im Sendefall würde die in diese Richtung abgestrahlte Leistungsdichte maximal.

Für den Fall idealer Rundstrahlantennen sind alle Beträge $|a_m| = 1$. Somit beträgt das Maximum:

$$\eta_{\max} = M \cdot \frac{\overline{|f_1|^2}}{\overline{|n|^2}}, \tag{6.18}$$

d. h. $\eta_{\max}$ erhöht sich um den Faktor M gegenüber η am Ausgang einer einzelnen Empfangsantenne. In der Praxis setzt dieses Verfahren Signale voraus, die während der Suchprozedur konstant bleiben. Der Vorteil liegt in der größeren Empfindlichkeit des Verfahrens.

6.2.3 Peilung durch Korrelation

Bei der Peilprozedur wird die Einfallsrichtung einer ebenen Welle durch Korrelation der empfangenen Antennensignale x_m mit Referenzdaten $\tilde{x}_m$ („array manifold") ermittelt. Das Kriterium ist die Minimierung der Summe der Fehlerbetragsquadrate über alle Antennensignale:

$$\sum_{m=1}^{M} |x_m - \tilde{x}_m|^2 = \text{Min.} \tag{6.19}$$

Die Referenzdaten erhält man wieder aus dem als bekannt vorausgesetzten Verhalten der Antennengruppe. Sie stellen die Empfangssignale für die möglichen Empfangsrichtungen, gerastert in Elevation und Azimut dar. Eine Interpolation der Rasterdaten kann die Genauigkeit um etwa eine Größenordnung verbessern. Das Verfahren ist in gewissen Grenzen tolerant hinsichtlich Rauschen und Störsignalen und eignet sich für breitbandige Anwendungen.

Die Diagramme in Abb. 6.14 und 6.15 zeigen als Beispiele simulierte Peilfehler einer 5-Element-VHF/UHF-Kreisgruppe von 5 m Durchmesser über den Frequenzbereich von 20 bis 250 MHz nach Abb. 6.13. Zur Fehlerberechnung werden je Frequenz 500 über Azimut und Elevation gleichverteilte Zufallsrichtungen vorgegeben, die Peilwinkel nach dem Kriterium von (6.19) ermittelt und mit den Vorgaben verglichen. Jeder Punkt in den Diagrammen entspricht dem Fehlerbetrag eines Peilwerts.

Die mittleren Peilfehler liegen auch bei einem großen Störpegel von -10 dB typisch unter 10 %. Bei hohen Frequenzen entstehen einige Fehleinweisungen. Der Vorteil liegt in der hohen Bandbreite von fast 10 : 1 und in der Toleranz gegenüber Rauschen und Störsignalen.

In der Praxis werden die Antennensignale nach Betrag und Phase für eine einfallende Welle gespeichert, diese anschließend mit Referenzdaten verglichen bis ein Minimum gefunden wird.

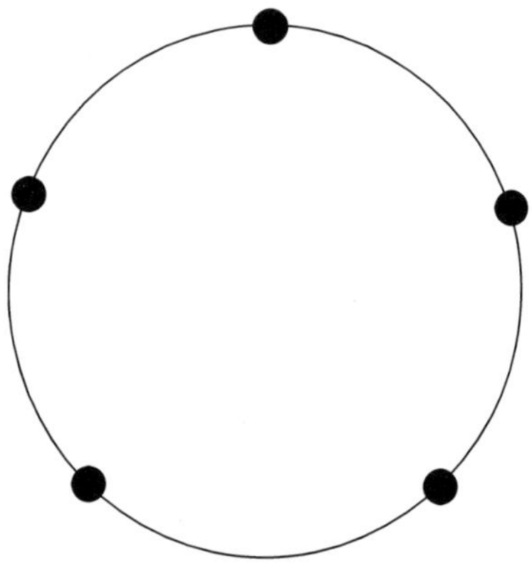

Abb. 6.13 Korrelationspeilung im VHF-UHF-Bereich mit einer 5-Element-Kreisgruppe, Durchmesser 5 m

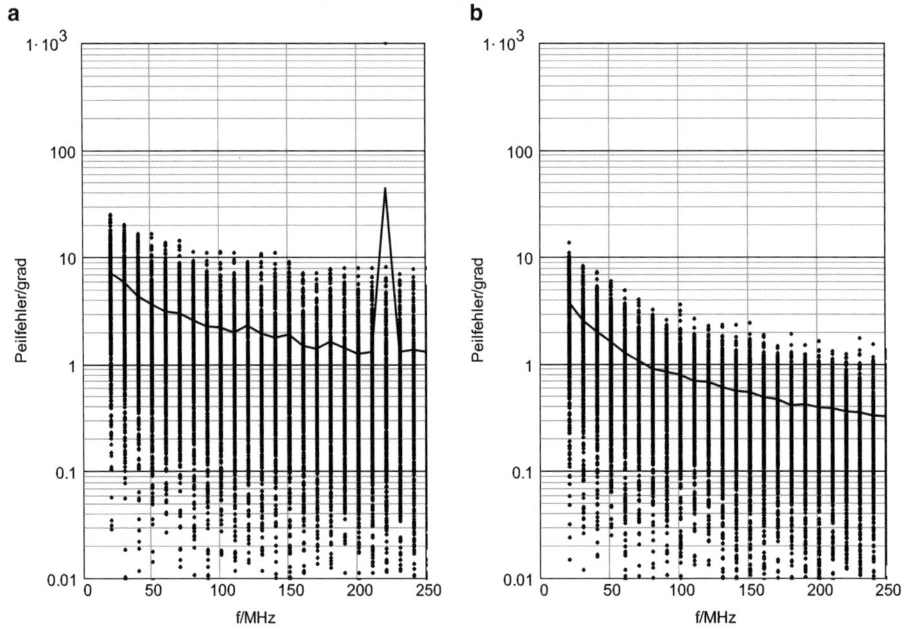

Abb. 6.14 VHF/UHF-Kreisgruppe: Peilfehler für **a** Elevationsbereich 0–60° und **b** Azimutbereich 0–360° bei 500 Zufallsrichtungen je Frequenz. Rauschpegel −20 dB, Störpegel −30 dB. *Durchgezogen*: rms-Fehler

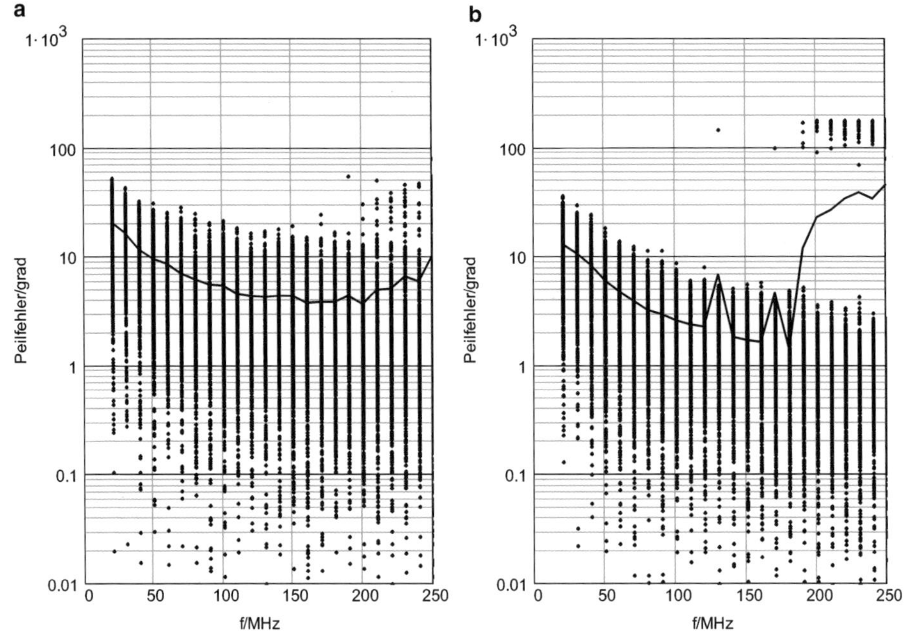

Abb. 6.15 Wie Abb. 6.14, aber mit einem Störpegel von −10 dB. Der rms-Fehler ist etwa um den Faktor 2–3 größer. Am oberen Frequenzende treten Fehleinweisungen auf

6.2.4 MUSIC-Algorithmus

Ralph O. Schmidt veröffentlichte 1986 ein elegantes Verfahren, mit dem mehrere Emitter gleichzeitig gepeilt werden können [2]. Die Voraussetzungen sind, dass die Emittersignale nicht korreliert sind und ihre Anzahl kleiner als die Anzahl der Antennenelemente ist. Schmidt nannte das Verfahren **MUSIC** (**Mu**ltiple **Si**gnal **C**lassification).

Zur Beschreibung dient wieder das Systemmodell aus Abschn. 6.2.1. Gesucht sind die Modenvektoren $\boldsymbol{a}_d$ mit $d = 1, \ldots, D$, die in der Matrix $\boldsymbol{A}$ zusammengefasst sind, sowie die Feldstärken f_d der Wellen. Kennt man die Modenvektoren, sind auch die Richtungen der einfallenden Wellen bekannt. Das Verfahren setzt ebenfalls längere Signale voraus.

Ausgangspunkt ist die *Kovarianzmatrix* $\boldsymbol{R}_{xx}$, die Mittelwerte (Erwartungswerte $E\{\cdot\}$) der Produkte von Antennensignalen enthält. Die Kovarianzmatrix, eine $M \times M$-Matrix, lautet:

$$\boldsymbol{R}_{xx} = E\{\boldsymbol{x} \cdot \boldsymbol{x}^H\}. \tag{6.20}$$

Mit (6.10) erhält man:

$$\boldsymbol{R}_{xx} = E\big\{(\boldsymbol{A} \cdot \boldsymbol{f} + \boldsymbol{n}) \cdot (\boldsymbol{f}^H \cdot \boldsymbol{A}^H + \boldsymbol{n}^H)\big\}. \tag{6.21}$$

Zur Vereinfachung der Erklärung wird hier der praxisnahe Fall angenommen, dass die Rauschleistungen an allen Antennen gleich seien, d. h. $\overline{|n_m|^2} = \sigma^2$. Außerdem sind die Rauschsignale und Nutzsignale untereinander unkorreliert. Dann wird aus (6.21):

$$\boldsymbol{R}_{xx} = \boldsymbol{A} \cdot \boldsymbol{P}_{ff} \cdot \boldsymbol{A}^H + \sigma^2 \cdot \boldsymbol{I} \tag{6.22}$$

mit

$$\boldsymbol{P}_{ff} = E\{\boldsymbol{f} \cdot \boldsymbol{f}^H\}. \tag{6.23}$$

Bei angenommenen untereinander unkorrelierten f_d ist $\boldsymbol{P}_{ff}$ eine Diagonalmatrix der Größe $D \times D$ mit den Empfangsleistungen $\overline{|f_d|^2}$ längs ihrer Diagonalen.

Die Matrix $\boldsymbol{A} \cdot \boldsymbol{P}_{ff} \cdot \boldsymbol{A}^H$ ist eine $M \times M$-Matrix. Ihr allgemeiner Aufbau ist:

$$\begin{bmatrix} . & . & D \\ . & . & . \\ . & . & . \\ . & . & . \\ M & . & . \end{bmatrix} \cdot \begin{bmatrix} . & . & D \\ . & . & . \\ D & . & . \end{bmatrix} \cdot \begin{bmatrix} . & . & . & . & M \\ . & . & . & . & . \\ D & . & . & . & . \end{bmatrix} = \begin{bmatrix} . & . & . & . & M \\ . & . & . & . & . \\ . & . & . & . & . \\ . & . & . & . & . \\ M & . & . & . & . \end{bmatrix}.$$

Die Besonderheit ist, dass diese Matrix für $D < M$ singulär ist , d. h.

$$\det(\boldsymbol{A} \cdot \boldsymbol{P}_{ff} \cdot \boldsymbol{A}^H) = 0. \tag{6.24}$$

Dieses sei am Beispiel eines einzigen Emitters f_1 $(D = 1)$ und 5 Antennenelementen $(M = 5)$ gezeigt. Ausführlich lautet $\boldsymbol{A} \cdot \boldsymbol{P}_{ff} \cdot \boldsymbol{A}^H$ dann:

$$\boldsymbol{A} \cdot \boldsymbol{P}_{ff} \cdot \boldsymbol{A}^H = \begin{bmatrix} a_1 \\ a_2 \\ \vdots \\ a_5 \end{bmatrix} \cdot \left[\overline{f_1 f_1^*}\right] \cdot \begin{bmatrix} a_1^* & a_2^* & \cdots & a_5^* \end{bmatrix}$$

$$= \left[\overline{f_1 f_1^*}\right] \cdot \begin{bmatrix} a_1 a_1^* & a_1 a_2^* & \cdots & a_1 a_5^* \\ a_2 a_1^* & a_2 a_2^* & \cdots & a_2 a_5^* \\ \vdots & \vdots & \ddots & \vdots \\ a_5 a_1^* & a_5 a_2^* & \cdots & a_5 a_5^* \end{bmatrix}.$$

Im rechten Term ist erkennbar, dass alle Zeilen (oder Spalten) linear abhängig sind. Der Rangabfall beträgt somit

$$N = M - D,$$

d. h. in diesem Beispiel ist $N = 4$. Der Rang der Matrix ist 1.

Diese Erkenntnis kann zur Berechnung der Eigenwerte λ_i und Eigenvektoren $\boldsymbol{e}_i$ der Kovarianzmatrix $\boldsymbol{R}_{xx}$ verwendet werden. Der allgemeine Ansatz zur Ermittlung der Eigenwerte ($\boldsymbol{I}$ = Einheitsmatrix) ist

$$\det(\boldsymbol{R}_{xx} - \lambda_i \cdot \boldsymbol{I}) = 0,$$

und mit (6.22):

$$\det(\boldsymbol{A} \cdot \boldsymbol{P}_{ff} \cdot \boldsymbol{A}^H + (\sigma^2 - \lambda_i) \cdot \boldsymbol{I}) = 0. \tag{6.25}$$

Wegen (6.24) folgt aus (6.25) für $n = 1, \ldots, N$:

$$\lambda_n = \sigma^2. \tag{6.26}$$

Diese Eigenwerte sind die *Rauscheigenwerte*. Zu ihnen gehören die *Rauscheigenvektoren* $\boldsymbol{e}_n$, für die wegen (6.25) und (6.26) gilt:

$$\boldsymbol{A} \cdot \boldsymbol{P}_{ff} \cdot \boldsymbol{A}^H \cdot \boldsymbol{e}_n = \boldsymbol{0},$$

oder nach Multiplikation von links mit $\boldsymbol{P}_{ff}^{-1}(\boldsymbol{A}^H \boldsymbol{A})^{-1} \boldsymbol{A}^H$:

$$\boldsymbol{A}^H \cdot \boldsymbol{e}_n = \boldsymbol{0} \quad \text{für } n = 1, \ldots, N. \tag{6.27}$$

Die Rauscheigenvektoren stehen somit senkrecht auf den gesuchten Modenvektoren $\boldsymbol{a}_d$. Diese können bei bekannten Rauscheigenvektoren in einer Suchprozedur ermittelt werden. Hierzu werden die ermittelten $\boldsymbol{e}_n$ (Spaltenvektoren) in einer $M \times N$-Matrix $\boldsymbol{E}_N$ zusammengefasst, und es wird damit und mit dem Suchvektor $\tilde{\boldsymbol{a}}$ ein Zeilenvektor

$$\boldsymbol{\varepsilon}^H = \tilde{\boldsymbol{a}}^H \boldsymbol{E}_N \tag{6.28}$$

gebildet. Eine Lösung ist gefunden, wenn alle Einträge von $\boldsymbol{\varepsilon}$ gleich null werden. Das ist erfüllt, wenn das Skalarprodukt $\boldsymbol{\varepsilon}^H \boldsymbol{\varepsilon} \to 0$ geht.

Das Suchkriterium lautet also mit (6.28):

$$\tilde{\boldsymbol{a}}^H \cdot \boldsymbol{E}_N \cdot \boldsymbol{E}_N^H \cdot \tilde{\boldsymbol{a}} = 0.$$

Die Nullstellen dieses Ausdrucks sind die gesuchten $\boldsymbol{a}_d$. Die Suche erfolgt im zweidimensionale Bereich (ϑ, φ) und liefert Azimut und Elevation der Emitter.

Bei bekanntem $\boldsymbol{A}$ erhält man die Empfangsleistungen der Emitter $\boldsymbol{P}_{ff}$ aus einer Erweiterung von

$$\boldsymbol{A}\boldsymbol{P}_{ff}\boldsymbol{A}^H = \boldsymbol{R}_{xx} - \sigma^2 \boldsymbol{I}$$

durch Multiplikation von links und rechts:

$$\underbrace{(\boldsymbol{A}^H\boldsymbol{A})^{-1}\boldsymbol{A}^H\boldsymbol{A}\boldsymbol{P}_{ff}\boldsymbol{A}^H\boldsymbol{A}(\boldsymbol{A}^H\boldsymbol{A})^{-1}}_{\boldsymbol{P}_{ff}} = (\boldsymbol{A}^H\boldsymbol{A})^{-1}\boldsymbol{A}^H(\boldsymbol{R}_{xx} - \sigma^2\boldsymbol{I})\boldsymbol{A}(\boldsymbol{A}^H\boldsymbol{A})^{-1},$$

also:

$$\boldsymbol{P}_{ff} = (\boldsymbol{A}^H\boldsymbol{A})^{-1}\boldsymbol{A}^H(\boldsymbol{R}_{xx} - \sigma^2\boldsymbol{I})\boldsymbol{A}(\boldsymbol{A}^H\boldsymbol{A})^{-1}. \tag{6.29}$$

Die Diagonale von $\boldsymbol{P}_{ff}$ enthält die Empfangsleistungen der Emitter.

Zusammengefasst erfordert der Algorithmus folgende Schritte:

1. Kalibrierung: Ermittlung von $\boldsymbol{a} = \boldsymbol{a}(\vartheta, \varphi)$ der Gruppenantenne,
2. Messung von $\boldsymbol{x}$,
3. Erstellung der Kovarianzmatrix $\boldsymbol{R}_{xx}$,
4. Berechnung der Eigenwerte und Sortierung nach Größe,
5. Unterscheidung in Rausch- und Signaleigenwerte,
6. Berechnung der Rauscheigenvektoren,
7. Suchprozedur: Ermittlung der Modenvektoren, die auf allen Rauscheigenvektoren senkrecht stehen, daraus die Winkel (ϑ, φ),
8. Berechnung der Empfangsleistungen.

Beispiel für den MUSIC-Algorithmus

Die Leistungsfähigkeit des MUSIC-Algorithmus wird im Folgenden mit einer simulativen Peilung von drei einfallenden Wellen gezeigt. Als Antenne dient wieder die Kreisgruppe von Abb. 6.13. Zum Nachvollziehen der Berechnung wird ein Mathematikprogramm benötigt, das die Vektor- und Matrizenberechnung beherrscht.

Der erste Schritt ist die Kalibrierung der Gruppenantenne. In der Simulation bedeutet das zunächst die Definition der Antennenpositionen im Raum sowie der Charakteristiken. Legt man die Kreisgruppe in die Ebene $z = 0$ (x-y-Ebene in Abb. 6.11) mit dem Referenzpunkt in der Mitte, so haben alle Antennenelemente den gleichen Abstand vom Referenzpunkt ($r_m = 2{,}5\,\mathrm{m}$) sowie den gleichen Winkel zur z-Achse ($\vartheta_m = 90°$). Die Winkel zur x-Achse betragen für die 5 Elemente $\varphi_m = (m-1) \cdot 72°$ für $m = 1 \dots 5$. Zur Vereinfachung wird die Charakteristik der Antennenelemente mit 1 sowie Polarisations- und Impedanzanpassung angenommen. Mit diesen Vorgaben ist der allgemeine Modenvektor $\boldsymbol{a}_m$ der Antennengruppe festgelegt: Für eine Welle aus der Richtung des Senders S_d mit der Wellenzahl k_d sind die Einträge des Vektors gemäß Abb. 6.11:

$$a_{md} = e^{i \cdot k_d \cdot r_m \cdot \cos \psi_{md}} \,.$$

Der allgeneine Zusammenhang zwischen dem Winkel ψ_{md} und der Richtung der einfallenden Welle ϑ_d, φ_d sowie den Positionen der Antennenelemente ϑ_m, φ_m ist mit (6.7) gegeben.

Für die Simulation müssen noch die einfallenden Wellen vorgegeben werden. Wir nehmen für alle Sender die gleiche Frequenz (100 MHz) an, so dass auch die Wellenzahl k_d für alle Sender gleich ist und somit festliegt. Die Dekorrelation der Wellen sei trotz der gleichen Frequenz durch unterschiedlich angenommene Modulationen sichergestellt. Die vorgegebenen Richtungen der Wellen sind $\vartheta_1 = 45°$, $\varphi_1 = 20°$,$\vartheta_2 = 45°$, $\varphi_2 = 30°$, $\vartheta_3 = 15°$, $\varphi_3 = 240°$. Die relativen Feldstärken sind $f_1 = 0{,}1$; $f_2 = 1$; $f_3 = 0{,}1$ und die Rauschleistung beträgt $\sigma^2 = 10^{-3}$. Mit diesen Vorgaben können die Modenvektoren, zusammengefasst in der Modenmatrix $\boldsymbol{A}$, und die Kovarianzmatrix $\boldsymbol{P}_{ff}$ der Signale berechnet werden. Bei Kenntnis dieser Größen liefert (6.22) die Kovarianzmatrix $\boldsymbol{R}_{xx}$ der Antennensignale. In der Praxis erhält man diese Matrix aus den gemessenen Antennensignalen durch Bildung der Mittelwerte der Signalprodukte gemäß (6.20).

Der nächste Schritt ist die Berechnung der Eigenwerte und Eigenvektoren von $\boldsymbol{R}_{xx}$. Die gerundeten Eigenwerte von $\boldsymbol{R}_{xx}$ sortiert nach Größe lauten für unser Beispiel: $\lambda_1 = 5{,}1$; $\lambda_2 = 0{,}037$; $\lambda_3 = 0{,}01$; $\lambda_4 = 10^{-3}$; $\lambda_5 = 10^{-3}$. Offenbar sind die beiden letzten Eigenwerte die Rauscheigenwerte, da sie die kleinsten und auch gleich der Rauschleistung sind. Der nächst größere Eigenwert λ_3 unterscheidet sich um eine Größenordnung von diesen. Die zugehörigen Eigenvektoren sind somit die beiden Rauscheigenvektoren, die nun in der 5×2-Matrix $\boldsymbol{E}_N$ zusammengefasst werden. Die zweidimensionalen Nullstellen des Ausdrucks $\tilde{\boldsymbol{a}}^H \boldsymbol{E}_N \cdot \boldsymbol{E}_N^H \tilde{\boldsymbol{a}}$ liefern gemäß Abb. 6.16 die Koordinaten der einfallenden Wellen, die den vorgegebenen Richtungen entsprechen. Zur Verdeutlichung der Nullstellen wurde der Logarithmus der Suchfunktion dargestellt.

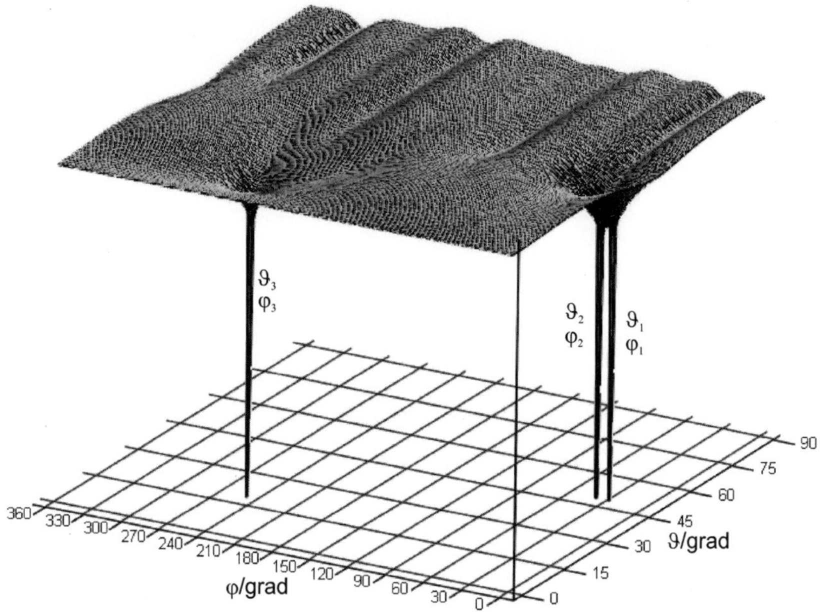

Abb. 6.16 Die zweidimensionalen Nullstellen der Suchfunktion in der $\vartheta - \varphi$-Ebene

Zum Schluss liefert (6.29) noch die Leistungen der drei Wellen, die ebenfalls den o. g. Vorgaben entsprechen.

6.2.5 ESPRIT-Algorithmus

Ein wesentlicher Nachteil des MUSIC-Algorithmus ist die notwendige Suchprozedur zur Ermittlung der Modenvektoren, die die Richtungen der einfallenden Wellen enthalten. Der im Folgenden beschriebene ESPRIT-Algorithmus ermittelt die Richtungen unmittelbar aus einer Eigenwertberechnung und benötigt deshalb weniger Rechenaufwand. Die Idee wurde erstmals von A. Paulraj, R. Roy und T. Kailath in [3], [4] veröffentlicht. ESPRIT ist die Abkürzung von „**E**stimation of **S**ignal **P**arameters by **R**otational **I**nvariance **T**echniques".

Wie auch in der ursprünglichen Fassung wird hier zunächst nur eine Dimension, der Azimut, behandelt. Wir betrachten nach Abb. 6.17 eine in einer Ebene angeordnete Gruppenantenne, die aus M Antennenpaaren, sog. *Dubletten*, besteht. Die Basislinien aller Dubletten haben die gleiche Länge $\Delta < \lambda/2$ und sind zueinander parallel. Die beiden Antennen einer Dublette sind identisch und haben die gleiche Lage im Raum. Die Dubletten können sich aber unterscheiden, z. B. dürfen die Charakteristiken der Dubletten m und $m + 1$ verschieden sein. Die Gruppenantenne besteht somit aus zwei identischen („Invariance") Untergruppen, die in der Azimut-Ebene um den Abstand Δ versetzt sind. Die Signale s_d der Wellen werden wieder als unkorreliert angenommen.

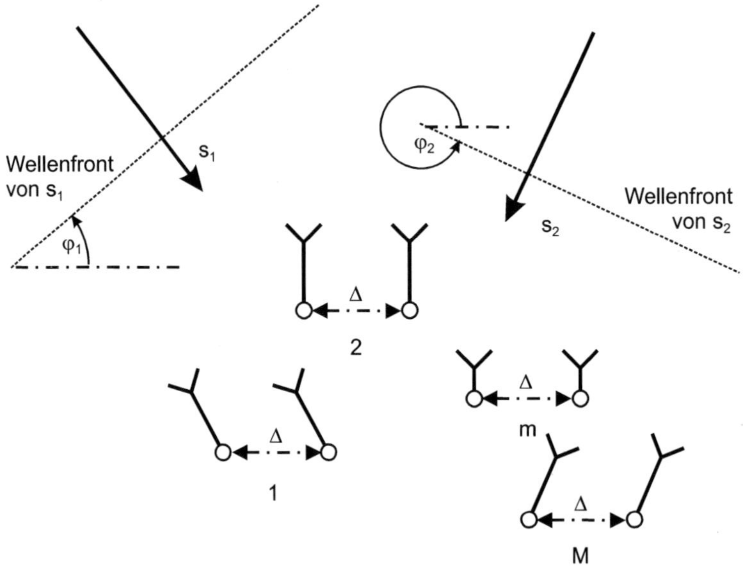

Abb. 6.17 Antennenanordnung zur Richtungsbestimmung einfallender Wellen mit dem ESPRIT-Algorithmus

Ziel ist die Ermittlung der Einfallswinkel φ_d der einfallenden Wellen. Betrachten wir zunächst die Empfangssignale x_m an den linken Antennen der Dubletten in Abb. 6.17. Wie in (6.8) können wir schreiben:

$$x_m = \sum_{d=1}^{D} a_{md} \cdot s_d + n_{xm}. \tag{6.30}$$

a_{md} enthält die Charakteristik der linken Antenne von Doublette m in Richtung des Emitters d sowie die relative Phase der Wellenfront von s_d an dieser Antenne bezogen auf einen Referenzpunkt. n_{xm} ist das Rauschsignal, das im nachgeschalteten Empfänger oder auch innerhalb der Antenne entsteht. Externe Rauschquellen werden auch hier als Emitter behandelt. Der zusätzliche Index x kennzeichnet das Rauschsignal der linken Antennen der Dubletten.

Betrachten wir nun die Signale y_m an den rechten Antennen der Dubletten, so unterscheiden sie sich von (6.30) neben den Rauschsignalen nur durch die Phasen ψ_d, die durch die Basislänge Δ, dem Einfallswinkel φ_d und der Trägerfrequenz des Signals d gegeben sind:

$$\psi_d = -\frac{\omega_d \Delta}{c} \sin \varphi_d, \tag{6.31}$$

und damit:

$$y_m = \sum_{d=1}^{D} a_{md} \cdot s_d \cdot e^{j\psi_d} + n_{ym}. \tag{6.32}$$

Die „Rotation“ in ESPRIT steht für den exponentiellen Drehterm in (6.32). In Matrizenschreibweise erhält man aus (6.30) und (6.32):

$$\boldsymbol{x} = \boldsymbol{A} \cdot \boldsymbol{s} + \boldsymbol{n}_x \tag{6.33}$$

und

$$\boldsymbol{y} = \boldsymbol{A} \cdot \boldsymbol{\Phi} \cdot \boldsymbol{s} + \boldsymbol{n}_y. \tag{6.34}$$

Die Drehterme sind in der $D \times D$-Diagonalmatrix $\boldsymbol{\Phi}$ zusammengefasst:

$$\boldsymbol{\Phi} = \begin{bmatrix} e^{j\psi_1} & 0 & \cdots & 0 \\ 0 & e^{j\psi_2} & \ddots & \vdots \\ \vdots & \ddots & \ddots & 0 \\ 0 & \cdots & 0 & e^{j\psi_D} \end{bmatrix}. \tag{6.35}$$

Es werden nun wie im MUSIC-Algorithmus Erwartungswerte von Signalprodukten gebildet. Aus (6.33) erhält man unter Beachtung der Dekorrelation von s_d und x_m:

$$\boldsymbol{R}_{xx} = E\{\boldsymbol{x} \cdot \boldsymbol{x}^H\} = \boldsymbol{A}\boldsymbol{S}\boldsymbol{A}^H + \sigma^2 \boldsymbol{I}. \tag{6.36}$$

Die Rauschleistungen σ^2 werden an allen Antennen als gleich angesetzt. $\boldsymbol{S}$ ist die $D \times D$-Kovarianzmatrix des Signalvektors $\boldsymbol{s}$:

$$\boldsymbol{S} = E\{\boldsymbol{s} \cdot \boldsymbol{s}^H\} \tag{6.37}$$

Ferner wird die Kovarianzmatrix der beiden Vektoren $\boldsymbol{x}$ und $\boldsymbol{y}$ aufgestellt:

$$\boldsymbol{R}_{xy} = E\{\boldsymbol{x} \cdot \boldsymbol{y}^H\} = \boldsymbol{A}\boldsymbol{S}\boldsymbol{\Phi}^H\boldsymbol{A}^H. \tag{6.38}$$

Da die Rauschsignale nicht korreliert sind, fehlt in (6.38) der Rauschterm. Die Kovarianzmatrizen $\boldsymbol{R}_{xx}$ und $\boldsymbol{R}_{xy}$ können aus den gemessenen Empfangssignalen ermittelt werden.

Wir betrachten nun zunächst (6.36) und können feststellen, dass sich wie beim MUSIC-Algorithmus die Eigenwerte von $\boldsymbol{R}_{xx}$ aus D Signaleigenwerten und $M - D$ Rauscheigenwerten zusammensetzen. Die Rauscheigenwerte betragen $\lambda_{\min} = \sigma^2$. Die erste Aufgabe ist nun, aus (6.36) diese N Rauscheigenwerte zu bestimmen und daraus ihre Größe $\lambda_{\min}$ zu ermitteln. An dieser Stelle wird auch die Anzahl der Emitter $D = M - N$ sichtbar. Ist $\lambda_{\min}$ bekannt, kann die $M \times M$-Matrix

$$\boldsymbol{C}_{xx} = \boldsymbol{R}_{xx} - \lambda_{\min}\boldsymbol{I} \tag{6.39}$$

aufgestellt werden, deren Rang D beträgt, d. h. N Eigenwerte von $\boldsymbol{C}_{xx}$ sind gleich null.

Als nächster Schritt wird der sog. generelle Eigenwert[1] des Ausdrucks

$$\boldsymbol{C}_{xx} - \gamma \cdot \boldsymbol{R}_{xy} \tag{6.40}$$

gesucht. Der Term (6.40) lautet mit (6.39), (6.36) und (6.38) wie folgt:

$$\boldsymbol{C}_{xx} - \gamma \cdot \boldsymbol{R}_{xy} = \boldsymbol{A}\boldsymbol{S}\boldsymbol{A}^H - \gamma \cdot \boldsymbol{A}\boldsymbol{S}\boldsymbol{\Phi}^H\boldsymbol{A}^H = \boldsymbol{A}\boldsymbol{S}(\boldsymbol{I} - \gamma \cdot \boldsymbol{\Phi}^H)\boldsymbol{A}^H. \tag{6.41}$$

Die generellen Eigenwerte γ_d des Ausdrucks (6.41) sind die Nullstellen von

$$\det[\boldsymbol{A}\boldsymbol{S}(\boldsymbol{I} - \gamma \cdot \boldsymbol{\Phi}^H)\boldsymbol{A}^H] = 0. \tag{6.42}$$

Offensichtlich liefert $\gamma = 0$ eine N-fache Nullstelle, da wegen des Rangabfalls $\det(\boldsymbol{A}\boldsymbol{S}\boldsymbol{A}^H) = 0$ ist. Allerdings interessieren diese Nullstellen nicht. Wichtiger sind die Nullstellen, die man unmittelbar an dem inneren Klammerausdruck von (6.42) ablesen kann: Für

$$\gamma = \gamma_d = e^{-j\psi_d} \tag{6.43}$$

wird die Zeile d (und die Spalte d) der Diagonalmatrix $\boldsymbol{I} - \gamma_d \boldsymbol{\Phi}^H$ gleich null, d. h. (6.42) wird erfüllt. Die Eigenwerte liegen in der komplexen Ebene alle auf dem Einheitskreis bzw. bei realen Messwerten in seiner Nähe und können somit leicht von den Ergebnissen um den Nullpunkt unterschieden werden. Eine einfache Suchprozedur der Nullstellen der Determinante von (6.40) liefert γ_d mit $d = 1, \ldots, D$. Mit (6.31) schließlich sind die Einfallsrichtungen aller D Wellen bekannt.

Der bereits erwähnte wesentliche Vorteil von ESPRIT gegenüber MUSIC ist der geringere Rechenaufwand, da die Suchprozedur für die Modenvektoren entfällt. Besonders deutlich wird der Unterschied bei zweidimensionalen Richtungen. Während bei MUSIC die Erweiterung von einer zu zwei Dimensionen bei n Winkelpositionen einen n-fachen Aufwand bedeutet, wird dieser bei ESPRIT nur verdoppelt, indem ein Satz weiterer Dubletten mit Basislinien senkrecht zu den vorhandenen installiert wird. Die Schnittmenge beider Ergebnisse liefert Elevation und Azimut der Emitter.

Ein weiterer Vorteil von ESPRIT im Vergleich zu MUSIC ist, dass die Kalibrierung der Antennen entfällt. Die Antennen einer Dublette müssen nur bezüglich Charakteristik und Polarisation gleich sein, ihre Charakteristik muss den untersuchten Raumbereich abdecken. Bei der Position der Doubletten muss nur die Parallelität der Basislinien beachtet werden sowie die Forderung, dass mit Bezug zur Signalbandbreite B die Querabmessungen der gesamten Struktur klein ist gegenüber c/B.

Nachteilig gegenüber MUSIC ist, dass die Feldstärken der einfallenden Wellen nicht unmittelbar abgeleitet werden können, da keine Kalibrierung der Antennen erforderlich

[1] Englisch generalized eigenvalue, Eigenwert γ einer Matrixfunktion $\boldsymbol{A} - \gamma\boldsymbol{B}$ (engl. matrix pencil) mit quadratischen Matrizen $\boldsymbol{A}$ und $\boldsymbol{B}$. γ ist die Lösung von $\det(\boldsymbol{A} - \gamma\boldsymbol{B}) = 0$.

ist, und somit die Antenneneigenschaften nicht bekannt sind. Mit der Kenntnis der Charakteristik nur einer Antenne (incl. Gewinn, Polarisation usw.) kann aber die Signalleistung wie in [3] beschrieben aus den Eigenvektoren von (6.41) ermittelt werden.

In der Praxis können die Dubletten als Teile eines linearen Antennenarrays mit gleichen Elementarstrahlern realisiert werden (ULA, uniform linear array). Dieses erfordert nicht nur weniger Antennen, vielmehr lassen sich durch die lineare Anordnung Vereinfachungen im Rechenaufwand und Verbesserungen in der Genauigkeit der Einfallsrichtungen erzielen, s. [5]. Die im ursprünglichen ESPRIT-Algorithmus vorausgesetzte Dekorrelation der einfallenden Wellen kann entfallen, wenn man die einfallenden Wellen mit zwei Untergruppen des ULA betrachtet. Reflektierte und somit kohärente Wellen können räumlich selektiert werden, s. [6, 7].

Literatur

1. Zinke, O., Brunswig, H., Vlcek, A., Hartnagel, H.L. (Hrsg.): Hochfrequenztechnik I, 5. Aufl. Springer, Berlin (1995)
2. Schmidt, R.O.: Multiple emitter location and signal parameter estimation. IEEE Transact. on Antennas and Propagation **34**(3), 276–280 (1986)
3. Paulraj, A., Roy, R., Kailath, T.: Estimation of signal parameters via rotational invariance techniques – ESPRIT. In: Proc. 19. Asimolar Conf. on Signals. Systems, and Computers, 1985, S. 83–89
4. Paulraj, A., Roy, R., Kailath, T.: A subspace rotation approach to signal parameter estimation. Proc. IEEE **74**(7), 1044–1045 (1986)
5. Haardt, M., Nossek, J.A.: Unitary ESPRIT: How to obtain increased estimation accuracy with a reduced computational burden. IEEE Trans. Signal Processing **43**, 1232–1242 (1995)
6. Pillai, S.U., Kwon, B.H.: Forward/backward spatial smoothing techniques for coherent signal identification. IEEE Trans Acoust., Speech, Signal Processing **37**, 8–15 (1989)
7. Thomä, R.S. et al.: Identification of time-variant directional mobile radio channels. IEEE Trans. Instrumentation Measurement **49**, 357–364 (2000)

7 Mehrantennensysteme im Mobilfunk

Am Empfangsort einer Funkübertragungsstrecke muss die Signalqualität, gegeben z. B. durch SNR, Laufzeitspreizung, Dopplerspreizung o. a., mit einer genügend großen Wahrscheinlichkeit ausreichend gut sein. Eine Möglichkeit zur Verbesserung bietet die Parallelisierung des Funkkanals, die immer dann Vorteile bringt, wenn die Einhüllenden in den parallelen Kanälen zeitlich nicht oder nur wenig korrelieren. Grundsätzlich spricht man dann von Diversität (engl. diversity). Verwendete Verfahren sind Antennendiversität, bei der mehrere Antennen gleichzeitig betrieben werden, Makrodiversität durch großräumige Umgehung von zeitvarianten Hindernissen, z. B. Regenwolken bei der Satellitenkommunikation, ferner Frequenzdiversität mit gleichzeitiger Übertragung auf mehreren Trägerfrequenzen, Winkeldiversität beim Richtfunk, bei der eine gleichzeitige Übertragung in zwei geringfügig unterschiedliche Richtungen stattfindet, Polarisationsdiversität im Rundfunk oder Mobilfunk mit gleichzeitiger Verwendung von zwei orthogonalen Polarisationen oder Zeitdiversität durch wiederholte Sendung der gleichen Information.

Die Nutzung der beiden orthogonalen Polarisationen beim Satellitenfernsehen oder im Richtfunk ist kein Diversitätsbetrieb, da diese Kanäle bezüglich der Polarisation in der Regel sehr stabil sind und somit unterschiedliche Information übertragen können. Der Frequenzbereich wird auf diese Weise doppelt genutzt.

7.1 Klassische Antennendiversität

Treten auf der Empfangsseite z. B. durch Mehrwegeausbreitung bedingte Auslöschungen auf, kann die Übertragung verbessert werden, wenn man dort zwei oder mehrere Antennen verwendet (Antennendiversität). Eine wichtige Voraussetzung ist eine geringe zeitliche Korrelation ρ zwischen den Einhüllenden der Empfangssignale. $\rho \leq 0{,}5$ ist ausreichend und wird schon nach wenigen Wellenlängen Abstand zwischen den Antennen erreicht. Stärkste Abnahme der Korrelation erfolgt i. Allg. in Querrichtung zur dominierenden Ausbreitungsrichtung.

B. Rembold, *Wellenausbreitung*, DOI 10.1007/978-3-658-15284-0_7

Es gibt mehrere Nutzungsstrategien der nachgeschalteten Signalverarbeitung. Optimale Kombinationen findet man in [1]. Am einfachsten ist die Selektion des Signals mit größtem Empfangspegel. Der Pegel wird laufend gemessen, die Antenne mit der größten Signalleistung wird auf den Empfänger geschaltet. Im Folgenden soll dieses Verfahren genauer untersucht werden. Zur Beschreibung des Effektes gibt es zwei verschiedene Definitionen des Diversitätsgewinns. Wir setzen eine schmalbandige Übertragung, d. h. flaches Fading mit $B \ll 1/\tau_{\mathrm{rms}}$ voraus und verwenden wieder als Kriterium die Wahrscheinlichkeit, dass ein vorgegebener Empfangspegel unterschritten wird.

7.1.1 Leistungsgewinn bei gleicher Wahrscheinlichkeit

Zunächst interessiert, wie sehr bei Verwendung mehrerer Empfangsantennen die Sendeleistung reduziert werden kann, ohne dass die Unterschreitungswahrscheinlichkeit im Empfänger sich ändert. Wir untersuchen den Diversitätsgewinn bei Selektion des Kanals mit der höchsten Feldstärke und nehmen hierzu an, dass die Einhüllende U des Antennensignals gemäß (3.35) eine Rayleigh-Verteilung hat:

$$p(U) = \frac{U}{\sigma^2} \cdot e^{-U^2/2\sigma^2}.$$

Die Wahrscheinlichkeit, dass ein Pegel U_1 unterschritten wird, d. h. die Unterschreitungswahrscheinlichkeit, beträgt dann

$$P_1(U < U_1) = \int_0^{U_1} p(U) dU = 1 - e^{-U_1^2/2\sigma^2}.$$

Bei zwei Kanälen a und b, d. h. bei zwei Antennen gilt bei geringer Korrelation zwischen den Einhüllenden für die Wahrscheinlichkeit, dass gleichzeitig in Kanal *a und b* die Feldstärke U_2 unterschritten wird, das Produkt der Unterschreitungswahrscheinlichkeiten, also das Quadrat:

$$P_2(U_a < U_2 \wedge U_b < U_2) = (1 - e^{-U_2^2/2\sigma^2})^2.$$

Das Verfahren kann erweitert werden: Bei n Kanälen beträgt die Unterschreitungswahrscheinlichkeit für eine Einhüllende U_n somit:

$$P_n = (1 - e^{-U_n^2/2\sigma^2})^n. \tag{7.1}$$

Der Diversitätsgewinn ist nun das Verhältnis der Signalleistungen mit und ohne Diversität bei *gleicher* Unterschreitungswahrscheinlichkeit P. Auflösung von P_n in (7.1) nach U_n ergibt

$$U_n^2 = -2\sigma^2 \cdot \ln(1 - P_n^{1/n}), \tag{7.2}$$

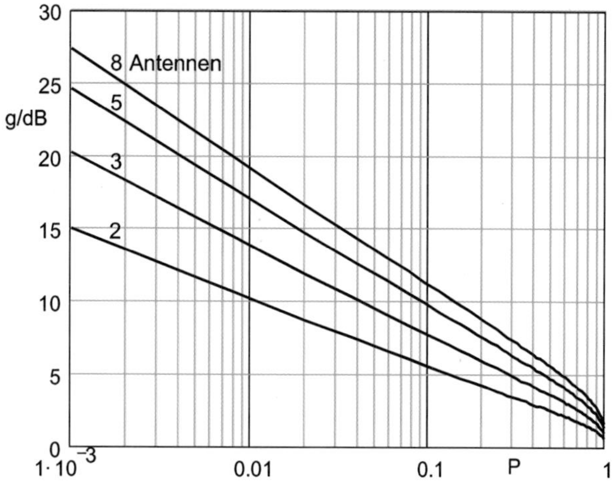

Abb. 7.1 Diversitätsgewinn g/dB über der Unterschreitungswahrscheinlichkeit P für 2, 3, 5 und 8 Antennen nach (7.4). Verfahren: Selektion des größten Pegels

und für den Fall nur eines Kanals mit $n = 1$:

$$U_1^2 = -2\sigma^2 \cdot \ln(1 - P_1). \tag{7.3}$$

Das logarithmierte Verhältnis von (7.2) und (7.3) ergibt zunächst:

$$g = 10 \cdot \lg \frac{U_n^2}{U_1^2} = 10 \cdot \lg \frac{\ln(1 - P_n^{1/n})}{\ln(1 - P_1)}.$$

Eine gleiche Unterschreitungswahrscheinlichkeit bedeutet $P_n = P_1 = P$, und man erhält den Diversitätsgewinn (in dB):

$$g = 10 \cdot \lg \frac{\ln(1 - P^{1/n})}{\ln(1 - P)}. \tag{7.4}$$

Um diesen Wert kann bei sonst gleichen Bedingungen die Sendeleistung reduziert werden, wenn man n Empfangsantennen statt nur einer verwendet. Zur Erinnerung: Die Antennensignale müssen gut dekorreliert sein. Abb. 7.1 zeigt den Diversitätsgewinn nach (7.4) für 2 bis 8 Antennen.

Aus (7.4) erhält man eine Näherung für technisch interessante kleine Unterschreitungswahrscheinlichkeiten ($P^{1/n} \ll 1$):

$$g \approx 10 \lg \frac{P^{1/n}}{P},$$

oder

$$g \approx \frac{n-1}{n} \cdot 10 \lg \frac{1}{P}. \tag{7.5}$$

Als Beispiel sei eine Unterschreitungswahrscheinlichkeit von $P = 1\,\%$ gefordert. Es werden zwei Antennen angenommen: $n = 2$. Dann beträgt der Diversitätsgewinn $g = 10\,\text{dB}$, d. h. die Sendeleistung kann bei sonst gleichen Parametern um 10 dB gesenkt werden.

Mit wachsendem n sinkt der Zuwachs von g, so dass meistens nur zwei Antennen zum Einsatz kommen. Für sehr große n führt die Näherung (7.5) zu falschen Ergebnissen. In diesem Fall ist (7.4) zu benutzen.

7.1.2 Wahrscheinlichkeitsverbesserung bei gleichem Empfangspegel

Manchmal ist es wichtig zu wissen, wie sich die Unterschreitungswahrscheinlichkeit verkleinert, wenn man mehrere Kanäle statt nur eines einzigen verwendet. In beiden Fällen soll gleicher Empfangspegel U gelten. Mit der Abkürzung $u^2 = U^2/(2\sigma^2)$ ergibt sich für das Verhältnis der Wahrscheinlichkeiten nach (7.1):

$$G = \frac{P_1}{P_n} = \frac{1 - e^{-u^2}}{(1 - e^{-u^2})^n},$$

oder

$$G = (1 - e^{-u^2})^{1-n},$$

und für im Vergleich zum Mittelwert kleine Empfangspegel $u \ll 1$:

$$G \approx \left(\frac{1}{u}\right)^{2(n-1)},$$

und ausführlich nach Einsetzen der Abkürzung:

$$G \approx \left(\frac{\sqrt{2} \cdot \sigma}{U}\right)^{2(n-1)}. \qquad (7.6)$$

Der Diversitätsgewinn wächst näherungsweise exponentiell mit n.

Als Beispiel wird $u = 1/10$ angenommen, d. h. $U = \sqrt{2} \cdot \sigma/10$. Bei Zweifach-Diversität ($n = 2$) erhält man $G = 100$. Die Unterschreitungswahrscheinlichkeit verringert sich um den Faktor 100, d. h. der Pegel U wird nur in 1 % von *der* Zeit unterschritten, in der er im Falle eines einzigen Kanals unterschritten würde.

7.2 Räumliche Entzerrung (MIMO)

Das oben gezeigte Verfahren (Antennendiversität) bedeutet wenig Aufwand, da die einzelnen Antenneneingänge nur bezüglich der Größe ihrer Einhüllenden verglichen werden. Durch Umschaltung auf den jeweils höchsten Signalpegel wird die Signalqualität verbessert.

Die Verwendung mehrerer Antennen sowohl auf der Sende- wie auch auf der Empfangsseite bietet aber weitergehende Möglichkeiten. Systeme dieser Art werden mit MIMO-Antennen bezeichnet, s. [2]. MIMO ist die Abkürzung für Multiple-Input-Multiple-Output.

Allerdings müssen die Signale in Realzeit verarbeitet werden. Der Rechenaufwand ist für eine Basisstation sowie für Router von WLAN-Systemen vertretbar. Mehrantennensysteme finden aber zunehmend auch in Mobilstationen Eingang, da die Betriebsfrequenzen ansteigen und dadurch nebenbei der notwendige Antennenabstand sinkt. Mit zunehmender Miniaturisierung der Prozessoren ist auch mehr Rechenleistung je Volumen verfügbar, eine wichtige Voraussetzung für die notwendige Signalverarbeitung. In dem aktuellen Mobilfunkstandard (LTE) sowie in der nächsten Mobilfunkgeneration ist MIMO Bestandteil der Übertragung.

Mit einem Mehrantennensystem in der Basisstation (BS) eines Mobilfunksystems können unter gewissen Bedingungen mehrere Teilnehmer (MS) sowohl in der Aufwärtsstrecke (engl. up link) als auch in der Abwärtsstrecke (down link) räumlich entzerrt werden, d. h. sie kommunizieren ohne gegenseitige Störung im gleichen Frequenzbereich zur gleichen Zeit. MIMO-Systeme können deshalb die Frequenzökonomie eines Funksystems,

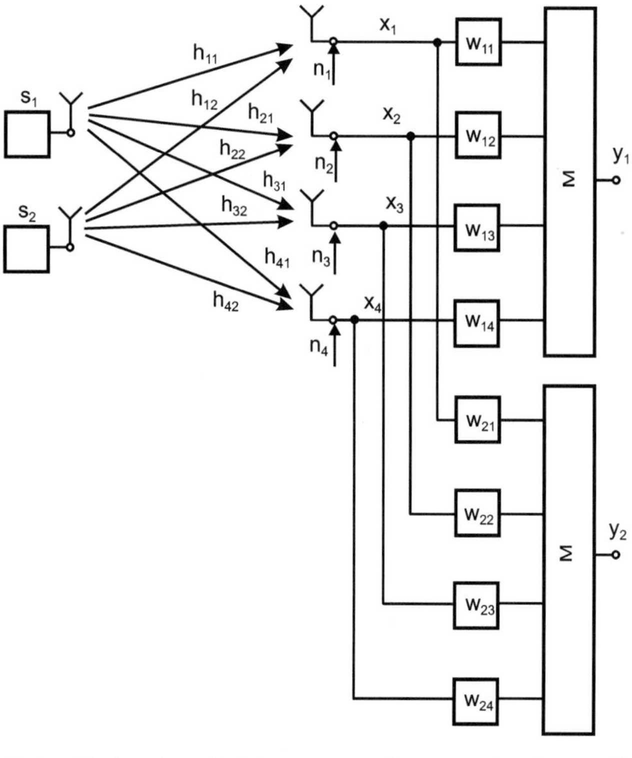

Abb. 7.2 Modell einer Basisstation mit 4 Antennen zur Demonstration der räumlichen Entzerrung von 2 Mobilstationen in der Aufwärtsstrecke

d. h. die Bitrate pro Bandbreite (bit/s)/Hz, deutlich erhöhen, s. [3]. Wir betrachten im Folgenden ein solches MIMO-System, bei dem die Teilnehmer (MS) nur mit jeweils einer Antenne ausgerüstet sind, s. Abb. 7.2.

Die im Folgenden beschriebenen räumlichen Entzerrungsverfahren gelten für einen flachen Kanal. Dieses ist i. Allg. keine Einschränkung, da die Entzerrung z. B. bei OFDM für jeden (schmalbandigen) Unterträger separat stattfindet und somit auch Datenflüsse mit insgesamt großen Bandbreiten entzerrt werden können. Die Kanalmatrix $\boldsymbol{H}$ mit den Einträgen h_{ik}, die die Kanäle zwischen den einzelnen Teilnehmern und jeder einzelnen BS-Antenne beschreiben, müssen bekannt sein. Dieses erfolgt z. B., indem man sie mit einem Testsignal unmittelbar vor oder nach der Nutzdatenübertragung misst. Eine ausschließlich räumliche Entzerrung ist möglich, solange die Anzahl M der BS-Antennen größer oder gleich der Anzahl K der Teilnehmer ist. Im Folgenden wird die Aufwärtsstrecke (MS senden, BS empfängt) betrachtet und die Entzerrung dargestellt.

Wir nehmen an, dass die Mobilstationen die Signale s_1 und s_2 senden. Der Vektor der Antennensignale in der BS lässt sich als Spaltenvektor darstellen. Im Frequenzbereich besteht zwischen den Ausgangssignalen $\boldsymbol{s}$ der MS und den Antenneneingangssignalen $\boldsymbol{x}$ der BS folgende allgemeine Beziehung:

$$\boldsymbol{x} = \boldsymbol{H} \cdot \boldsymbol{s} + \boldsymbol{n}, \tag{7.7}$$

$\boldsymbol{n}$ ist der Vektor der Rauschsignale. Für 2 Teilnehmer und 4 BS-Antennen gemäß Abb. 7.2 haben die Terme in (7.7) folgende Form:

$$\boldsymbol{x} = \begin{bmatrix} x_1 \\ x_2 \\ x_3 \\ x_4 \end{bmatrix}, \quad \boldsymbol{H} = \begin{bmatrix} h_{11} & h_{12} \\ h_{21} & h_{22} \\ h_{31} & h_{32} \\ h_{41} & h_{42} \end{bmatrix}, \quad \boldsymbol{s} = \begin{bmatrix} s_1 \\ s_2 \end{bmatrix} \quad \text{und} \quad \boldsymbol{n} = \begin{bmatrix} n_1 \\ n_2 \\ n_3 \\ n_4 \end{bmatrix}.$$

Die Kanalmatrix $\boldsymbol{H}$ enthält auch die Eigenschaften der Antennen und je nach Festlegung auch die Übertragungseigenschaften weiterer Komponenten hinter der Antenne.

Es werden folgende Voraussetzungen getroffen:

- Die Kanalmatrix muss bekannt sein.
- Der Kanal ist flach, d. h. der Betrag $|h_{ik}(\omega)|$ ist konstant über der Signalbandbreite B, die Phase verläuft mit der Frequenz linear über der Bandbreite B.
- Die Inverse (bzw. Pseudoinverse[1]) der Kanalmatrix muss existieren, d. h. die Matrix $\boldsymbol{H}$ muss gut konditioniert sein.
- Die Rauschsignale der Antenneneingänge sind nicht korreliert.
- Die MS-Signale sind nicht korreliert.

[1] Für $\boldsymbol{H}$ ($M \times K$-Matrix mit $M \geq K$) muss gelten $\underbrace{(\boldsymbol{H}^H \boldsymbol{H})^{-1} \boldsymbol{H}^H}_{\text{Pseudoinverse}} \cdot \boldsymbol{H} = \underbrace{\boldsymbol{I}}_{K \times K}$.

Zur räumlichen Entzerrung wird $\boldsymbol{x}$ gemäß Abb. 7.2 mit einer geeigneten Matrix $\boldsymbol{W}$ gewichtet:

$$\boldsymbol{W} = \begin{bmatrix} w_{11} & w_{12} & w_{13} & w_{14} \\ w_{21} & w_{22} & w_{23} & w_{24} \end{bmatrix}.$$

Der Ausgangssignalvektor beträgt somit

$$\boldsymbol{y} = \boldsymbol{W}\boldsymbol{x} = \boldsymbol{W}(\boldsymbol{H}\boldsymbol{s} + \boldsymbol{n}). \tag{7.8}$$

$\boldsymbol{W}$ ist nun so zu bestimmen, dass $\boldsymbol{y}$ möglichst nahe $\boldsymbol{s}$ ist. Als Lösungsansätze werden hier drei Verfahren beschrieben: **Z**ero-**F**orcing (ZF), **M**inimum-**M**ean-**S**quared-**E**rror-estimation (MMSE) und **M**atched-**F**ilter (MF). Es wird gezeigt, dass das erste und dritte Verfahren Sonderfälle von MMSE sind. MMSE approximiert je nach Zustand des Kanals eines der beiden anderen Verfahren und ist deshalb die bevorzugte Methode einer räumlichen Entzerrung.

7.2.1 Zero-Forcing (ZF)

Optimal wäre, wenn nach (7.8) die Kombination der Kanalmatrix mit $\boldsymbol{W}$ zu einer Einheitsmatrix führen würde:

$$\boldsymbol{W}\boldsymbol{H} = \boldsymbol{I}.$$

Die einzelnen Mobilstationen wären dann entkoppelt. Da $\boldsymbol{H}$ i. Allg. nicht quadratisch ist, wird hierfür die Inverse einer nichtquadratischen Matrix benötigt, die Pseudoinverse, s. o.:

$$\boldsymbol{W} = \boldsymbol{W}_{ZF} = (\boldsymbol{H}^H\boldsymbol{H})^{-1}\boldsymbol{H}^H. \tag{7.9}$$

Die räumliche Entzerrung geschieht durch Multiplikation des Vektors der Antenneneingangssignale mit der invertierten Kanalmatrix. Hier und im Folgenden setzen wir voraus, dass die Kanalmatrix invertierbar ist. Das ist dann der Fall wenn sich die Einträge der Matrix, d. h. die Übertragungsfaktoren zwischen den einzelnen Antennen, ausreichend gut unterscheiden. Die Entzerrung liefert:

$$\boldsymbol{y} = \boldsymbol{W}_{ZF}\boldsymbol{x}$$

und mit (7.7) und (7.9):

$$\boldsymbol{y} = (\boldsymbol{H}^H\boldsymbol{H})^{-1}\boldsymbol{H}^H(\boldsymbol{H}\boldsymbol{s} + \boldsymbol{n}),$$

oder

$$\boldsymbol{y} = \boldsymbol{s} + (\boldsymbol{H}^H\boldsymbol{H})^{-1}\boldsymbol{H}^H\boldsymbol{n}. \tag{7.10}$$

Im Falle einer quadratischen Matrix mit $M = K$ wird daraus:

$$\boldsymbol{y} = \boldsymbol{s} + \boldsymbol{H}^{-1}\boldsymbol{n}.$$

Das Signal y_j eines Teilnehmers j enthält neben dem Rauschen nur das Signal s_j. Die Signale anderer Teilnehmer werden „genullt" (daher Zero-Forcing).

Allerdings geht der Rauschvektor $\boldsymbol{n}$ erst nach Multiplikation mit der (pseudo)-invertierten Kanalmatrix in den Ausgangssignalvektor $\boldsymbol{y}$ ein. Das bedeutet eine hohe Rauschleistung im Signal y_j, wenn die Kanalmatrix schlecht konditioniert ist. Wie sich das auswirkt, zeigen Videos in Abschn. 7.5. Hier soll der Einfluss der Kanalmatrix aber am SNR (Signal-to-Noise-Ratio) untersucht werden, indem die Ausgangsleistung aufgestellt und in Signal- und Rauschleistung aufgeteilt wird.

Wir betrachten in (7.10) das Ausgangssignal y_j an der BS für den Teilnehmer j:

$$y_j = s_j + \sum_i \left[(\boldsymbol{H}^H\boldsymbol{H})^{-1}\boldsymbol{H}^H\right]_{ji} \cdot n_i. \tag{7.11}$$

Die Summe erfolgt über alle Antennenelemente der BS. $[\cdot]_{ji}$ bedeutet das Element mit dem Indexpaar ji vom Inhalt der eckigen Klammer. Hiermit lässt sich der Erwartungswert von $y_j y_j^*$ (gemittelte Ausgangsleistung) darstellen:

$$E\{y_j y_j^*\} = \overline{|s_j|^2} + \sum_i \left[(\boldsymbol{H}^H\boldsymbol{H})^{-1}\boldsymbol{H}^H\right]_{ji} \cdot \left[(\boldsymbol{H}^H\boldsymbol{H})^{-1}\boldsymbol{H}^H\right]_{ji}^* \overline{|n_i|^2}. \tag{7.12}$$

Zur Vereinfachung der weiteren Ableitung nehmen wir wieder an, dass alle Rauschleistungen gleich seien, d. h.: $\overline{|n_i|^2} = \sigma^2$. Dann folgt mit der Umformung $\sum_i A_{ji} \cdot A_{ji}^* = \left[\boldsymbol{A} \cdot \boldsymbol{A}^H\right]_{jj}$ aus (7.12):

$$E\{y_j y_j^*\} = \overline{|s_j|^2} + \sigma^2\left[(\boldsymbol{H}^H\boldsymbol{H})^{-1}\boldsymbol{H}^H \cdot \boldsymbol{H}(\boldsymbol{H}^H\boldsymbol{H})^{-1}\right]_{jj}.$$

Der rechte Term kann vereinfacht werden, und man erhält

$$E\{y_j y_j^*\} = \overline{|s_j|^2} + \sigma^2\left[(\boldsymbol{H}^H\boldsymbol{H})^{-1}\right]_{jj}. \tag{7.13}$$

Das Verhältnis der Leistungsanteile in (7.13) ergibt das gesuchte SNR:

$$\eta_j = \frac{\overline{|s_j|^2}}{\sigma^2\left[(\boldsymbol{H}^H\boldsymbol{H})^{-1}\right]_{jj}}. \tag{7.14}$$

Im Nenner steht neben der Rauschleistung der jj-te Eintrag des invertierten Produktes der hermiteschen Kanalmatrix mit sich selbst. Das SNR eines einzelnen Kanals wird somit um diesen Eintrag je nach Größe verbessert oder verschlechtert. Eine schlecht konditionierte Kanalmatrix führt zu einer Verstärkung der Rauschleistung im SNR. Der Vorteil von Zero-Forcing ist bei Erfüllung der oben genannten Voraussetzungen allerdings eine vollständige Entkopplung der Teilnehmer im gleichen Frequenzbereich. Man erhält eine hohe spektrale Effizienz. Im Gegensatz zur klassischen Funkübertragung verhilft eine ausgeprägte Mehrwegeausbreitung zur Verbesserung der Matrixkondition, da sich dann die einzelnen Kanäle der Kanalmatrix stärker unterscheiden.

7.2.2 Minimum-Mean-Squared-Error-Estimation (MMSE)

Im Folgenden können wir sehen, dass ZF nur der Sonderfall eines allgemeineren Ansatzes ist. Auch der MMSE-Algorithmus sucht einen Ausgangsvektor $\boldsymbol{y}$, der dem Sendevektor $\boldsymbol{s}$ möglichst nahe kommen soll. Als Kriterium dient aber nicht mehr die harte Forderung von ZF, eine völlige Entkopplung zu erreichen, vielmehr soll nur der mittlere quadratische Fehler zwischen dem geschätzten Ausgangssignal und dem Eingangssignal ein Minimum anstreben:

$$E\{(\boldsymbol{y}-\boldsymbol{s})^H(\boldsymbol{y}-\boldsymbol{s})\} = \text{min}. \tag{7.15}$$

Die Lösung ist das sog. Wiener Filter, s. z. B. [4]. Die Minimierung von (7.15) führt zu der Wichtungsmatrix

$$\boldsymbol{W}_{\text{MMSE}} = \boldsymbol{R}_{ss}\boldsymbol{H}^H\boldsymbol{R}_{xx}^{-1}. \tag{7.16}$$

Die Herleitung von (7.16) wird im Abschn. 8.4 gebracht. $\boldsymbol{R}_{ss}$ ist die Kovarianzmatrix der Sendesignale. Diese ist wegen der unkorrelierten Signale nur auf der Hauptdiagonalen besetzt und enthält dort die mittleren Sendeleistungen der Mobilstationen. Für das Beispiel mit zwei Terminals in Abb. 7.2 lautet $\boldsymbol{R}_{ss}$:

$$\boldsymbol{R}_{ss} = E\{\boldsymbol{s}\cdot\boldsymbol{s}^H\} = \begin{pmatrix} \overline{|s_1|^2} & 0 \\ 0 & \overline{|s_2|^2} \end{pmatrix}.$$

Der MMSE-Algorithmus in der BS benötigt neben der Kanalkenntnis der Aufwärtsstrecke auch die Sendeleistungen der MS, die z. B. über die Signalisierung übermittelt oder von der BS vorgegeben werden können. Wie beim MUSIC-Algorithmus wird die Kovarianzmatrix der Empfangssignale $\boldsymbol{R}_{xx} = E\{\boldsymbol{x}\cdot\boldsymbol{x}^H\}$ aufgestellt. Mit $\boldsymbol{x} = \boldsymbol{H}\boldsymbol{s} + \boldsymbol{n}$ erhält man für $\boldsymbol{R}_{xx}$:

$$\boldsymbol{R}_{xx} = E\{(\boldsymbol{H}\boldsymbol{s}+\boldsymbol{n})(\boldsymbol{s}^H\boldsymbol{H}^H+\boldsymbol{n}^H)\},$$

und nach Bildung des Erwartungswertes:

$$\boldsymbol{R}_{xx} = \boldsymbol{H}\boldsymbol{R}_{ss}\boldsymbol{H}^H + \boldsymbol{R}_{nn}. \tag{7.17}$$

Hierin ist $\boldsymbol{R}_{nn}$ die Kovarianzmatrix der Rauschsignale an den Empfängereingängen der BS. Für das in Abb. 7.2 dargestellte Beispiel für vier Basisstationsantennen beträgt $\boldsymbol{R}_{nn}$:

$$\boldsymbol{R}_{nn} = E\{\boldsymbol{n} \cdot \boldsymbol{n}^H\} = \begin{bmatrix} \sigma_1^2 & 0 & 0 & 0 \\ 0 & \sigma_2^2 & 0 & 0 \\ 0 & 0 & \sigma_3^2 & 0 \\ 0 & 0 & 0 & \sigma_4^2 \end{bmatrix}.$$

Wie schon oben erwähnt, werden unkorrelierte Sendesignale und unkorrelierte Rauschsignale vorausgesetzt.

Kennt man die Kanalmatrix, kann nun die Wichtungsmatrix $\boldsymbol{W}_{\text{MMSE}}$ aufgestellt werden. Mit (7.17) erhält man:

$$\boldsymbol{W}_{\text{MMSE}} = \boldsymbol{R}_{ss}\boldsymbol{H}^H(\boldsymbol{H}\boldsymbol{R}_{ss}\boldsymbol{H}^H + \boldsymbol{R}_{nn})^{-1}. \tag{7.18}$$

Der Ausgangssignalvektor $\boldsymbol{y} = \boldsymbol{W}_{\text{MMSE}}\boldsymbol{x}$ beträgt nun mit (7.18):

$$\boldsymbol{y} = \boldsymbol{R}_{ss}\boldsymbol{H}^H(\boldsymbol{H}\boldsymbol{R}_{ss}\boldsymbol{H}^H + \boldsymbol{R}_{nn})^{-1}\boldsymbol{x},$$

und mit $\boldsymbol{x} = \boldsymbol{H}\boldsymbol{s} + \boldsymbol{n}$:

$$\boldsymbol{y} = \boldsymbol{R}_{ss}\boldsymbol{H}^H(\boldsymbol{H}\boldsymbol{R}_{ss}\boldsymbol{H}^H + \boldsymbol{R}_{nn})^{-1}(\boldsymbol{H}\boldsymbol{s} + \boldsymbol{n}). \tag{7.19}$$

Zum besseren Verständnis des Ergebnisses werden wieder folgende Vereinfachungen vorgenommen: Alle Sendeleistungen seien gleich, d. h. $\overline{|s_i|^2} = \overline{|s|^2}$ und alle Rauschleistungen seien gleich, d. h. $\overline{|n_i|^2} = \sigma^2$. Zur Abkürzung wird die Größe $\varepsilon = \sigma^2/\overline{|s|^2}$ eingeführt. Damit ergibt sich aus (7.19):

$$\boldsymbol{y} = \boldsymbol{H}^H(\boldsymbol{H}\boldsymbol{H}^H + \varepsilon\boldsymbol{I})^{-1}(\boldsymbol{H}\boldsymbol{s} + \boldsymbol{n}),$$

bzw. mit der Identität (11-2) in [4] S. 364:

$$\boldsymbol{y} = (\boldsymbol{H}^H\boldsymbol{H} + \varepsilon\boldsymbol{I})^{-1}\boldsymbol{H}^H(\boldsymbol{H}\boldsymbol{s} + \boldsymbol{n}),$$

und nach einer weiteren Umformung

$$\boldsymbol{y} = [\boldsymbol{I} + \varepsilon(\boldsymbol{H}^H\boldsymbol{H})^{-1}]^{-1}\boldsymbol{s} + (\boldsymbol{H}^H\boldsymbol{H} + \varepsilon\boldsymbol{I})^{-1}\boldsymbol{H}^H\boldsymbol{n}. \tag{7.20}$$

An diesem Ausdruck können zwei Grenzfälle betrachtet werden. Wir nehmen zunächst an, dass die Kanalmatrix gut konditioniert sei. Zusätzlich sei $\varepsilon \ll 1$, d. h. das Verhältnis der Signalleistung $\overline{|s|^2}$ zur Rauschleistung σ^2 sei groß. In diesem Grenzfall wird dann aus den Ausgangssignalen

$$\boldsymbol{y} = \boldsymbol{s} + (\boldsymbol{H}^H\boldsymbol{H})^{-1}\boldsymbol{H}^H\boldsymbol{n}, \tag{7.21}$$

d. h. es ergibt sich eine räumliche Entzerrung nach dem Zero-Forcing-Verfahren, s. (7.10). Der MMSE-Algorithmus strebt somit bei optimalen Übertragungsverhältnissen eine vollständige Entkopplung der Signale an.

Dagegen führt der umgekehrte Fall, d. h. großes ε und schlechte Kondition von $\boldsymbol{H}$, bis auf einen konstanten Faktor $1/\varepsilon$ zum sog. *Matched-Filter*:

$$\boldsymbol{y} = \frac{1}{\varepsilon}\boldsymbol{H}^H(\boldsymbol{H}\boldsymbol{s} + \boldsymbol{n}). \tag{7.22}$$

Die Eigenschaften des Matched-Filters wird im nächsten Abschnitt behandelt.

Wie für ZF soll auch allgemein für MMSE das Verhältnis der Signalleistung zur Summe der Rausch- und störenden Leistung der anderen Teilnehmer ermittelt werden (engl. SNIR, Signal-to-Noise-and-Interferer-Ratio). Hierfür werden als Abkürzungen die Matrizen

$$\boldsymbol{A} = [\boldsymbol{I} + \varepsilon(\boldsymbol{H}^H\boldsymbol{H})^{-1}]^{-1} \tag{7.23}$$

und

$$\boldsymbol{B} = [\boldsymbol{H}^H\boldsymbol{H} + \varepsilon\boldsymbol{I}]^{-1}\boldsymbol{H}^H \tag{7.24}$$

eingeführt. Man erhält damit aus (7.20):

$$\boldsymbol{y} = \boldsymbol{A}\boldsymbol{s} + \boldsymbol{B}\boldsymbol{n}. \tag{7.25}$$

Der Term kann in Signal-, Stör- und Rauschanteile aufgeteilt werden:

$$\boldsymbol{y} = \underbrace{\mathrm{diag}\{\boldsymbol{A}\}\boldsymbol{s}}_{\text{Signal}} + \underbrace{\overline{\mathrm{diag}}\{\boldsymbol{A}\}\boldsymbol{s}}_{\text{Störung}} + \underbrace{\boldsymbol{B}\boldsymbol{n}}_{\text{Rauschen}}. \tag{7.26}$$

Hierbei ist $\mathrm{diag}\{\boldsymbol{A}\}$ eine Diagonalmatrix mit den Einträgen der Hauptdiagonalen von $\boldsymbol{A}$, die anderen Einträge in $\mathrm{diag}\{\boldsymbol{A}\}$ sind null. Ferner ist

$$\overline{\mathrm{diag}}\{\boldsymbol{A}\} = \boldsymbol{A} - \mathrm{diag}\{\boldsymbol{A}\},$$

d. h. eine Matrix entsprechend $\boldsymbol{A}$, aber mit Nullen auf der Hauptdiagonalen.

Wir betrachten wieder ein einzelnes Ausgangssignal von (7.26):

$$y_j = A_{jj}s_j + \left[\overline{\mathrm{diag}}\{\boldsymbol{A}\}\boldsymbol{s}\right]_{jj} + \left[\boldsymbol{B}\boldsymbol{n}\right]_{jj}. \tag{7.27}$$

Die Leistung am Ausgang j ist die Summe von Signal-, Stör- und Rauschleistung:

$$E\{y_j y_j^*\} = S_j + I_j + N_j.$$

Das Verhältnis von Signalleistung zu der Summe von Rausch- und Störleistung (SNIR) eines Ausgangssignals beträgt dann:

$$\eta_j = \frac{S_j}{I_j + N_j},$$

und mit (7.27):

$$\eta_j = \frac{\left[E\{\mathrm{diag}\{\boldsymbol{A}\}\boldsymbol{s} \cdot (\mathrm{diag}\{\boldsymbol{A}\}\boldsymbol{s})^H\}\right]_{jj}}{\left[E\{\overline{\mathrm{diag}}\{\boldsymbol{A}\}\boldsymbol{s} \cdot (\overline{\mathrm{diag}}\{\boldsymbol{A}\}\boldsymbol{s})^H\}\right]_{jj} + \left[E\{\boldsymbol{B}\boldsymbol{n}(\boldsymbol{B}\boldsymbol{n})^H\}\right]_{jj}},$$

oder

$$\eta_j = \frac{(\boldsymbol{A}_{jj})^2}{(\boldsymbol{A}\boldsymbol{A}^H)_{jj} - (\boldsymbol{A}_{jj})^2 + \varepsilon(\boldsymbol{B}\boldsymbol{B}^H)_{jj}},$$

und ausführlich mit (7.23) und (7.24):

$$\eta_j = \frac{\left\{\left[(\boldsymbol{I} + \varepsilon(\boldsymbol{H}^H\boldsymbol{H})^{-1})^{-1}\right]_{jj}\right\}^2}{\left(\begin{array}{l}\left[(\boldsymbol{I} + \varepsilon(\boldsymbol{H}^H\boldsymbol{H})^{-1})^{-1}(\boldsymbol{I} + \varepsilon(\boldsymbol{H}^H\boldsymbol{H})^{-1})^{-1}\right]_{jj} - \left\{\left[(\boldsymbol{I} + \varepsilon(\boldsymbol{H}^H\boldsymbol{H})^{-1})^{-1}\right]_{jj}\right\}^2 \\ +\varepsilon\left[(\boldsymbol{H}^H\boldsymbol{H} + \varepsilon\boldsymbol{I})^{-1}\boldsymbol{H}^H\boldsymbol{H}(\boldsymbol{H}^H\boldsymbol{H} + \varepsilon\boldsymbol{I})^{-1}\right]_{jj}\end{array}\right)}. \tag{7.28}$$

Für kleine ε mit $\varepsilon \to 0$ erhält man daraus erwartungsgemäß das Ergebnis für Zero-Forcing, s. (7.14):

$$\eta_j = \frac{1}{\varepsilon\left[(\boldsymbol{H}^H\boldsymbol{H})^{-1}\right]_{jj}}. \tag{7.29}$$

Für große ε ergibt sich die Lösung für das Matched-Filter:

$$\eta_j = \frac{\frac{1}{\varepsilon^2}\left[(\boldsymbol{H}^H\boldsymbol{H})_{jj}\right]^2}{\frac{1}{\varepsilon^2}(\boldsymbol{H}^H\boldsymbol{H}\boldsymbol{H}^H\boldsymbol{H})_{jj} - \frac{1}{\varepsilon^2}\left[(\boldsymbol{H}^H\boldsymbol{H})_{jj}\right]^2 + \frac{1}{\varepsilon}(\boldsymbol{H}^H\boldsymbol{H})_{jj}},$$

oder nach Umformung:

$$\eta_j = \frac{1}{\frac{[\boldsymbol{H}^H\boldsymbol{H}\boldsymbol{H}^H\boldsymbol{H}]_{jj}}{[(\boldsymbol{H}^H\boldsymbol{H})_{jj}]^2} - 1 + \frac{\varepsilon}{[\boldsymbol{H}^H\boldsymbol{H}]_{jj}}}. \tag{7.30}$$

Dieses Ergebnis, das SNIR vom Matched-Filter, kann auch unmittelbar aus dem Ansatz der räumlichen Entzerrung für ein Matched-Filter hergeleitet werden, wie im Folgenden gezeigt wird.

7.2.3 Matched-Filter (MF)

Zunächst gilt wieder allgemein:

$$x = Hs + n \quad \text{und}$$
$$y = Wx.$$

Die Wichtungsmatrix des Matched-Filters beträgt

$$W = W_{\text{MF}} = H^H$$

und damit

$$y = H^H(Hs + n).$$

Auf der Hauptdiagonalen des ersten Terms sind die Betragsquadrate der Übertragungsfaktoren.

Wir verwenden die gleichen Annahmen wie oben ($\overline{|n_i|^2} = \sigma^2$, $\overline{|s_i|^2} = \overline{|s|^2}$ für alle i) und den gleichen Ansatz. Die Aufteilung des Ausgangsvektors in Signal-, Stör- und Rauschsignale ergibt:

$$y = \underbrace{\text{diag}\{H^H H\}s}_{\text{Signal}} + \underbrace{\overline{\text{diag}}\{H^H H\}s}_{\text{Störung}} + \underbrace{H^H n}_{\text{Rauschen}}. \tag{7.31}$$

Die mittleren Leistungen erhält man wie oben aus den Erwartungswerten. Das SNIR η_j lautet:

$$\eta_j = \frac{S_j}{I_j + N_j}.$$

Hieraus erhält man mit (7.31) und mit der Abkürzung: $A = H^H H$:

$$\eta_j = \frac{\left[E\{\text{diag}\{A\}s \cdot (\text{diag}\{A\}s)^H\}\right]_{jj}}{\left[E\{\overline{\text{diag}}\{A\}s \cdot (\overline{\text{diag}}\{A\}s)^H\}\right]_{jj} + \left[E\{H^H n(H^H n)^H\}\right]_{jj}},$$

bzw.

$$\eta_j = \frac{\left(\text{diag}\{A\} \cdot \text{diag}\{A\}^H\right)_{jj}}{\left(\overline{\text{diag}}\{A\} \cdot \overline{\text{diag}}\{A\}^H\right)_{jj} + \varepsilon\left(H^H H\right)_{jj}}$$

und ausführlich:

$$\eta_j = \frac{\left[\left(H^H H\right)_{jj}\right]^2}{\left[H^H H H^H H\right]_{jj} - \left[\left(H^H H\right)_{jj}\right]^2 + \varepsilon\left[H^H H\right]_{jj}}.$$

Nach Umformung erhält man schließlich das gleiche Ergebnis wie (7.30):

$$\eta_j = \frac{1}{\frac{[\boldsymbol{H}^H \boldsymbol{H} \boldsymbol{H}^H \boldsymbol{H}]_{jj}}{[(\boldsymbol{H}^H \boldsymbol{H})_{jj}]^2} - 1 + \frac{\varepsilon}{[\boldsymbol{H}^H \boldsymbol{H}]_{jj}}}. \tag{7.32}$$

Auch für $\varepsilon \to 0$ bleibt SNIR endlich, da durch die nicht berücksichtigte Entkopplung die anderen Teilnehmer (Index $\neq j$) Störleistung beitragen. Der Matched-Filter-Algorithmus führt für $\varepsilon \to 0$ zu einem nicht optimalen Ergebnis. In diesem Fall wäre ZF besser. Eine Entkopplung der MS findet nicht statt. Das Matched-Filter maximiert die Empfangsleistung bei den Teilnehmern, die Störung durch andere Kanäle wird in Kauf genommen. Es stellt die ultima ratio bei schlechten Kanalmatrizen dar. Der MMSE-Ansatz hingegen liefert immer die optimale Lösung im Sinne eines Kompromisses unter Berücksichtigung der gesamten Störleistung, bestehend aus Rauschen und der Interferenz durch die anderen Teilnehmer.

Für den Sonderfall nur eines Teilnehmers in (7.32) wird der erste Term im Nenner gleich 1. Man erhält dann:

$$\eta_1 = \frac{1}{\varepsilon}\left[\boldsymbol{H}^H \boldsymbol{H}\right]_{11} = \frac{\overline{|s|^2}}{\sigma^2} \cdot \sum_{i=1}^{M} |h_{i1}|^2. \tag{7.33}$$

Der Summenausdruck enthält die quadratischen Beträge aller Übertragungsfaktoren und verbessert damit das SNR um diesen Wert. Es findet eine Fokussierung auf den Teilnehmer statt. Die Entzerrung mit $\boldsymbol{H}^H$ ergibt bei nur einem Teilnehmer das maximale SNR.

Das Ergebnis entspricht dem Peilergebnis durch Beam-Forming nach (6.17). Wenn die Übertragung im freien Raum stattfinden würde, werden aus den h_{i1} die Einträge a_i des Modenvektors $\boldsymbol{a}$.

7.2.4 Räumliche Vorverzerrung

Die vorigen Abschnitte befassten sich mit der wichtigen Entzerrung der Aufwärtsstrecke. Die räumliche Entzerrung der Abwärtsstrecke hat aus Sicht der Frequenzökonomie gleich große Bedeutung. In diesem Falle muss die Entzerrung als *Vorverzerrung* (eigentlich *Vor-Entzerrung*) in der BS stattfinden, die als Nebenergebnis eine aufwändige Signalverarbeitung in den Teilnehmerstationen erspart. Die Verfahren Matched-Filter, Zero-Forcing oder allgemein MMSE lassen sich auch in der Vorverzerrung verwenden.

Hierfür muss die BS die Kanalmatrix der Abwärtsstrecke und die Rausch- und Störleistungen an den Teilnehmerstationen kennen. Diese Informationen können im Rahmen der Signalisierung übertragen werden. Bei Duplexverfahren wie z. B. beim Vielfachzugriff im Zeitbereich (engl. **T**ime **D**omaine **M**ultiple **A**ccess, TDMA), in denen in der Aufwärts- wie auch in der Abwärtsstrecke die gleichen Frequenzen verwendet werden, ist der Kanal übertragungssymmetrisch, wenn gewisse Kalibrierungen beachtet werden, s. Abschn. 7.4.

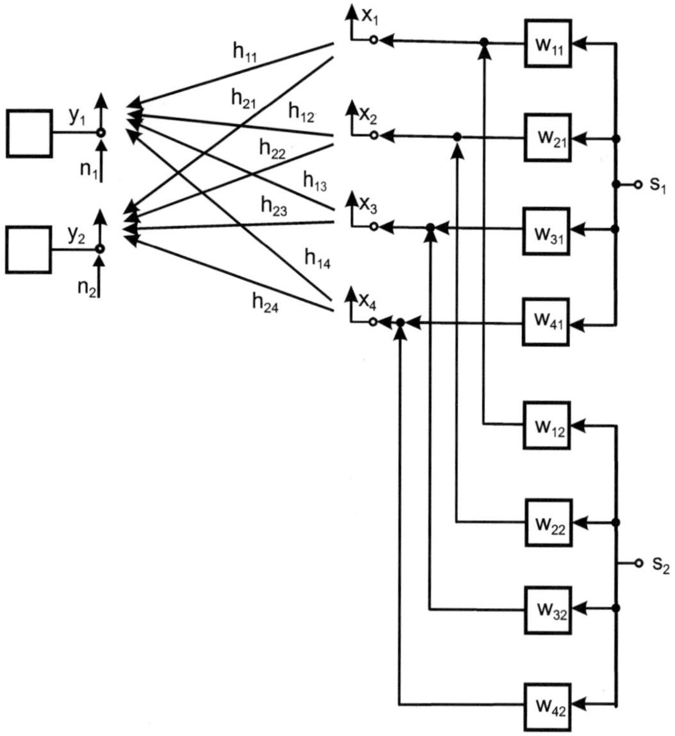

Abb. 7.3 Prinzipschaltbild der Vorverzerrung

Aus der gemessenen Kanalmatrix in der Aufwärtsstrecke kann dann die Vorverzerrung in der Abwärtsstrecke abgeleitet werden.

Der Empfangssignalvektor $\boldsymbol{y}$ an den Teilnehmerstationen beträgt gemäß Abb. 7.3 allgemein

$$\boldsymbol{y} = \boldsymbol{H}\boldsymbol{x} + \boldsymbol{n}, \tag{7.34}$$

wobei $\boldsymbol{x}$ der von den Basisstationsantennen abgestrahlte Antennensignalvektor darstellt. Die Vorverzerrung $\boldsymbol{W}$ liefert $\boldsymbol{x} = \boldsymbol{W}\boldsymbol{s}$ und mit (7.34):

$$\boldsymbol{y} = \boldsymbol{H}\boldsymbol{W}\boldsymbol{s} + \boldsymbol{n}, \tag{7.35}$$

$\boldsymbol{n}$ ist der Rauschsignalvektor der Teilnehmerstationen.

Für Zero-Forcing ergibt die Multiplikation des Sendesignalvektors mit der Pseudoinversen der Kanalmatrix

$$\boldsymbol{W} = \boldsymbol{W}_{ZF} = \boldsymbol{H}^{H}(\boldsymbol{H}\boldsymbol{H}^{H})^{-1} \tag{7.36}$$

somit das auf den ersten Blick ideale Ergebnis

$$\begin{aligned} \boldsymbol{y} &= \boldsymbol{H}\boldsymbol{H}^H(\boldsymbol{H}\boldsymbol{H}^H)^{-1}\boldsymbol{s} + \boldsymbol{n}, \quad \text{d. h.} \\ \boldsymbol{y} &= \boldsymbol{s} + \boldsymbol{n} \end{aligned} \tag{7.37}$$

und somit volle Entkopplung der Teilnehmer. Betrachtet man jedoch den Antennensignalvektor $\boldsymbol{x}$:

$$\boldsymbol{x} = \boldsymbol{H}^H(\boldsymbol{H}\boldsymbol{H}^H)^{-1}\boldsymbol{s}, \tag{7.38}$$

so erkennt man, dass eine schlecht konditionierte Kanalmatrix ähnlich wie in der Aufwärtsstrecke auch hier Probleme macht: Der Antennensignalvektor kann dann sehr groß werden, d. h. es wird hohe Sendeleistung benötigt. Bei der Aufwärtsstrecke wurde die Rauschleistung in den BS-Empfängern stark angehoben.

Die räumliche Entkopplung entsteht durch die Überlagerung der Signale, die von den BS-Antennen ausgehen. Ein Sendesignal s_j, gewichtet und aufgeteilt über die BS-Antennen, soll sich an allen Teilnehmerstellen außer derjenigen des Teilnehmers j auslöschen. Kommen sich aber z. B. zwei Teilnehmer näher, dann gleichen sich auch die Übertragungsfaktoren an, was zu einem Rangabfall der Kanalmatrix führt. Um dennoch die Teilnehmerstationen einerseits zu entkoppeln, andererseits mit der gewünschten Signalleistung zu versorgen, muss die Sendeleistung ansteigen.

Verwendet man dagegen MMSE als Vorverzerrung, erhält man wie bei der Aufwärtsstrecke einen optimalen Abtausch zwischen der Teilnehmerentkopplung und der Sendeleistung. Die Wichtungsmatrix bei MMSE lautet:

$$\boldsymbol{W}_{\text{MMSE}} = \boldsymbol{H}^H(\boldsymbol{H}\boldsymbol{H}^H + \varepsilon\boldsymbol{I})^{-1} \tag{7.39}$$

mit

$$\varepsilon = \frac{\overline{|n|^2}}{\overline{|x|^2}}.$$

Hier ist $\overline{|n|^2}$ die Rauschleistung der Teilnehmer und $\overline{|x|^2}$ die mittlere Sendeleistung jedes Antennenausgangs der BS. Auch hier wurde zur Vereinfachung angenommen, dass die Sendeleistungen der BS und die Rauschleistungen der Teilnehmer jeweils gleich groß und die Signale untereinander nicht korreliert sind.

Eine Vorverzerrung nach der Matched-Filter Optimierung liefert die Wichtungsmatrix:

$$\boldsymbol{W}_{\text{MF}} = \boldsymbol{H}^H, \tag{7.40}$$

die zwar jeden Teilnehmer mit maximaler Leistung versorgt, aber keine Rücksicht auf die Entkopplung nimmt.

7.3 Korrelation der Antennencharakteristiken

Die Verwendung mehrerer Antennen für Diversity oder MIMO-Verfahren setzt voraus, dass die Kanäle nicht korreliert sind. Durch entsprechende Positionierung oder durch unterschiedliche Lage der einzelnen Antennen kann vielfach eine ausreichende Entkopplung erreicht werden. Untersuchungen [5] haben gezeigt, dass Dipole mit gleicher Polarisationsrichtung bereits ab einem Abstand von einer Wellenlänge kaum noch weitere Verbesserungen der Kanalkapazität erbringen. Die Wirkung hängt natürlich von der Umgebung ab, die die Wellenausbreitung beeinflusst. Ein Kriterium zur umgebungsunabhängigen Beurteilung einer Antennengruppe liefert der Korrelationsfaktor ρ von jeweils zwei Antennencharakteristiken innerhalb einer Gruppe. Geringe Korrelationsfaktoren zwischen den einzelnen Antennen einer Gruppe sind eine Voraussetzung für einen effektiven Betrieb:

$$\rho_{ij} = \frac{|\oint \boldsymbol{C}_i^* \cdot \boldsymbol{C}_j \, d\Omega|}{\sqrt{\oint |\boldsymbol{C}_i|^2 d\Omega \oint |\boldsymbol{C}_j|^2 d\Omega}}, \tag{7.41}$$

$\boldsymbol{C}$ ist die vektorielle, komplexe Charakteristik einer Antenne, s. Kap. 8. Antennen können sich durch die Vorzugsrichtung der Abstrahlung oder durch die Polarisation unterscheiden. Zum Beispiel zeigt (7.41) unmittelbar, dass zwei Antennen mit gleichen Diagrammen aber orthogonaler Polarisation die Korrelation $\rho = 0$ ergeben.

Zur Berechnung oder Messung von (7.41) müssen Hüllenintegrale über Produkte bzw. über Betragsquadrate der Charakteristiken ermittelt werden. Dieses erfordert Formeln oder Datensätze für die vektoriellen, komplexen Charakteristiken jeder Antenne über den Raumwinkel 4π. Während sich diese Daten für eine theoretische Untersuchung noch ermitteln lassen, ist eine Messung vielfach nicht möglich oder zumindest sehr aufwändig, da Antennenmessplätze eine 4π-Messung nur durch Stückelung liefern. Noch gravierender ist, dass bei der numerischen Integration insbesondere bei den interessanten kleinen Korrelationsfaktoren Stellenverluste auftreten, die fast immer überhöhte Ergebnisse für den Korrelationsfaktor vortäuschen. Stellenverluste entstehen dann, wenn das erwartete Ergebnis kleiner ist als der Fehler, mit dem die gemessenen oder berechneten Charakteristiken vorliegen. Stellenverluste können somit bei der Verarbeitung sowohl der Messergebnisse als auch der theoretisch ermittelten Charakteristiken auftreten.

Im Folgenden wird über eine Leistungsbilanz ein Zusammenhang zwischen dem Korrelationsfaktor und den Streuparametern der Antennentore oder den eines vorgeschalteten Netzwerks hergeleitet, s. [6]. Die Ermittlung der Charakteristiken kann entfallen und Stellenverluste treten nicht auf.

Als Modell dient die Anordnung in Abb. 7.4. Eine Gruppenantenne mit M Einzelelementen wird über ein Speisenetzwerk mit N Toren betrieben. Bezüglich der Antennenelemente gibt es keine Einschränkung. Insbesondere müssen sie nicht entkoppelt oder angepasst sein. Das Speisenetzwerk wird als linear vorausgesetzt. Im einfachsten Fall besteht es aus Leitungen von den Antennen zu den Toren. Es kann auch nichtübertragungs-

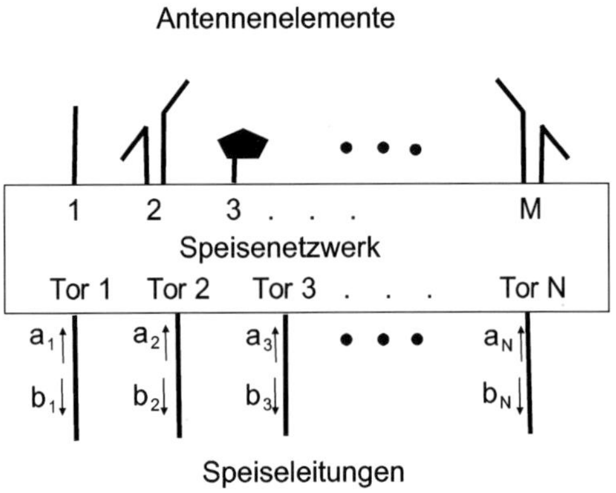

Abb. 7.4 Gruppenantenne mit M einzelnen Elementen und einem vorgeschalteten Speisenetzwerk mit N Toren

symmetrische Komponenten enthalten. Das Speisenetzwerk wird über Leitungen versorgt, auf denen sich hin- und rücklaufende Wellen, a_i und b_i, ausbreiten. Die Innenwiderstände der speisenden Quellen sind an die Leitungswellenwiderstände Z_L der Speiseleitungen angepasst.

Speist man nur ein Tor i des Speisenetzwerkes und schließt die anderen Tore mit ihren Wellenwiderständen ab, so erhält man im Fernfeld der Gruppe gemäß (8.5) die Feldstärke

$$\boldsymbol{E}_i = a_i \sqrt{\frac{Z_0}{4\pi}} \frac{e^{\cdot jkr}}{r} \boldsymbol{C}_i(\vartheta, \varphi).$$

k und Z_0 stehen für Wellenzahl und Wellenwiderstand des freien Raums, und r, ϑ und φ sind die Kugelkoordinaten des Aufpunktes von $\boldsymbol{E}$ im freien Raum. Die Charakteristik $\boldsymbol{C}_i$ ist auf das speisende Tor i bezogen und nicht auf eine einzelne Antenne. Je nach Netzwerk können nur eine Antenne oder mehrere Antennen zur Erzeugung dieser Charakteristik beitragen. Die Verkopplung der Antennen ist in $\boldsymbol{C}_i$ enthalten. Wenn z. B. nur eine Antenne der Gruppe gespeist wird, beeinflussen die anderen Antennen die Charakteristik durch diese Verkopplung.

Werden alle Tore gespeist, erhält man die Summenfeldstärke als Überlagerung der einzelnen Feldstärken mit

$$\boldsymbol{E} = \sqrt{\frac{Z_0}{4\pi}} \frac{e^{\cdot jkr}}{r} \sum_{i=1}^{N} a_i \boldsymbol{C}_i(\vartheta, \varphi). \tag{7.42}$$

Die Charakteristiken $\boldsymbol{C}_i$ enthalten die ohmschen Verluste der Antennen und des Speisenetzwerkes sowie die Verluste, die durch Fehlanpassung und Verkopplung der Tore im Netzwerk verursacht werden. Da die Feldstärke im Fernfeld betrachtet wird, besteht $\boldsymbol{C}_i$ nur aus den beiden Komponenten $\boldsymbol{C}_i = \boldsymbol{e}_\vartheta C_{i\vartheta} + \boldsymbol{e}_\varphi C_{i\varphi}$.

Die Beziehung zwischen den hin- und rücklaufenden Wellen auf den Speiseleitungen wird mit der $N \times N$-Streumatrix $\boldsymbol{S}$ beschrieben:

$$\boldsymbol{b} = \boldsymbol{S}\boldsymbol{a}. \tag{7.43}$$

Die Leitungswellen sind in den Spaltenvektoren $\boldsymbol{a}$ und $\boldsymbol{b}$ enthalten. $\boldsymbol{S}$ enthält auch die Tor- und Koppeleigenschaften der angeschlossenen Antennen, da diese Teil der gesamten Anordnung sind.

Die von den Antennen insgesamt abgestrahlte Leistung kann als Hüllenintegral über die Leistungsdichte berechnet werden:

$$P_s = \frac{r^2}{2Z_0} \oint |\boldsymbol{E}|^2 d\Omega, \tag{7.44}$$

und mit (7.42):

$$P_s = \frac{1}{8\pi} \sum_{i=1}^{N} \sum_{j=1}^{N} a_i^* a_j \oint \boldsymbol{C}_i^* \cdot \boldsymbol{C}_j d\Omega. \tag{7.45}$$

Gleichung (7.45) kann in Matrizenform umgeschrieben werden und man erhält

$$P_s = \frac{1}{2} \boldsymbol{a}^H \boldsymbol{Q} \boldsymbol{a}. \tag{7.46}$$

$\boldsymbol{a}^H$ ist die Hermitesche von $\boldsymbol{a}$. Die Elemente der Matrix $\boldsymbol{Q}$ enthalten das Hüllenintegral über die Charakteristiken:

$$Q_{ij} = \frac{1}{4\pi} \oint \boldsymbol{C}_i^* \cdot \boldsymbol{C}_j d\Omega. \tag{7.47}$$

Nun kann eine Leistungsbilanz der Anordnung aufgestellt werden. Die Summe der an den Netzwerktoren eingespeisten Leistungen teilt sich in drei Teile auf: Die von den Antennen abgestrahlte Leistung P_s, die Verluste im Speisenetzwerk und in den Antennen P_v und in die Summe der auf den Leitungen reflektierten Leistungen $\boldsymbol{b}^H \boldsymbol{b}/2$:

$$\frac{1}{2} \boldsymbol{a}^H \boldsymbol{a} = P_s + P_v + \frac{1}{2} \boldsymbol{b}^H \boldsymbol{b}. \tag{7.48}$$

Mit (7.43) und (7.46) erhält man aus (7.48)

$$\frac{1}{2} \boldsymbol{a}^H (\boldsymbol{I} - \boldsymbol{S}^H \boldsymbol{S} - \boldsymbol{Q}) \boldsymbol{a} = P_v. \tag{7.49}$$

$\boldsymbol{I}$ ist die Einheitsmatrix.

Wir nehmen nun an, dass die Verluste P_v klein sind gegenüber der abgestrahlten Leistung. Dieses ist angebracht, da Anwendungen wie MIMO eine verlustarme Anordnung voraussetzen. Setzt man P_v gleich Null, erhält man aus (7.49)

$$\boldsymbol{a}^H \boldsymbol{A} \boldsymbol{a} = 0 \tag{7.50}$$

mit der $N \times N$-Matrix

$$\boldsymbol{A} = \boldsymbol{I} - \boldsymbol{S}^H \boldsymbol{S} - \boldsymbol{Q}, \tag{7.51}$$

und es gilt

$$A_{ij} = A_{ji}^*. \tag{7.52}$$

(7.50) repräsentiert eine hermitesche (quadratische) Form. Sie ist gültig für einen beliebigen Vektor $\boldsymbol{a}$, deshalb sind alle $A_{ij} = 0$ für alle $i, j = 1, \ldots, N$. Mit (7.51) gilt dann:

$$\boldsymbol{S}^H \boldsymbol{S} + \boldsymbol{Q} = \boldsymbol{I}. \tag{7.53}$$

Im Einzelnen erhält man daraus als Elementeintrag:

$$\sum_{n=1}^{N} S_{ni}^* S_{nj} + \frac{1}{4\pi} \oint \boldsymbol{C}_i^* \cdot \boldsymbol{C}_j \, d\Omega = \delta_{ij}, \tag{7.54}$$

mit dem Kroneckersymbol δ_{ij}.

Die Schlussfolgerung $\boldsymbol{A} = \boldsymbol{0}$ aus $\boldsymbol{a}^H \boldsymbol{A} \boldsymbol{a} = 0$ kann durch eine „elektrische" Überlegung nachvollzogen werden: Nehmen wir an, dass nur das Tor k gespeist wird, d. h. $|a_k| > 0$ und $a_i = 0$ für $i \neq k$. Dann folgt aus $\boldsymbol{a}^H \boldsymbol{A} \boldsymbol{a} = 0$ die Forderung $|a_k|^2 A_{kk} = 0$, d. h. $A_{kk} = 0$. Dieses gilt nun für alle Diagonalelemente, die somit verschwinden. Nehmen wir nun weiter an, dass zwei Tore mit a_i und a_k gespeist werden, und alle anderen hinlaufenden Wellen seien gleich Null, so erhält man mit der Erkenntnis $\mathrm{diag}\{\boldsymbol{A}\} = 0$ aus $\boldsymbol{a}^H \boldsymbol{A} \boldsymbol{a} = 0$ das Ergebnis

$$a_i^* A_{ik} a_k + a_k^* A_{ki} a_i = 0.$$

Wegen (7.52) ist damit

$$\mathrm{Re}\{a_i^* A_{ik} a_k\} = 0,$$

oder ausführlich mit den Beträgen und Phasen der komplexen Größen:

$$|a_i^* a_k A_{ik}| \cdot \cos(-\varphi_i + \varphi_k + \varphi_{ik}) = 0.$$

Da die Phasen φ_i und φ_k der hinlaufenden Wellen beliebig sein dürfen, folgt hieraus $A_{ik} = 0$ für alle i und k.

Schließlich erhält man, wenn man das Integral von (7.54) in (7.41) einsetzt, die gesuchte Beziehung zwischen dem Korrelationsfaktor und den Streuparametern:

$$\rho_{ij} = \frac{|\delta_{ij} - \sum_{n=1}^{N} S_{ni}^* S_{nj}|}{\sqrt{(1 - \sum_{n=1}^{N} |S_{ni}|^2)(1 - \sum_{n=1}^{N} |S_{nj}|^2)}}. \tag{7.55}$$

Der Vorteil dieser Beziehung im Vergleich zu (7.41) liegt auf der Hand. Die Ermittlung der Streuparameter einer Antennengruppe ist einfacher als die der Charakteristiken. Außerdem treten keine Stellenverluste bei der Summation auf. Als Nachteil ist zu nennen, dass an (7.55) nicht unmittelbar erkannt werden kann, ob zwei Antennen korreliert sind. Das ist bei der ursprünglichen Beziehung einfacher. (7.55) enthält erwartungsgemäß auch den Sonderfall $j = i$, für den $\rho_{ii} = 1$ wird.

Betrachten wir zunächst den Fall von 2 Toren. (7.55) wird dann zu

$$\rho_{12} = \frac{|S_{11}^* S_{12} + S_{21}^* S_{22}|}{\sqrt{(1 - |S_{11}|^2 - |S_{21}|^2)(1 - |S_{12}|^2 - |S_{22}|^2)}}. \tag{7.56}$$

Sind beide Tore angepasst, d. h. $S_{11} = S_{22} = 0$, ist unabhängig von der Verkopplung der Korrelationsfaktor $\rho_{12} = 0$.

Für Torzahlen $N = 3$, s. z. B. [7], erhält man aus (7.55) allgemein:

$$\rho_{ij} = \frac{|\delta_{ij} - S_{1i}^* S_{1j} - S_{2i}^* S_{2j} - S_{3i}^* S_{3j}|}{\sqrt{(1 - |S_{1i}|^2 - |S_{2i}|^2 - |S_{3i}|^2)(1 - |S_{1j}|^2 - |S_{2j}|^2 - |S_{3j}|^2)}}. \tag{7.57}$$

Im Falle der Anpassung vereinfacht sich (7.57) und man erhält für die drei Korrelationsfaktoren:

$$\rho_{12} = \frac{|S_{31}^* S_{32}|}{\sqrt{(1 - |S_{21}|^2 - |S_{31}|^2)(1 - |S_{12}|^2 - |S_{32}|^2)}} \tag{7.58}$$

$$\rho_{13} = \frac{|S_{21}^* S_{23}|}{\sqrt{(1 - |S_{21}|^2 - |S_{31}|^2)(1 - |S_{13}|^2 - |S_{23}|^2)}} \tag{7.59}$$

$$\rho_{23} = \frac{|S_{12}^* S_{13}|}{\sqrt{(1 - |S_{12}|^2 - |S_{32}|^2)(1 - |S_{13}|^2 - |S_{23}|^2)}} \tag{7.60}$$

Im Vergleich zum Fall $N = 2$ müssen ab $N > 2$ auch die Kopplungsparameter verschwinden, um $\rho = 0$ zu erreichen. Im Falle der allseitigen Anpassung werden die Korrelationsfaktoren aber nicht sehr groß, da im Zähler Produkte von jeweils zwei Kopplungsparametern stehen.

Bisher ist noch nicht untersucht worden, welche Rolle die Anzahl M der Antennen spielt. Dieser Punkt ist interessant, da M in (7.55) nicht sichtbar enthalten ist. Wir untersuchen eine einfache Anordnung, die gemäß Abb. 7.5a aus zwei Antennen besteht, die jeweils direkt mit den Toren 1 und 2 verbunden sind.

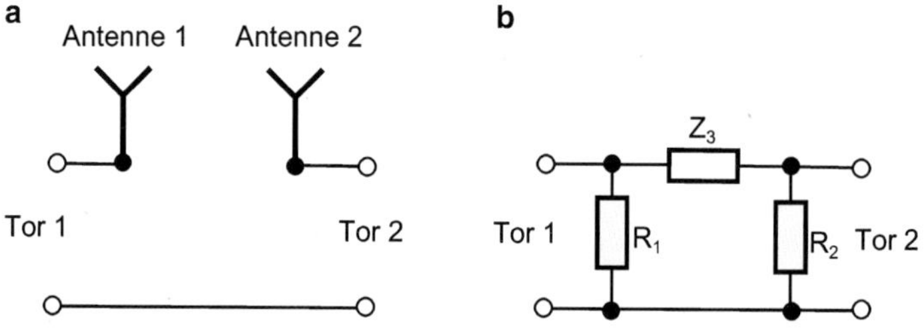

Abb. 7.5 **a** Einfache Antennengruppe mit 2 Antennen. **b** Ersatzschaltbild

Ein Ersatzschaltbild dieser Anordnung ist in Abb. 7.5b skizziert, bestehend aus einer Π-Schaltung mit drei Impedanzen, die die Strahlungswiderstände R_1 und R_2 und mit Z_3 die Verkopplung der Antennen darstellen. Der damit berechnete Korrelationsfaktor verschwindet erwartungsgemäß für $Z_3 \to \infty$ und wird andererseits zu $\rho = 1$ für $Z_3 = 0$. Auch letzteres ist plausibel, da in diesem Fall die beiden Antennen zu einem Strahler verschmelzen. Eine beidseitige Anpassung ist in diesem Falle nicht möglich.

Kleine Korrelationsfaktoren setzen voraus, dass die Anzahl der Antennen mindestens gleich der Anzahl der Tore ist: $M \geq N$.

7.4 Kalibrierung von MIMO-Systemen

Die Verfahren zur räumlichen Entzerrung setzen an die analogen Komponenten eines Funksystems höhere Anforderungen. Da die Entkopplung der Teilnehmersignale in einem MIMO-System grundsätzlich durch die Kompensation vorhandener Störsignale erfolgt, sind Eigenschaften der analogen Komponenten wie z. B. Linearität, Dynamik-Bereich, Phasenrauschen des Mischeroszillators und Anpassung zwischen den Antennen und dem Senderausgang bzw. dem Empfängereingang wichtig. Ein besonderes Thema ist die Kalibrierung der einzelnen Sende- und Empfangszüge. Die Vorverzerrung für die Abwärtsstrecke, soweit sie auf der gemessenen Kanalmatrix der Aufwärtsstrecke beruht, benötigt eine Kalibrierung von Sender, Empfänger und Antennen, um einen übertragungssymmetrischen Kanal zu gewährleisten [5]. Im Folgenden wird dargestellt, was unter der Kalibrierung zu verstehen ist und wie sie die Signalqualität beeinflusst.

Wir betrachten hierzu den Funkkanal eines TDMA-MIMO-Systems einschließlich der den Antennen vor- bzw. nachgeschalteten Gerätekomponenten bis zum Basisband. Abb. 7.6 teilt den Funkkanal in einen inneren und äußeren Bereich auf. Die Schalter geben die aktuelle Übertragungsrichtung an. Der innere Bereich, der aus den Antennen und den Übertragungsstrecken besteht, kann mit einer übertragungssymmetrischen Streumatrix beschrieben werden, die die hin- und rücklaufenden Wellen der Basisstationsantennen $\boldsymbol{a}_B$ und $\boldsymbol{b}_B$ mit denen der Mobilstationen $\boldsymbol{a}_M$ und $\boldsymbol{b}_M$ verbindet:

$$\begin{bmatrix} \boldsymbol{b}_B \\ \boldsymbol{b}_M \end{bmatrix} = \begin{bmatrix} \boldsymbol{S}_{BB} & \boldsymbol{S}_{BM} \\ \boldsymbol{S}_{MB} & \boldsymbol{S}_{MM} \end{bmatrix} \cdot \begin{bmatrix} \boldsymbol{a}_B \\ \boldsymbol{a}_M \end{bmatrix}. \tag{7.61}$$

$\boldsymbol{a}_B$, $\boldsymbol{b}_B$, $\boldsymbol{a}_M$ und $\boldsymbol{b}_M$ sind Spaltenvektoren, die die jeweiligen Wellengrößen enthalten. Ihre Länge richtet sich nach der Anzahl N der Antennen für die Basisstation bzw. K für die Mobilfunkteilnehmer. Die Streumatrix des inneren Funkkanals besteht aus vier Untermatrizen. Die Übertragungsfaktoren zwischen der BS und den MS befinden sich für die Abwärtsstrecke in $\boldsymbol{S}_{MB}$ und für die Aufwärtsstrecke in $\boldsymbol{S}_{BM}$.

Die Antennenverkopplungen und Fehlanpassungen sind für die BS in $\boldsymbol{S}_{BB}$ und für die MS in $\boldsymbol{S}_{MM}$ enthalten. Die gesamte Matrix ist übertragungssymmetrisch, d. h. $\boldsymbol{S}_{BM} = \boldsymbol{S}_{MB}^T$, $\boldsymbol{S}_{BB} = \boldsymbol{S}_{BB}^T$ und $\boldsymbol{S}_{MM} = \boldsymbol{S}_{MM}^T$.

Die Beschaltung des inneren Funkkanals mit den Sendern und Empfängern der Basis- und Mobilstationen lässt den äußeren Funkkanal entstehen. Die Signalvektoren $\tilde{\boldsymbol{a}}_M$, $\tilde{\boldsymbol{b}}_M$, $\tilde{\boldsymbol{a}}_B$ und $\tilde{\boldsymbol{b}}_B$ enthalten Signale an einer geeigneten Schnittstelle im Gerät, z. B. im Basisband. Je nach Übertragungsstrecke werden Sender in den Mobilstationen mit Empfängern in der Basisstation bzw. umgekehrt verbunden. Da die Übertragungsfaktoren dieser Komponenten nicht identisch untereinander sind, geht die Übertragungssymmetrie verloren. Aufgabe der Kalibrierung ist es, die Übertragungssymmetrie des äußeren Funkkanals wiederherzustellen.

Die Signale des äußeren Funkkanals sind über die Übertragungsmatrizen $\tilde{\boldsymbol{S}}_{BM}$ und $\tilde{\boldsymbol{S}}_{MB}$ miteinander verbunden, und es gilt für die Aufwärtsstrecke

$$\tilde{\boldsymbol{b}}_B = \tilde{\boldsymbol{S}}_{BM} \cdot \tilde{\boldsymbol{a}}_M, \tag{7.62}$$

und für die Abwärtsstrecke

$$\tilde{\boldsymbol{b}}_M = \tilde{\boldsymbol{S}}_{MB} \cdot \tilde{\boldsymbol{a}}_B. \tag{7.63}$$

Aufgabe der Kalibrierung ist die Angleichung der beiden Übertragungsmatrizen des äußeren Kanals mit dem Ziel,

$$\tilde{\boldsymbol{S}}_{MB} = \tilde{\boldsymbol{S}}_{BM}^T \tag{7.64}$$

zu erreichen. Für die weitere Untersuchung betrachten wir zunächst die Aufwärtsstrecke. Die Schalterstellung in Abb. 7.6 entspricht diesem Zustand. Die MS-Sender, Index TM,

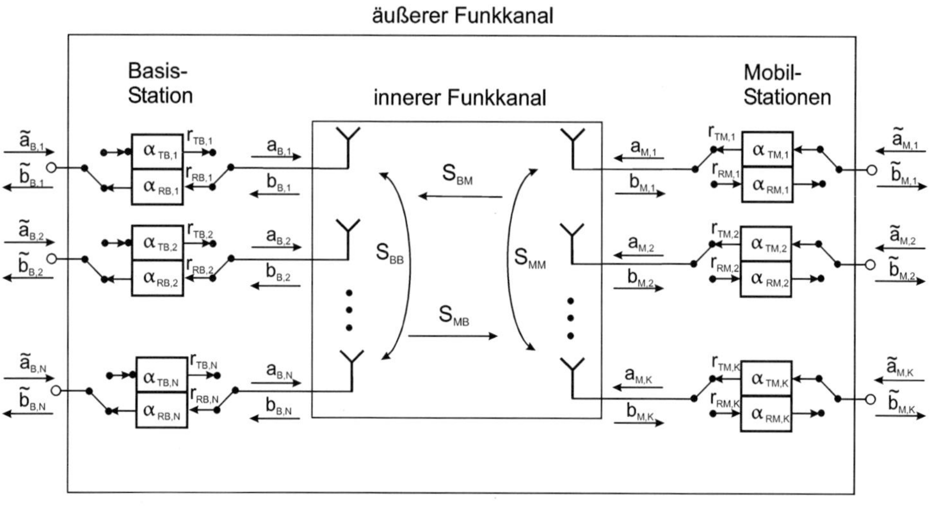

Abb. 7.6 Innerer und äußerer Funkkanal eines TDMA-MIMO-Systems. Die Schalter sind in der Stellung Aufwärtsstrecke

werden durch zwei Diagonalmatrizen $\boldsymbol{A}_{TM}$ und $\boldsymbol{R}_{TM}$ beschrieben, in denen ihre Übertragungsfaktoren $\alpha_{TM,k}$ und ausgangsseitigen Eigenreflexionsfaktoren $r_{TM,k}$ aufgelistet sind. Die Streumatrizen der Empfänger der BS, Index RB, sind entsprechend mit $\boldsymbol{A}_{RB}$ und $\boldsymbol{R}_{RB}$ bezeichnet.

Aus Abb. 7.6 kann man nun für die MS-Sender in der Aufwärtsstrecke folgende Beziehung ablesen:

$$\boldsymbol{a}_M = \boldsymbol{R}_{TM}\boldsymbol{b}_M + \boldsymbol{A}_{TM}\tilde{\boldsymbol{a}}_M, \tag{7.65}$$

und für die Empfänger der BS:

$$\begin{bmatrix} \boldsymbol{a}_B \\ \tilde{\boldsymbol{b}}_B \end{bmatrix} = \begin{bmatrix} \boldsymbol{R}_{RB} & \boldsymbol{0} \\ \boldsymbol{A}_{RB} & \boldsymbol{0} \end{bmatrix} \cdot \begin{bmatrix} \boldsymbol{b}_B \\ \boldsymbol{0} \end{bmatrix}. \tag{7.66}$$

Mit (7.61), (7.65) und (7.66) erhält man nun die Übertragungsmatrix $\tilde{\boldsymbol{S}}_{BM}$ in (7.62):

$$\tilde{\boldsymbol{S}}_{BM} = \boldsymbol{A}_{RB}(\boldsymbol{I} - \boldsymbol{V}\boldsymbol{S}_{BM}\boldsymbol{R}_{TM}\boldsymbol{U}\boldsymbol{S}_{MB}\boldsymbol{R}_{RB})^{-1}\boldsymbol{V}\boldsymbol{S}_{BM}\boldsymbol{U}\boldsymbol{A}_{TM} \tag{7.67}$$

mit

$$\boldsymbol{U} = (\boldsymbol{I} - \boldsymbol{R}_{TM}\boldsymbol{S}_{MM})^{-1} \tag{7.68}$$

und

$$\boldsymbol{V} = (\boldsymbol{I} - \boldsymbol{S}_{BB}\boldsymbol{R}_{RB})^{-1}. \tag{7.69}$$

Der in (7.61) enthaltene Term $\boldsymbol{S}_{MB}\boldsymbol{a}_B$ beschreibt das in der BS zu den MS rückgestreute Signal, das vernachlässigt werden kann. Mit $\boldsymbol{S}_{MB} = \boldsymbol{0}$, *nur* an dieser Stelle, vereinfacht sich (7.67) zu

$$\tilde{\boldsymbol{S}}_{BM} = \boldsymbol{A}_{RB}\boldsymbol{V}\boldsymbol{S}_{BM}\boldsymbol{U}\boldsymbol{A}_{TM}. \tag{7.70}$$

Für die Analyse der Abwärtsstrecke benötigen wir zunächst wieder die Beschreibungen der BS-Sender und MS-Empfänger. Analog zur Aufwärtsstrecke enthalten die Streumatrizen $\boldsymbol{A}_{TB}$ bzw. $\boldsymbol{A}_{RM}$ die Übertragungsfaktoren $\alpha_{TB,n}$ bzw. $\alpha_{RM,k}$ und $\boldsymbol{R}_{TB}$ bzw. $\boldsymbol{R}_{RM}$ die Eigenreflexionsfaktoren $r_{TB,n}$ bzw. $r_{RM,k}$. Die Streuparameter können wieder aus Abb. 2.7 abgelesen werden, wenn man sich die Schalter umgelegt denkt. Für die BS-Sender erhält man:

$$\boldsymbol{a}_B = \boldsymbol{R}_{TB}\tilde{\boldsymbol{a}}_B + \boldsymbol{A}_{TB}\boldsymbol{b}_B \tag{7.71}$$

und für die Empfänger der MS:

$$\begin{bmatrix} \boldsymbol{a}_M \\ \tilde{\boldsymbol{b}}_M \end{bmatrix} = \begin{bmatrix} \boldsymbol{R}_{RM} & \boldsymbol{0} \\ \boldsymbol{A}_{RM} & \boldsymbol{0} \end{bmatrix} \cdot \begin{bmatrix} \boldsymbol{b}_M \\ \boldsymbol{0} \end{bmatrix}. \tag{7.72}$$

Vernachlässigt man hier wieder die in den MS zur BS rückgestreuten Signale, d. h. $\boldsymbol{S}_{BM} = \boldsymbol{0}$, erhält man

$$\tilde{\boldsymbol{S}}_{MB} = \boldsymbol{A}_{RM} \boldsymbol{W} \boldsymbol{S}_{MB} \boldsymbol{X} \boldsymbol{A}_{TB} \tag{7.73}$$

mit

$$\boldsymbol{W} = (\boldsymbol{I} - \boldsymbol{S}_{MM} \boldsymbol{R}_{RM})^{-1} \tag{7.74}$$

und

$$\boldsymbol{X} = (\boldsymbol{I} - \boldsymbol{R}_{TB} \boldsymbol{S}_{BB})^{-1}. \tag{7.75}$$

Die Forderung nach Übertragungssymmetrie verlangt entsprechend (7.64):

$$\boldsymbol{A}_{RM} \boldsymbol{W} \boldsymbol{S}_{MB} \boldsymbol{X} \boldsymbol{A}_{TB} = (\boldsymbol{A}_{RB} \boldsymbol{V} \boldsymbol{S}_{BM} \boldsymbol{U} \boldsymbol{A}_{TM})^T. \tag{7.76}$$

Bevor hierfür Lösungen gesucht werden, ist es sinnvoll, die hierin enthaltenen Matrizen $\boldsymbol{U}$, $\boldsymbol{V}$, $\boldsymbol{W}$ und $\boldsymbol{X}$ näher zu betrachten. Zu den grundsätzlichen Entwurfskriterien der Geräte gehört eine gute Anpassung zwischen Antennen und Sendern bzw. Empfängern. Die Beträge der Elemente der Diagonalmatrizen $\boldsymbol{R}$ und der Diagonalelemente von $\boldsymbol{S}$ in den Beziehungen für $\boldsymbol{U}$, $\boldsymbol{V}$, $\boldsymbol{W}$ und $\boldsymbol{X}$ werden somit $< 1/10$ sein, wenn man von einer geforderten Reflexionsdämpfung von $> 20\,\text{dB}$ ausgeht. Die Entkopplung der MIMO-Antennen in der BS werden $> 6 \ldots 10\,\text{dB}$ sein, die der MS-Antennen sicher noch größer. In guter Näherung können somit die vier Größen $\boldsymbol{U}$, $\boldsymbol{V}$, $\boldsymbol{W}$ und $\boldsymbol{X}$ als Einheitsmatrizen betrachtet werden.

Es ist aber noch zu beachten, dass ohne diese Voraussetzung eine Kalibrierung nur schwer möglich wäre, da diese Größen dann über die Nutzerbandbreite gemessen werden müssten.

Man erhält aus (7.76) mit den Näherungen $\boldsymbol{U} = \boldsymbol{I}$, $\boldsymbol{V} = \boldsymbol{I}$, $\boldsymbol{W} = \boldsymbol{I}$ und $\boldsymbol{X} = \boldsymbol{I}$:

$$\boldsymbol{A}_{RM} \boldsymbol{S}_{MB} \boldsymbol{A}_{TB} = (\boldsymbol{A}_{RB} \boldsymbol{S}_{BM} \boldsymbol{A}_{TM})^T, \tag{7.77}$$

und mit der Übertragungssymmetrie $\boldsymbol{S}_{BM} = \boldsymbol{S}_{MB}^T$ des inneren Funkkanals

$$\boldsymbol{A}_{RM} \boldsymbol{S}_{MB} \boldsymbol{A}_{TB} = \boldsymbol{A}_{TM} \boldsymbol{S}_{MB} \boldsymbol{A}_{RB}. \tag{7.78}$$

Diese Beziehung muss erfüllt sein, um volle Kalibrierung zu erreichen.

Betrachtet man nun einen einzelnen Matrixeintrag in (7.78), folgt daraus unmittelbar mit

$$\alpha_{RM,k}\alpha_{TB,n} = \alpha_{TM,k}\alpha_{RB,n} \tag{7.79}$$

das verständliche Ergebnis, dass der Übertragungsfaktor eines vollständigen Aufwärtskanals, bestehend aus Sender und Antenne k der MS sowie aus Antenne und Empfänger n der BS, gleich dem des Abwärtskanals über die gleichen Antennen sein muss. Gleichung (7.79) liefert Ansätze zur Kalibrierung, ausführlich zu finden in [5].

Für die Auslegung der Kalibrierung ist es wichtig, wie Kalibrierfehler sowie die Abweichungen von (7.68), (7.69), (7.74) und (7.75) von der Einheitsmatrix in die Übertragungsqualität eingehen. Erkenntnisse darüber können nur Simulationen liefern. In [8] und

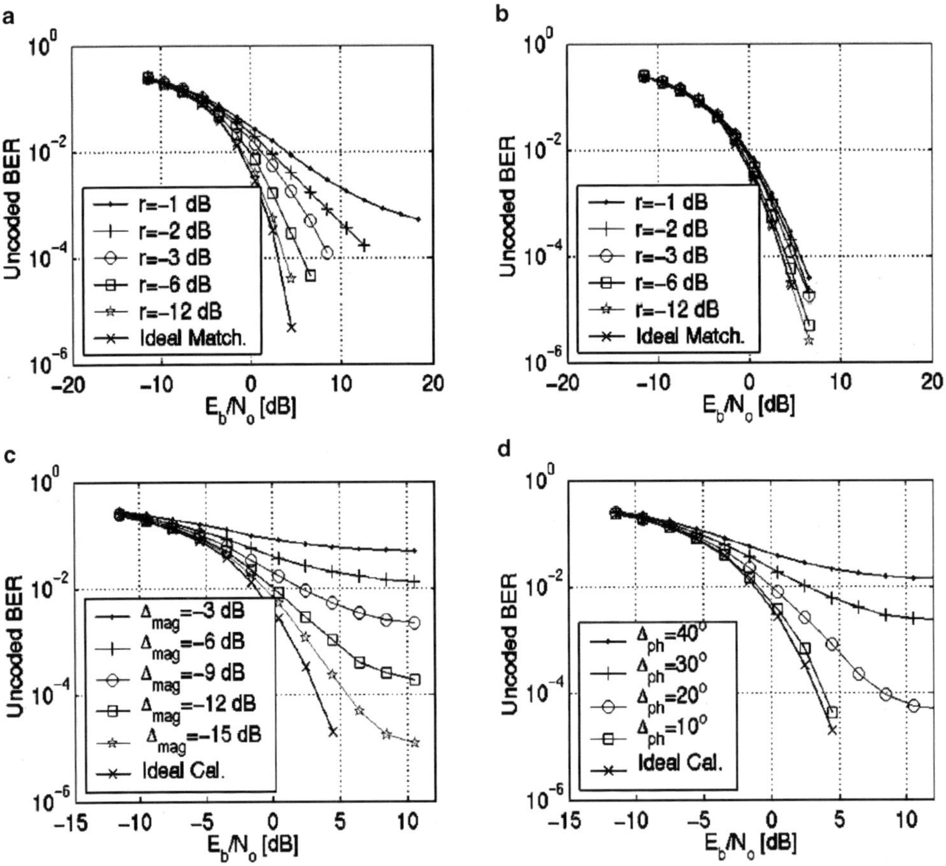

Abb. 7.7 **a**, **b** Einfluss der Anpassung (Reflexionsfaktor r) von Sender und Empfänger sowie der Antennenanpassung (**a** -3 dB, **b** -10 dB) und des Kalibrierfehlers nach **c** Betrag und **d** Phase auf die uncodierte Bitfehlerrate als Funktion von E_b/N_0, nach [8]

[9] wird ein pico-zellulares System untersucht, das aus 8 BS-Antennen und 4 Teilnehmern besteht. Die Modulation ist QPSK, die Entzerrung in der Aufwärtsstrecke ist MMSE.

In Abb. 7.7 sind uncodierte Bitfehlerraten (BER) als Funktion von E_b/N_0 am Empfänger für eine ideale Kalibrierung sowie für Abweichungen davon dargestellt. Abb. 7.7a, b zeigt den Einfluss der Fehlanpassung der Sender und Empfänger für zwei verschiedene Fehlanpassungen der Antenne. Erwartungsgemäß führt nur eine sehr starke Fehlanpassung (-3 dB in Abb. 7.7a) zu einer deutlichen Verschlechterung der BER. Bei -10 dB ist praktisch kein Einfluss mehr sichtbar. Das bestätigt die oben getroffenen Näherungen. Dagegen führen Kalibrierfehler, in Abb. 7.7c, d dargestellt nach Betrag und Phase, zu größeren BER, wenn die Fehler -10 dB bzw. 20° überschreiten. Kalibrierziele sollten deshalb diese Werte unterschreiten.

7.5 Video-Demonstration der räumlichen Entzerrung

Die im Abschn. 7.2 vorgestellten räumlichen Entzerrungsverfahren sind mit Hilfe eines Ray-Tracers in Videos mit ortsabhängigen, farbcodierten Empfangsleistungen anschaulich darstellbar. Die Videos demonstrieren die räumliche Vorverzerrung gemäß Abschn. 7.2.4 und werden im Folgenden kommentiert. Sie können von der Internetseite des Instituts für Hochfrequenztechnik der RWTH Aachen [10] heruntergeladen werden. Als Ausbreitungsszenario für den Ray-Tracer dient der in Abb. 4.4 gezeigte Laborraum des Instituts. Das Standbild Abb. 7.8 zeigt stellvertretend für alle Videos im oberen Teil den Laborraum als Grundriss. Die Quer-Abmessungen des Raums sind etwa 19 m × 6 m. Das dunkle Rechteck im linken Bereich ist eine Absorberkammer, die in diesen Simulationen keine Rolle spielt. Rechts in der Abbildung befindet sich die Basisstation mit 8 Sende-Dipolen vertikaler Polarisation, die einen gegenseitigen Abstand von $\lambda/2$ aufweisen. Die Frequenz beträgt 1 GHz. Im Raum sind vier Teilnehmer (user) zu erkennen, durchnummeriert von 1 bis 4. Sie befinden sich in einer Höhe von 1,50 m über dem Boden des Laborraums und bestehen aus jeweils einem Dipol mit vertikaler Polarisation. Die Videos zeigen die farbkodierte Empfangsleistung im Raum in Höhe der Teilnehmer in Abhängigkeit von der Teilnehmerbewegung.

Die Entzerrungsverfahren sind Zero-Forcing, MMSE und Matched-Filter, jeweils in Richtung der Abwärtsstrecke. Die Signale werden entsprechend Abschn. 7.2.4 in der BS vorverzerrt.

Die Größe der Empfangsleistung kann an dem Farbbalken abgelesen werden. Ein Ray-Tracer berechnet zunächst die Übertragungsfaktoren für jede Antenne der BS zu einem Dipol in jedem Punkt des Raums. Somit sind für jeden Punkt im Raum die Kanalkoeffizienten bekannt. Die Größe der Kanalmatrix in (7.34) entspricht der Anzahl der Teilnehmer und BS-Antennen, d. h. 4 Zeilen und 8 Spalten.

Zur Demonstration der Teilnehmerentkopplung wird nur Teilnehmer 4 versorgt ($s_4 = 1$), die Signale an der BS für die anderen Teilnehmer sind gleich null.

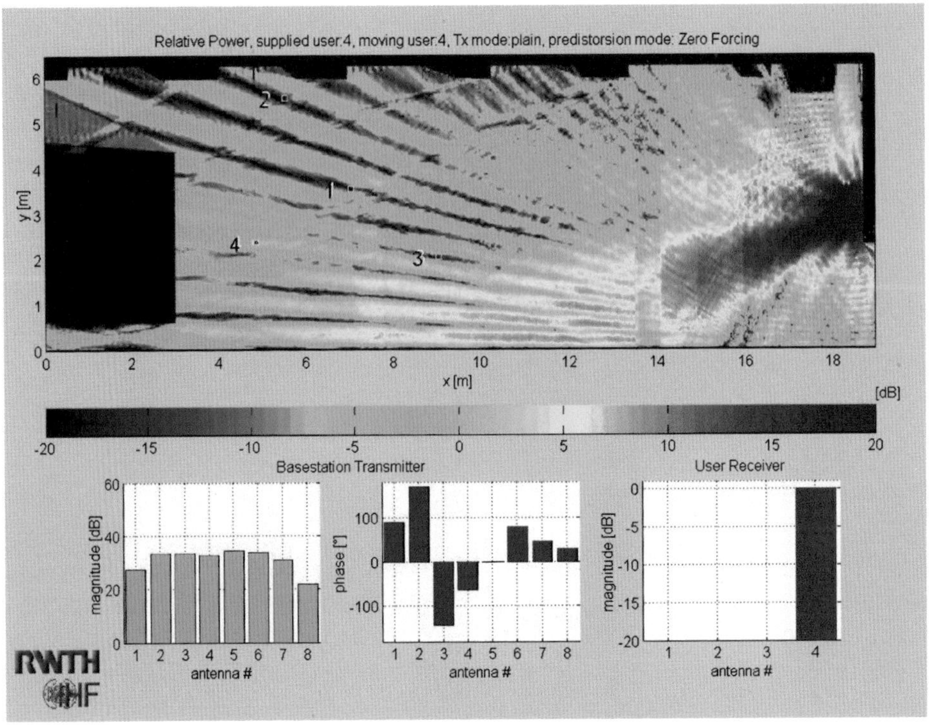

Abb. 7.8 Standbild aus der Videodemonstration des Zero-Forcing-Algorithmus

Im unteren Bereich von Abb. 7.8 werden die aktuellen Leistungen und Phasen der acht Antennensignal der BS sowie die Empfangsleistungen der vier Teilnehmer dargestellt. Im zugehörigen Video `IHF-RWTH_Zero-Forcing.avi` bewegt sich Teilnehmer 4 langsam durch den Raum, während die anderen Teilnehmer an ihrem Standort bleiben. Die Farbe um Teilnehmer 4 (im Video grün) und das Diagramm rechts unten zeigen, dass seine Empfangsleistung konstant 1 beträgt (0 dB), wogegen die anderen Teilnehmer mit $> 20\,\text{dB}$ von Teilnehmer 4 entkoppelt sind. Der Zero-Forcing-Algorithmus trennt somit gemäß (7.37) die Teilnehmer optimal. Bewegt sich allerdings Teilnehmer 4 in die Nähe eines anderen Teilnehmers, gleichen sich auch ihre Übertragungsfaktoren zu den jeweiligen BS-Antennen an, sodass die Kondition der Kanalmatrix schlechter wird. Mit (7.38) wächst damit auch die von der BS abgestrahlte Leistung, was an den Farbverläufen deutlich erkennbar ist.

Abb. 7.8 und auch das zugehörige Video zeigen ferner, dass eine effektive räumliche Entzerrung eine ausgeprägte Mehrwegeausbreitung voraussetzt. Zum Beispiel wird Teilnehmer 4 deutlich durch Wandreflektionen und weniger auf dem direkten Wege versorgt. Die Gruppenantenne nutzt die Reflexionsmöglichkeiten der Umgebung, um ihre Basis und

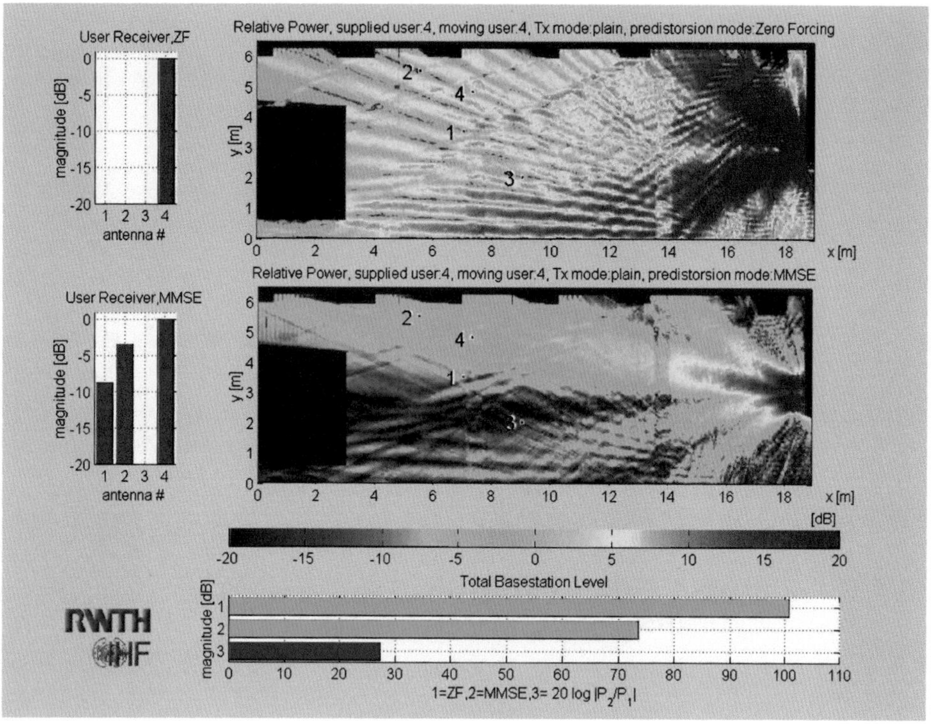

Abb. 7.9 Standbild aus der Videodemonstration des MMSE-Algorithmus

somit ihre räumliche Auflösung zu vergrößern. Auf diese Weise können auch Teilnehmer in weiterer Entfernung entkoppelt werden.

Der MMSE-Algorithmus benötigt weniger Sendeleistung als ZF, entkoppelt aber die Teilnehmer nicht so gut. Das Video `IHF-RWTH_MMSE_vs._ZF.avi` mit dem zugehörigen Standbild Abb. 7.9 zeigt das gleiche Szenario wie in Abb. 7.8, die Entzerrung erfolgt zum Vergleich im oberen Teil durch ZF, unten durch MMSE. Darunter sind die zugehörigen Sendeleistungen sowie deren Differenz dargestellt. Die beiden Diagramme im linken Bereich geben die Empfangsleistungen wieder. Erwartungsgemäß lässt MMSE eine geringfügige Verkopplung zu, benötigt aber weniger Sendeleistung im Vergleich zu ZF.

Das folgende Video `IHF-RWTH_MMSE_vs._1_Dipol.avi` zeigt deutlich die große Einsparung an Sendeleistung, die eine Gruppenantenne mit einem geeigneten Algorithmus im Vergleich zu einem einfachen Dipol bietet, auch wenn nur ein Teilnehmer versorgt werden muss. Im oberen Teil des zugehörigen Standbildes Abb. 7.10 besteht die BS wie vorher wieder aus 8 Dipolen. Der Algorithmus ist MMSE. Im Grundriss darunter besteht die BS-Antenne aus nur einem Dipol. Der Teilnehmer soll in beiden Fällen

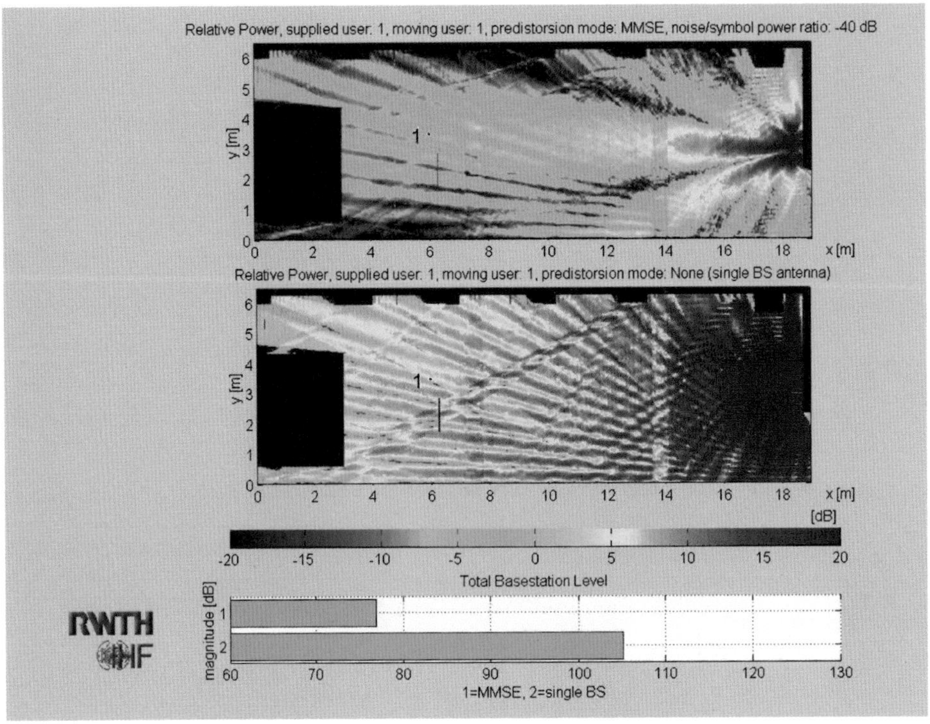

Abb. 7.10 Standbild zur Videodemonstration Vergleich MMSE mit einzelnem BS-Dipol

unabhängig von seiner Position konstante Empfangsleistung (0 dB) erhalten. Das untere Diagramm vergleicht die dafür notwendigen Sendeleistungen der beiden Fälle.

Während sich im oberen Teil die Sendeleistung bei der Bewegung des Teilnehmers kaum ändert, fordert insbesondere die Versorgung von „Interferenzlöchern" im unteren Teil deutlich höhere Sendeleistung. Der Unterschied kann 30 dB erreichen. Gruppenantennen sorgen deshalb nicht nur für eine bessere Frequenzökonomie sondern verhindern auch Verschwendung von Energie und vermeiden unnötige elektromagnetische Strahlenbelastung.

Das letztes Video `IHF-RWTH_Matched-Filter.avi` zeigt die Matched-Filter-Entzerrung, wiederum mit vier Teilnehmern wie im ersten Beispiel. Es soll nur Teilnehmer 4 versorgt werden. Ziel ist beim Teilnehmer die geforderte Empfangsleistung (0 dB) mit möglichst geringer Sendeleistung zu erreichen. Die Entkopplung der anderen Teilnehmer wird bei diesem Verfahren nicht berücksichtigt. Abb. 7.11 zeigt ein zugehöriges Standbild aus dem Video. Die Diagramme haben die gleiche Bedeutung wie in Abb. 7.8. Am Farbverlauf kann man erkennen, dass die notwendige Sendeleistung gering ist, ähnlich wie bei dem MMSE-Algorithmus in Abb. 7.10 mit nur einem Teilnehmer. Zur optimalen

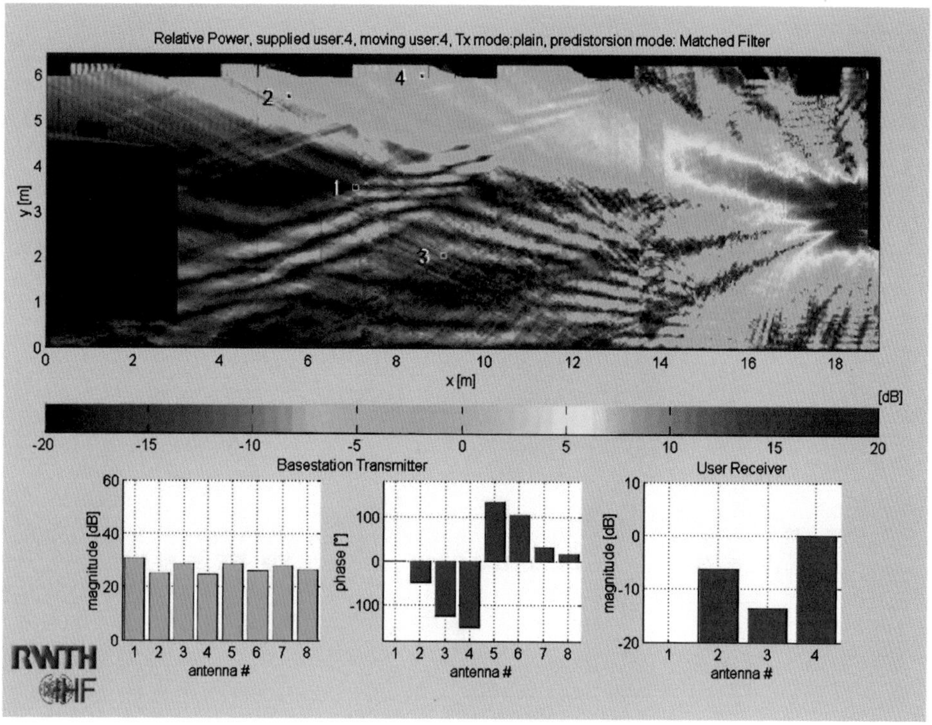

Abb. 7.11 Standbild zur Videodemonstration Matched-Filter

Versorgung des Teilnehmers nutzt auch die Matched-Filter-Entzerrung vorhandene Reflexionspfade.

Literatur

1. Winters, J.H.: Optimum combining in digital mobile radio with cochannel interference. IEEE Journal on Selected Areas in Communications **2**(4), 528–539 (1984)
2. Paulraj, A.J., Gore, D.A., Nabar, R.U., Bölcskei, H.: An overview of MIMO communications – a key to Gigabit wireless. Proceedings of the IEEE **92**(2), 198–218 (2004)
3. Klein, A., Kaleh, G.K., Baier, P.W.: Zero forcing and minimum mean-square-error equalization for multiuser detection in code-division multiple-access channels. IEEE Transactions on Vehicular Technology **45**(2), 276–287 (1996)
4. Whalen, A.D.: Detection of Signals in Noise. Academic Press, New York (1971)
5. Keusgen, W.: Antennenkonfiguration und Kalibrierungskonzepte für die Realisierung reziproker Mehrantennensysteme. Dissertation, RWTH-Aachen (2005)
6. Rembold, B.: Relation between diagram correlation factos and s-parameters of multiport antenna with arbitrary feeding networks. Electronics Letters **44**, 5–7 (2008)

7. Oikonomopoulos-Zachos, C., Rembold, B.: A 3-port antenna for mimo applications. In: INICA, 2nd International Conference on Antennas, 2007
8. Brühl, L., Degen, C., Keusgen, W., Rembold, B., Walke, C.M.: Investigation of front-end requirements for MIMO-systems using downlink pre-distortion. In: Proceedings of the 5th European Personal Mobil Communications Conference, Glasgow, 2003
9. Degen, C., Koch, O., Keusgen, W., Rembold, B.: Evaluation of MIMO systems with respect to front-end imperfections. In: Proceedings of the 11th European Conference, Nikosia, 2005
10. http://www.ihf.rwth-aachen.de

Anhang

8

8.1 Antennen im System

Eine Antenne ist die Schnittstelle zwischen einer leitungsgeführten Welle und einer Freiraum-Welle. Die Antenne ist deshalb immer Bestandteil der Wellenausbreitung und nicht von dieser trennbar. Es ist insbesondere wichtig, wie sich wesentliche Antennenparameter, insbesondere die Polarisationsanpassung und Leistungsanpassung in einer Übertragungsstrecke auswirken. Dieser Abschnitt behandelt Systemeigenschaften von Antennen, die sich in einem absoluten Freiraum befinden. Die Bezeichnungen folgen den vom IEEE in [2] festgelegten Definitionen. Auf die feldtheoretischen Eigenschaften und Bauformen wird hier nicht eingegangen. Theorie und Technik von Antennen findet man ausführlich beschrieben z. B. in [3] und [4].

8.1.1 Abstrahlung von einer Antenne

Wir betrachten zunächst den Sendefall, s. Abb. 8.1. Eine Quelle mit dem Innenwiderstand Z_L der angeschlossenen Leitung speist eine Antenne. a ist die auf der Speiseleitung zur Antenne laufende Welle am Antenneneingang und Γ der Reflexionsfaktor auf der Speiseleitung an gleicher Stelle.

P_{in} ist die von der Antenne aufgenommene Leistung, die aus der Leistung der hinlaufenden Welle abzüglich des reflektierten Anteils besteht:

$$P_{\text{in}} = \frac{1}{2}|a|^2(1 - |\Gamma|^2). \tag{8.1}$$

Der Reflexionsfaktor ist definiert aus der Eingangsimpedanz Z_A der Antenne und dem Wellenwiderstand Z_L der Leitung:

$$\Gamma = \frac{Z_A - Z_L}{Z_A + Z_L}. \tag{8.2}$$

B. Rembold, *Wellenausbreitung*, DOI 10.1007/978-3-658-15284-0_8

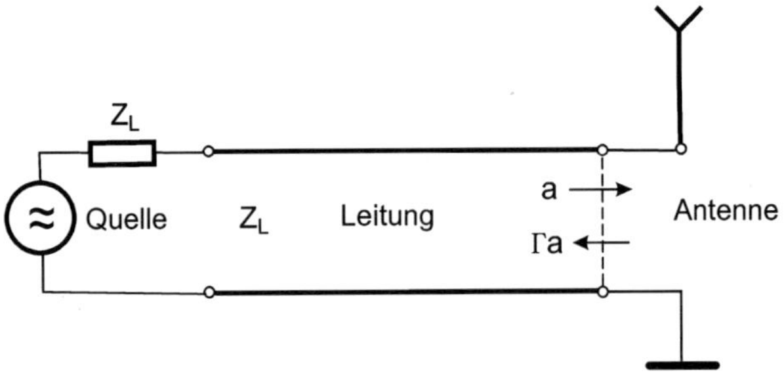

Abb. 8.1 Eine Quelle speist über eine Leitung eine Antenne

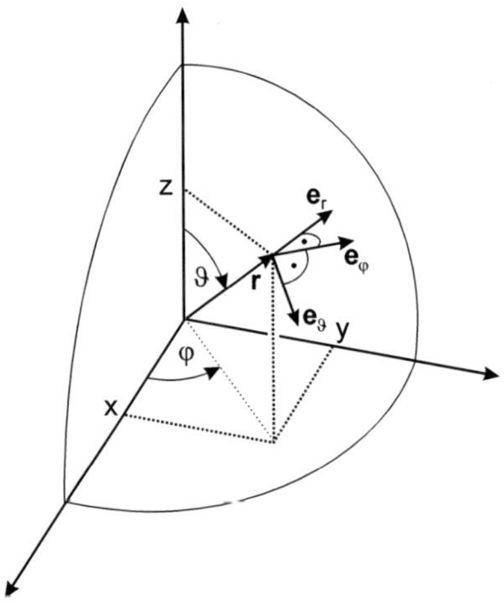

Abb. 8.2 Kugelkoordinatensystem mit eingetragenen Einheitsvektoren

Im Fernfeld beträgt die *Strahlungsdichte*:

$$S(r, \vartheta, \varphi) = \frac{P_{\text{in}}}{4\pi r^2} G(\vartheta, \varphi). \tag{8.3}$$

r, ϑ und φ sind die Koordinaten eines unterlegten Kugelkoordinatensystems nach Abb. 8.2. Die eingetragenen Einheitsvektoren des Kugelkoordinatensystems sind als reell definiert und abhängig von den Winkeln ϑ und φ. Zwischen den Einheitsvektoren gilt das Kreuzprodukt $\boldsymbol{e}_r = \boldsymbol{e}_\vartheta \times \boldsymbol{e}_\varphi$. Mit dem Einheitsvektor in r-Richtung erhält man den Vektor $\boldsymbol{r} = r \cdot \boldsymbol{e}_r$.

Je nach Antennenform existieren verschiedene Fernfelddefinitionen mit unterschiedlichen Abständen von der Antenne. Eine häufig genutzte Definition ist

$$r_F = \frac{2D^2}{\lambda}. \tag{8.4}$$

Sie ist so definiert, dass im Empfangsfall ab einer Entfernung $r > r_F$ die Phase der Feldstärke in einer ebenen Apertur über den Durchmesser D weniger als 22,5° (entsprechend $\lambda/16$) vom linearen Verlauf abweicht.

Allen Definitionen gemeinsam ist jedoch die Auswirkung auf die Feldstärken: Im Fernfeld existieren nur noch transversale Komponenten der Feldstärken und damit der Charakteristik. Bezüglich der radialen Abhängigkeit verhalten sich die transversalen Feldstärken proportional e^{-jkr}/r.

Der Ursprung des Koordinatensystems (d. h. $r = 0$) ist das fiktive Phasenzentrum der Antenne. Diese Stelle ist dadurch definiert, dass die Phase der Charakteristik in (8.5) für $r =$ const. unabhängig von den Koordinatenwinkeln ist. In der Praxis ist das nur für wenige Antennentypen, z. B. für Dipole, erreichbar. Für theoretische Überlegungen ist die Existenz eines Phasenzentrums jedoch hilfreich.

Der *Gewinn* G ist eine von den Koordinaten ϑ und φ abhängige Größe, die das Verhältnis der Strahlungsdichte der mit P_{in} gespeisten Antenne zur Strahlungsdichte eines mit gleicher Leistung gespeisten verlustfreien Kugelstrahlers (*isotroper* Strahler) bei gleichem Abstand zur Antenne beschreibt. Dieser Gewinn wird deshalb in der Literatur gelegentlich mit dem Index i versehen, der die Abkürzung für isotropic darstellt. Wegen der Verluste in der Antenne ist die abgestrahlte Leistung (= Hüllenintegral über die Strahlungsdichte S) meistens kleiner als P_{in}. Der Gewinn G enthält diese Verluste.

Da sich die Strahlungsleistung auf die von der Antenne aufgenommene Leistung P_{in} bezieht, berücksichtigt der Gewinn keine Reflexionsverluste. Betreibt man die Antenne ohne Leistungsanpassung am Antennentor, so ist bei $\Gamma \neq 0$ die erzeugte Strahlungsdichte kleiner als der Wert, der bei Anpassung mit $P_{\text{in}} = |a|^2/2$ erzielbar wäre. Der hiermit verbundene, kleinere „Gewinn" der Antenne wird als *realisierter Gewinn* (engl. realized gain) bezeichnet, s. u. (8.8).

Vielfach wird unter „Gewinn einer Antenne" nur der Gewinn in Hauptstrahlrichtung verstanden. Hier wird der Begriff allgemeiner, d. h. als Funktion der Winkelkoordinaten verwendet. Der Gewinn ist eine skalare Größe und enthält keine Information über die Polarisation.

Die elektrische bzw. magnetische Feldstärke im Fernfeld als Funktion der hinlaufenden Welle a beträgt

$$\boldsymbol{E}(\boldsymbol{r}) = a \cdot \sqrt{\frac{Z_0}{4\pi}} \cdot \frac{e^{-jkr}}{r} \cdot \boldsymbol{C}(\vartheta, \varphi), \tag{8.5}$$

bzw.

$$\boldsymbol{H}(\boldsymbol{r}) = \frac{\boldsymbol{e}_r \times \boldsymbol{E}(\boldsymbol{r})}{Z_0}. \tag{8.6}$$

$\boldsymbol{e}_r$ ist der Einheitsvektor in r-Richtung, $\boldsymbol{C}(\vartheta, \varphi)$ ist die *vektorielle Charakteristik*, die die ϑ- und φ- Abhängigkeit und als Vektor auch die Richtung der Feldstärke enthält. Sie liefert somit die Information über die Polarisation und die abgestrahlte Leistung der Antenne. Die Polarisation der Antenne ist identisch mit der Polarisation der abgestrahlten Welle. In der Literatur werden unterschiedliche Definitionen für die Charakteristik gebraucht. Auch der IEEE [2] lässt verschiedene Definitionen zu. Die mit (8.5) festgelegte Definition hat den Vorteil, dass in $\boldsymbol{C}(\vartheta,\varphi)$ die wichtigsten Eigenschaften der Antenne enthalten sind, einschließlich der Fehlanpassung, s. u.

Hat eine Antenne im Wesentlichen nur eine Komponente, z. B. C_ϑ, dann findet man für die Charakteristik häufig auch eine Definition in Form einer skalaren Größe, die auf ihr Maximum bezogen ist und somit maximal den Wert 1 annimmt.

Die Strahlungsdichte im Fernfeld kann man auch über die elektrische Feldstärke definieren. Sie beträgt

$$S(\boldsymbol{r}) = \frac{\boldsymbol{E}(\boldsymbol{r}) \cdot \boldsymbol{E}^*(\boldsymbol{r})}{2 \cdot Z_0}. \tag{8.7}$$

Mit (8.5) ergibt sich damit für die Strahlungsdichte:

$$S(\boldsymbol{r}) = \frac{|a|^2}{2} \cdot \frac{|\boldsymbol{C}(\vartheta,\varphi)|^2}{4\pi r^2}.$$

Hieraus und mit (8.1) und (8.3) erhält man eine wichtige Beziehung zwischen dem Gewinn und der Charakteristik:

$$|\boldsymbol{C}(\vartheta,\varphi)|^2 = (1 - |\Gamma|^2) \cdot G(\vartheta,\varphi). \tag{8.8}$$

Das Quadrat des Betrags der Charakteristik ist gleich dem Gewinn multipliziert mit einem Faktor, der den Reflexionsfaktor der Antenne auf der Speiseleitung berücksichtigt. $|\boldsymbol{C}|^2$ ist der *realisierte* Gewinn der Antenne, ohne Anpassung an das Bezugssystem. Schaltet man eine Antenne ohne Anpassung z. B. an eine 50 Ω-Quelle, kann die Strahlungsdichte entsprechend kleiner werden.

Die Charakteristik $\boldsymbol{C}(\vartheta,\varphi)$ kann als Vektorsumme zweier orthogonaler Charakteristiken dargestellt werden:

$$\boldsymbol{C}(\vartheta,\varphi) = \boldsymbol{e}_1(\vartheta,\varphi) \cdot C_1(\vartheta,\varphi) + \boldsymbol{e}_2(\vartheta,\varphi) \cdot C_2(\vartheta,\varphi). \tag{8.9}$$

Die Einheitsvektoren $\boldsymbol{e}_{1,2}$ sind orthonormale, i. Allg. komplexe und winkelabhängige Polarisationsvektoren mit den Eigenschaften $\boldsymbol{e}_1 \cdot \boldsymbol{e}_1^* = 1$, $\boldsymbol{e}_2 \cdot \boldsymbol{e}_2^* = 1$ und $\boldsymbol{e}_1 \cdot \boldsymbol{e}_2^* = 0$. Die Länge der Einheitsvektoren beträgt 1. Wegen des oft verwendeten Kugelkoordinatensystems ist in der Beschreibung von Antennencharakteristiken meistens $\boldsymbol{e}_1 = \boldsymbol{e}_\vartheta$ und $\boldsymbol{e}_2 = \boldsymbol{e}_\varphi$.

Mit den beiden Charakteristiken sind zwei Gewinne G_1 und G_2 verbunden. Deren Summe ergibt den in (8.2) enthaltenen Gewinn:

$$G(\vartheta,\varphi) = G_1(\vartheta,\varphi) + G_2(\vartheta,\varphi), \tag{8.10}$$

z. B. $G = G_\vartheta + G_\varphi$.

Gleichung (8.8) ist dann auch für die einzelnen Komponenten gültig, z. B.

$$|C_\vartheta(\vartheta,\varphi)|^2 = (1 - |\Gamma|^2) \cdot G_\vartheta(\vartheta,\varphi).$$

In den meisten Fällen soll die Antenne eine bevorzugte Polarisation, z. B. $\boldsymbol{e}_1$, aufweisen. Diese Polarisation wird dann mit Kopolarisation (engl. co-polarization) bezeichnet. Die zugehörige Charakteristik ist C_1. Entsprechend ist C_2 die Charakteristik der Kreuzpolarisation (cross-polarization) mit dem Einheitsvektor $\boldsymbol{e}_2$. Die Begriffe sind sofort einleuchtend bei linearer Polarisation. Sie werden aber generell bei zwei orthogonal polarisierten Wellen verwendet.

Mit der Normierung der orthogonalen Einheitsvektoren $\boldsymbol{e}_i \cdot \boldsymbol{e}_i^* = 1$ für $i = 1, 2$ kann ein allgemeiner Zusammenhang mit den Einheitsvektoren in Kugelkoordinaten erstellt werden:

$$\boldsymbol{e}_i = p_i \cdot \boldsymbol{e}_\vartheta + q_i \cdot \boldsymbol{e}_\varphi .$$

Aus der Orthogonalität $\boldsymbol{e}_1 \cdot \boldsymbol{e}_2^* = 0$ folgt sofort:

$$p_1 \cdot p_2^* + q_1 \cdot q_2^* = 0$$

und wegen der Länge 1 der Einheitsvektoren gilt ferner:

$$|p_i|^2 + |q_i|^2 = 1.$$

Die i. Allg. komplexen Größen p_i und q_i können so gewählt werden, dass sich die gewünschten Polarisationen für $\boldsymbol{e}_1$ und $\boldsymbol{e}_2$ ergeben.

Beispiele:

- Die Kopolarisation sei linear und weist in ϑ-Richtung, d. h. $p_1 = 1$ und $q_1 = 0$. Dann ist $p_2 = 0$ und somit $|q_2| = 1$. Die Kreuzpolarisation ist ebenfalls linear, zeigt in φ-Richtung und hat die beliebige Phase ψ: $\boldsymbol{e}_1 = \boldsymbol{e}_\vartheta$, $\boldsymbol{e}_2 = e^{j\psi} \cdot \boldsymbol{e}_\varphi$. Der Beweis der Orthogonalität ist: $\boldsymbol{e}_1 \cdot \boldsymbol{e}_2^* = 0$
- Beispiel für zirkulare Polarisation:

rechtszirkulare Polarisation:	linkszirkulare Polarisation:	Orthogonalität:
$\boldsymbol{e}_1 = \frac{1}{\sqrt{2}}(\boldsymbol{e}_\vartheta - j\boldsymbol{e}_\varphi)$	$\boldsymbol{e}_2 = \frac{1}{\sqrt{2}}(\boldsymbol{e}_\vartheta + j\boldsymbol{e}_\varphi)$	$\boldsymbol{e}_1 \cdot \boldsymbol{e}_2^* = 0$

8.1.2 Empfang durch eine Antenne

Im Empfangsfall interessiert die auf der angeschlossenen Leitung abfließende Welle b als Funktion des einfallenden Feldes, s. Abb. 8.3. Wir geben der einfallenden Welle dasselbe Koordinatensystem wie das der Sendeantenne. Das zur Empfangsantenne gehörende Koordinatensystem wird zur Unterscheidung von der Sendeantenne mit r', ϑ', φ' bezeichnet. Der Ursprung des Koordinatensystems $r' = 0$ ist wieder das Phasenzentrum dieser Antenne. Das Koordinatensystem der einfallenden Welle kann um die r-Achse beliebig gedreht

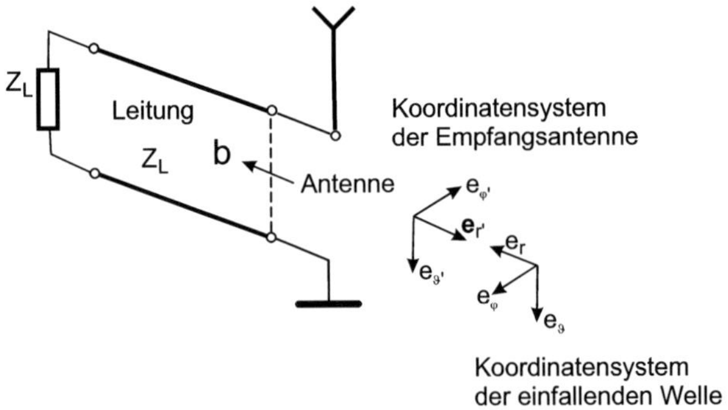

Abb. 8.3 Empfangsfall

sein. Die Drehung muss bei der Umrechnung der Koordinatensysteme berücksichtigt werden, s. z. B. [1]. In dem eingezeichneten Fall ist die Umrechnung einfach, s. (8.24).

Es wird angenommen, dass das einfallende Feld aus nur einer ebenen Welle und mit beliebig vorgebbarer Polarisation besteht. Die Ausbreitungsrichtung ist die Richtung zum Phasenzentrum der Empfangsantenne. Die Feldstärke der einfallenden Welle[1] im Phasenzentrum ist $\boldsymbol{E}$. $\boldsymbol{E}$ enthält auch die Polarisation, die sich immer auf die Ausbreitungsrichtung der Welle bezieht.

Die auf der angeschlossenen Leitung abfließende Welle ist

$$b = \frac{\lambda}{\sqrt{4\pi Z_0}} \boldsymbol{E} \cdot \boldsymbol{C}_e. \tag{8.11}$$

Zur Unterscheidung zur Sendeantenne steht hier der Index e für Empfang.

Die Anpassung der Polarisation der Welle an die der Antenne ist die *Polarisationsanpassung*. Den maximalen Betrag bei Polarisationsanpassung $|b|_{\max}$ erhält man aus (8.11) mit

$$|b|_{\max} = \frac{\lambda}{\sqrt{4\pi Z_0}} |\boldsymbol{E}|\,|\boldsymbol{C}_e|. \tag{8.12}$$

Das Verhältnis $(|b|/|b|_{\max})^2$ ergibt mit (8.11) und (8.12) den Polarisationswirkungsgrad η_p (engl. polarization efficiency):

$$\eta_p = \frac{|\boldsymbol{E} \cdot \boldsymbol{C}_e|^2}{|\boldsymbol{E}|^2 |\boldsymbol{C}_e|^2}, \tag{8.13}$$

der maximal gleich 1 werden kann, wenn die Polarisationen der einfallenden Welle und der Antenne gleich sind.

[1] Es handelt sich hierbei um die Feldstärke, die bei *Ab*wesenheit der Antenne an dieser Stelle wäre. Die Rückwirkung der Antenne auf die Feldstärke ist in den Antennenparametern (G, $\boldsymbol{C}$ usw.) vom Prinzip her enthalten.

Ein weiterer wichtiger Begriff ist die *verfügbare Leistung* P_{verf} an der Empfangsantenne. P_{verf} ist die an den Antennenkontakten bzw. allgemein an der leitungsseitigen Antennen-Referenzebene verfügbare Leistung der Antenne. P_{verf} leitet sich aus der Strahlungsdichte an der Empfangsantenne her:

$$S = \frac{|\boldsymbol{E}|^2}{2Z_0}. \tag{8.14}$$

Bei Polarisationsanpassung der Antenne gilt:

$$P_{\text{verf}} = S \cdot A_w. \tag{8.15}$$

A_w ist die *Wirkfläche* der Antenne. Sie ist mit dem Gewinn G allgemein über die Beziehung

$$A_w = \frac{\lambda^2}{4\pi} G \tag{8.16}$$

verbunden, s. z. B. [1]. Wie G ist auch A_w eine Funktion der Richtung der einfallenden Welle, wobei gelegentlich mit A_w die *maximale* Wirkfläche, d. h. diejenige in Richtung maximaler Empfindlichkeit gemeint ist (entsprechend der Hauptstrahlrichtung wie beim Gewinn, s. o.).

Von besonderem Interesse ist die auf der Leitung abfließende Leistung als Funktion der verfügbaren Leistung. Wie bei der Sendeantenne besteht auch bei der Empfangsantenne ein Zusammenhang zwischen der Charakteristik, dem Gewinn und dem Reflexionsfaktor (Index e für Empfang):

$$|\boldsymbol{C}_e|^2 = (1 - |\Gamma_e|^2) \cdot G_e \tag{8.17}$$

Die *Betrag* $|\Gamma_e|$ des Reflexionsfaktors im Empfangsfall lautet:

$$|\Gamma_e| = \left| \frac{Z_A - Z_L}{Z_A + Z_L} \right|. \tag{8.18}$$

Z_A ist die Innenimpedanz der Empfangsantenne. Die Antenne ist i. Allg. bei Anschluss an ein standardisiertes Wellenwiderstandssystem nicht angepasst.

Mit (8.11) ist die abfließende Leistung auf der angeschlossenen Leitung:

$$\frac{1}{2}|b|^2 = \frac{1}{2} \frac{\lambda^2}{4\pi Z_0} |\boldsymbol{E} \cdot \boldsymbol{C}_e|^2. \tag{8.19}$$

Hieraus erhält man schließlich mit (8.13) bis (8.17) den wichtigen Zusammenhang zwischen der auf der Leitung abfließenden Leistung und der verfügbaren Leistung:

$$\frac{1}{2}|b|^2 = \eta_p (1 - |\Gamma_e|^2) P_{\text{verf}}. \tag{8.20}$$

Die abfließende Leistung ist nur dann gleich der verfügbaren Leistung P_{verf}, wenn die Antenne bezüglich Reflexionsfaktor und Polarisation angepasst ist, d. h. $\Gamma_e = 0$ und $\eta_p = 1$.

Im Folgenden soll die Polarisation der einfallenden Welle in Verbindung mit der Polarisation der Empfangsantenne an Beispielen für den Polarisationswirkungsgrad näher untersucht werden.

Beispiel 1 Eine rechtszirkular polarisierte Welle mit

$$\boldsymbol{E} = |\boldsymbol{E}|\frac{\boldsymbol{e}_\vartheta - j\boldsymbol{e}_\varphi}{\sqrt{2}} \tag{8.21}$$

trifft auf eine rechtszirkularpolarisierte Antenne mit

$$\boldsymbol{C}_e = |\boldsymbol{C}_e|\frac{\boldsymbol{e}_{\vartheta'} - j\boldsymbol{e}_{\varphi'}}{\sqrt{2}}. \tag{8.22}$$

Der Polarisationswirkungsgrad ergibt mit (8.13):

$$\eta_p = \left|\frac{\boldsymbol{e}_\vartheta - j\boldsymbol{e}_\varphi}{\sqrt{2}}\frac{\boldsymbol{e}_{\vartheta'} - j\boldsymbol{e}_{\varphi'}}{\sqrt{2}}\right|^2. \tag{8.23}$$

Der Zusammenhang zwischen den Koordinatensystemen, ablesbar aus Abb. 8.3, ist

$$\boldsymbol{e}_r = -\boldsymbol{e}_{r'}, \quad \boldsymbol{e}_\vartheta = \boldsymbol{e}_{\vartheta'}, \quad \boldsymbol{e}_\varphi = -\boldsymbol{e}_{\varphi'}. \tag{8.24}$$

Somit erhält man aus (8.23):

$$\eta_p = \left|\frac{\boldsymbol{e}_\vartheta - j\boldsymbol{e}_\varphi}{\sqrt{2}}\frac{\boldsymbol{e}_\vartheta + j\boldsymbol{e}_\varphi}{\sqrt{2}}\right|^2 = 1.$$

Erwartungsgemäß wird der Polarisationswirkungsgrad bei Anpassung der Polarisationen maximal.

Beispiel 2 Die Welle hat eine lineare Polarisation in φ-Richtung $\boldsymbol{E} = \boldsymbol{e}_\varphi E_\varphi$. Die Antenne hat eine linkszirkulare Polarisation:

$$\boldsymbol{C}_e = |\boldsymbol{C}_e|\frac{\boldsymbol{e}_{\vartheta'} + j\boldsymbol{e}_{\varphi'}}{\sqrt{2}}.$$

Nach Anpassung des Koordinatensystems erhält man $\eta_p = 1/2$, d. h. einen Polarisationsverlust von 3 dB.

Beispiel 3: Welle und Empfangsantenne haben lineare Polarisationen, die aber um 90° gegeneinander gedreht sind: $\boldsymbol{E} = |\boldsymbol{E}|\frac{\boldsymbol{e}_\vartheta + \boldsymbol{e}_\varphi}{\sqrt{2}}$ und $\boldsymbol{C}_e = |\boldsymbol{C}_e|\frac{\boldsymbol{e}_{\vartheta'} + \boldsymbol{e}_{\varphi'}}{\sqrt{2}}$. Der Polarisationswirkungsgrad ist erwartungsgemäß $\eta_p = 0$.

8.1.3 Übertragungsfaktor zwischen zwei Antennen

Schließlich soll noch der Übertragungsfaktor zwischen der Sende- und Empfangsantenne betrachtet werden. Zur Vereinfachung hatten wir den freien Raum angenommen, d. h. die LOS-Bedingung. Die Phasenzentren der beiden Antennen haben den Abstand R und befinden sich im gegenseitigen Fernfeld. Die Feldstärke am Ort der Empfangsantenne, verursacht durch die Sendeantenne, beträgt gemäß (8.5):

$$\boldsymbol{E} = a\sqrt{\frac{Z_0}{4\pi}}\frac{e^{-jkR}}{R}\boldsymbol{C}_s,$$

wobei der Index s für „Sender“ steht. Der Übertragungsfaktor beträgt dann nach (8.11):

$$\frac{b}{a} = \frac{\lambda}{4\pi R} \cdot e^{-jkR}\boldsymbol{C}_e \cdot \boldsymbol{C}_s. \tag{8.25}$$

Hier ist zu beachten, dass die Charakteristiken winkelabhängig sind und die Winkel der Richtung zur jeweils anderen Antenne einzutragen sind. Die unterschiedlichen Koordinatensysteme von Sender und Empfänger müssen berücksichtigt werden entsprechend z. B. (8.4).

Nehmen wir an, dass die Charakteristiken polarisationsangepasst sind. Dann ist der Betrag des Übertragungsfaktors

$$\left|\frac{b}{a}\right| = \frac{\lambda}{4\pi R} \cdot |\boldsymbol{C}_e|\,|\boldsymbol{C}_s|,$$

und mit (8.8) erhält man für den Betrag des Übertragungsfaktors unter Verwendung der Antennengewinne:

$$\left|\frac{b}{a}\right| = \frac{\lambda}{4\pi R} \cdot \sqrt{1-|\Gamma_s|^2}\sqrt{1-|\Gamma_e|^2}\sqrt{G_s G_e}. \tag{8.26}$$

Der Übertragungsfaktor zwischen der abfließenden Leitungswelle b hinter der Empfangsantenne und der zur Sendeantenne hinlaufenden Leitungswelle a enthält somit neben den Gewinnen der Antenne auch die Reflexionsfaktoren. Somit müssen Antennen bezüglich der Polarisation und der Impedanz angepasst sein, um den maximalen Übertragungsfaktor zu erreichen. Für diesen Fall erhält man hieraus durch Quadrieren das Verhältnis der maximal übertragbaren Leistung bezogen auf die Sendeleistung:

$$\frac{P_e}{P_s} = \left(\frac{\lambda}{4\pi R}\right)^2 G_s G_e. \tag{8.27}$$

Die meisten Antennenparameter sind frequenzabhängig. Die Anwendung spezifiziert Antennenparameter häufig über eine vorgegeben Bandbreite. Typische Werte von Antennenparametern an den Bandgrenzen sind: Abfall der Reflexionsdämpfung auf etwa

10 ... 30 dB, Abweichung von der spezifizierten Halbwertsbreite: 10 %, Gewinnabnahme: 0,1 ... 1 dB, Reduktion der Kreuzpolarisationsunterdrückung auf 20 ... 30 dB und der Nebenzipfeldämpfung auf 13 ... 40 dB. Die Grenzwerte hängen entscheidend von dem Einsatz der Antenne ab. Weitere Spezifikationen bezüglich Leistungsfestigkeit, mechanischer Stabilität, mechanischem und elektrischem Temperaturverhalten, Gewicht, Windfestigkeit, Beschleunigungsfestigkeit, Korrosion, Linearität, Intermodulationsfestigkeit u. a. sind zusätzlich zu beachten.

8.2 Mikrowellenradiometrie

8.2.1 Prinzip

Die Mikrowellenradiometrie nutzt die natürliche Rauschstrahlung, die von Objekten ausgeht. Sie kann z. B. für die Erzeugung von Abbildungen eines Objekts genutzt werden. Da diese Strahlungsdichte im Vergleich zur Funkkommunikation oder Radartechnik relativ klein ist, spielt die Dämpfung der Atmosphäre eine besondere Rolle. Die Strahlung eines Objekts hängt von seiner Oberflächenstruktur und seiner physikalischen Temperatur ab. Gut angepasste Oberflächen, z. B. ein sog. schwarzer Körper, strahlt die maximale Rauschleistung ab und kann auch selbst Strahlung optimal absorbieren. Schlecht angepasste Oberflächen (z. B. Metall oder Wasseroberflächen) strahlen selbst kaum, reflektieren aber, wenn sie angestrahlt werden. Wenn keine oder nur geringe Strahlung auf sie trifft, sieht ein solcher Körper im Vergleich zur Umgebung „kalt" aus, obwohl er möglicherweise Umgebungstemperatur hat. Temperaturbilder von Objekten setzen sich deshalb aus der Eigenstrahlung und der reflektierten Strahlung zusammen.

Abb. 8.4 zeigt das Blockschaltbild eines radiometrischen Abbildungssystems mit einem idealisierten Antennendiagramm. Es besteht im Prinzip aus einer hochauflösenden Antenne (Halbwertsbreite: wenige Grad; hoher Gewinn G), einem breitbandigen Detektorempfänger mit einem Bandpass Δf und einem nachgeschalteten Tiefpass. Meistens wird das zu empfangende Frequenzband herabgemischt und im Zwischenfrequenzbereich verstärkt und demoduliert. Der Detektorempfänger kann ein einfacher Hüllkurvendetektor sein.

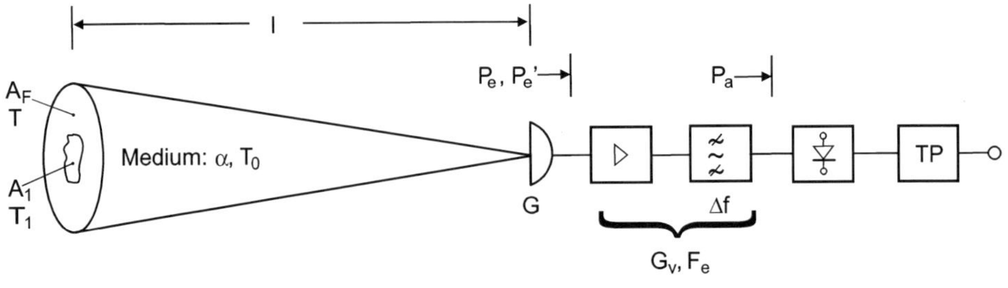

Abb. 8.4 Modell zur Abschätzung der Reichweite eines Radiometers

Durch Abtasten eines Raumwinkelbereichs (z. B. mit Hilfe einer sog. *Pencil-Beam*-Antenne) kann die Empfangsleistung einem Raumwinkel zugeordnet und somit ein sog. Falschfarbenbild gezeichnet werden.

8.2.2 Abschätzung der maximalen Reichweite

Da es sich im Wesentlichen um ein passives Abbildungsverfahren handelt, ist eine Abschätzung der maximalen Reichweite von Interesse. Zur Vereinfachung wird angenommen, dass keine reflektierte Strahlung vorhanden ist. Es wird nur die Eigenstrahlung der Objekte berücksichtigt. Die Oberflächen der Objekte werden als ideal angepasst angenommen.

Abb. 8.4 stellt ein Modell zur Bestimmung der maximalen Reichweite dar: Ein Objekt mit der Temperatur T_1 und mit einer der Antenne zugewandten Fläche A_1 befindet sich innerhalb des „Footprints" A_F der Antenne. A_F ist der Bereich, der durch die Halbwertsbreite abgedeckt wird. Es ist $A_1 < A_F$. Der Footprintbereich außerhalb des Objekts hat die Temperatur T. Der Abstand zur Antenne ist l. Das Medium (Atmosphäre) hat die Temperatur T_0 und seine Verluste werden mit einem Dämpfungskoeffizient α beschrieben. Der Empfänger hat die Rauschzahl F_e und die Leistungsverstärkung G_v. Die HF-Bandbreite des Empfängers ist Δf, der Tiefpass hinter dem Detektor hat die Eckfrequenz $1/\tau$. Beispiele für diese Größen werden am Ende dieses Abschnitts gebracht.

Die maximale Reichweite ist so definiert, dass innerhalb der Beobachtungszeit τ, die durch die Inverse der Tiefpass-Eckfrequenz gegeben ist, der Rauschleistungsunterschied mit und ohne Objekt gerade noch erkennbar ist. Eine quantitative Definition wird weiter unten gegeben.

Zunächst wird vereinfachend angenommen, dass die atmosphärische Dämpfung $\alpha = 0$ ist. Dann setzt sich die Rauschleistung P_e an der Antenne aus der Rauschleistung des Objekts und der Rauschleistung der restlichen Footprint-Fläche zusammen. Mit der Boltzmannkonstanten $k = 1{,}381 \cdot 10^{-23}$ W s/K ist

$$P_e(T_1) = k\Delta f \left[T_1 \frac{A_1}{A_F} + T \frac{A_F - A_1}{A_F} \right],$$

oder

$$P_e(T_1) = k\Delta f \left[\frac{A_1}{A_F}(T_1 - T) + T \right]. \tag{8.28}$$

Für den Fall $\alpha > 0$ wird die im Footprintbereich erzeugte und von der Antenne aufgenommene Rauschleistung P_e im Medium gedämpft; ferner wird die vom Medium erzeugte Rauschleistung hinzugefügt:

$$P_e' = P_e \cdot e^{-2\alpha l} + (1 - e^{-2\alpha l}) k T_0 \Delta f.$$

Somit ist mit (8.28):

$$P'_e = k\Delta f \left[\frac{A_1}{A_F}(T_1 - T) + T \right] e^{-2\alpha l} + (1 - e^{-2\alpha l})kT_0\Delta f. \tag{8.29}$$

Zur weiteren Vereinfachung wird im Folgenden angenommen, dass die Footprint-Temperatur außerhalb des Objekts $T = T_0$ ist:

$$P'_e = k\Delta f \frac{A_1}{A_F}(T_1 - T_0)e^{-2\alpha l} + kT_0\Delta f. \tag{8.30}$$

Die Leistung wird nun im Radiometer verstärkt, aber gleichzeitig fügt der Empfangszug Rauschleistung hinzu. Die Ausgangsleistung hinter dem HF-Bandpass beträgt damit

$$P_a = G_v P'_e + (F_e - 1)G_v kT_0\Delta f,$$

und nach Einsetzen von (8.30):

$$P_a(T_1) = k\Delta f G_v \left[\frac{A_1}{A_F}(T_1 - T_0)e^{-2\alpha l} + F_e T_0 \right]. \tag{8.31}$$

Die maximale Reichweite ist durch die *maximale Auflösung* des Empfängers gegeben. Hierunter versteht man die minimal detektierbare Leistungsänderung $(\Delta P_a)_{\text{min}}$ der Rauschleistung P_a nach Detektion und Tiefpass-Filterung. Ohne Herleitung sei

$$(\Delta P_a)_{\text{min}} = \frac{P_a(T_0)}{\sqrt{\Delta f \tau}}. \tag{8.32}$$

Im Allgemeinen ist $\Delta f \tau \gg 1$, z. B. $10^4 \ldots 10^8$.

$(\Delta P_a)_{\text{min}}$ bestimmt die maximale Reichweite l_{max} über eine vorgegebene, minimal zu detektierende Temperaturdifferenz $(T_1 - T_0)_{\text{min}} = (\Delta T)_{\text{min}}$ des Objekts zur Umgebung:

$$(\Delta P_a)_{\text{min}} = P_a(T_0 + (\Delta T)_{\text{min}}) - P_a(T_0),$$

und mit (8.32):

$$\frac{P_a(T_0)}{\sqrt{\Delta f \tau}} = P_a(T_0 + (\Delta T)_{\text{min}}) - P_a(T_0). \tag{8.33}$$

Einsetzen von P_a aus (8.31) in (8.33) ergibt zunächst:

$$\frac{1}{\sqrt{\Delta f \tau}} = \frac{\frac{A_1}{A_F}(\Delta T)_{\text{min}} e^{-2\alpha l}}{F_e T_0}. \tag{8.34}$$

Mit der vom Abstand l abhängigen Footprintfläche $A_F = \frac{4\pi l^2}{G}$ erhält man daraus für $l_{\max}$:

$$l_{\max}^2 = \sqrt{\Delta f \tau} \frac{G A_1}{4\pi} \frac{(\Delta T)_{\min}}{F_e T_0} e^{-2\alpha l_{\max}}. \tag{8.35}$$

Das Ergebnis ist eine transzendente Gleichung für $l_{\max}$. Die maximale Reichweite kann aus (8.35) entweder iterativ gefunden werden, oder man setzt zunächst den atmosphärischen Dämpfungskoeffizienten $\alpha = 0$ und ermittelt dann aus dem Ergebnis die Reichweite über das Diagramm in Abb. 2.22.

Die minimal detektierbare relative Leistungsänderung $1/\sqrt{\Delta f \tau}$ liegt in der Größenordnung $10^{-2} \ldots 10^{-4}$ und überfordert die Langzeitstabilität der Empfängerverstärker. Deshalb müssen die Verstärker laufend kalibriert werden. Dieses kann durch Referenzrauschsignale am Eingang vor oder unmittelbar nach der Antenne geschehen. Eine Kalibrierung vor der Antenne erfolgt durch einen periodischen Scan der Antenne über einen Absorber mit bekannter Temperatur. Hinter der Antenne sorgt eine schnell wechselnde Umschaltung auf einen Widerstand mit bekannter Temperatur für eine Kalibrierung, s. Abb. 8.5.

Als Beispiel soll die Reichweite zur Erkennung eines Menschen im Nebel bei 50 m Sicht ermittelt werden. Die seitliche Projektionsfläche einer Person wird mit $A_1 = 0{,}5\,\text{m}^2$ angenommen. Die Mittenfrequenz des Radiometers ist 30 GHz, so dass mit einem relativ kleinen Parabolspiegeldurchmesser von 40 cm bereits ein Antennengewinn $G = 40\,\text{dB}$ realisiert werden kann. Der Messwert bei 30 GHz für den atmosphärischen Dämpfungskoeffizienten bei Nebel mit einer Sichtweite von 50 m beträgt etwa $\alpha = 0{,}03\,\text{dB/km}$.

Die weiteren technischen Daten des Radiometers sind:

Bandbreite	$\Delta f = 1\,\text{GHz}$,
Integrationszeit	$\tau = 100\,\text{ms}$,
Antennengewinn	$G \mathrel{\hat{=}} 40\,\text{dB}$,
Temperaturauflösung	$(\Delta T)_{\min} = 20\,\text{K}$,
Rauschzahl	$F_e \mathrel{\hat{=}} 0{,}7\,\text{dB}$,
Umgebungstemperatur	$T_0 = 300\,\text{K}$.

Mit diesen Daten erhält man eine maximale Detektionsreichweite $l_{\max} = 475\,\text{m}$, also fast das Zehnfache der Sichtweite.

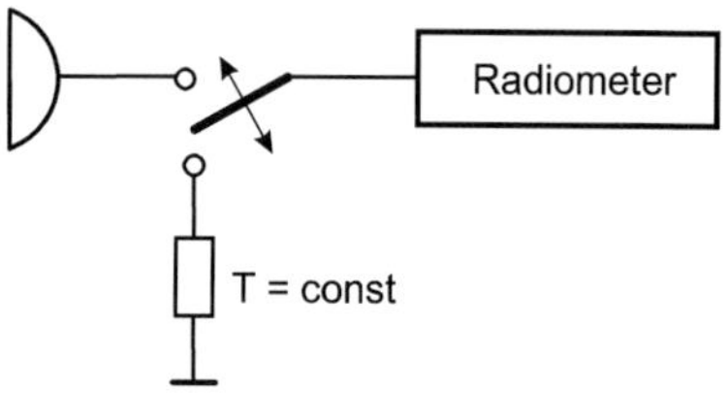

Abb. 8.5 Kalibrieranordnung für ein Radiometer

8.3 Reflexion und Transmission in Vektoralgebra

Für die numerische Berechnung mit Mathematikprogrammen, die die Vektoralgebra beherrschen, ist die Darstellung der reflektierten und transmittierten Feldstärken als Vektoren sinnvoll. Es vereinfacht die polarisationsabhängige Berechnung der Komponenten. Zur vollständigen Beschreibung der Verhältnisse müssen nur die als verlustlos angenommenen Materialkonstanten, die elektrische Feldstärke der einfallenden Welle $\boldsymbol{E}_i$ nach Größe und Richtung und die Normale $\boldsymbol{n}$ senkrecht zur Grenzfläche vorgegeben werden. Ziel ist, geschlossene Formeln für die vektoriellen transmittierten und reflektierten Feldstärken zu finden.

Der Vektor der elektrischen oder magnetischen Feldstärke lässt sich immer als Summe der beiden Vektoren für senkrechte und parallele Polarisation darstellen. Abb. 8.6 zeigt die in Komponenten zerlegten elektrischen Feldstärken der einfallenden, reflektierten und transmittierten Wellen an einer Grenzfläche. Die magnetischen Feldstärken können, da es sich um ebene Wellen handelt, über $\boldsymbol{H} = (\boldsymbol{e} \times \boldsymbol{E})\sqrt{\varepsilon/\mu}$ berechnet werden und wurden zur Übersicht weggelassen.

Von Interesse sind zunächst die Richtungen der Einheitsvektoren. Der Einheitsvektor $\boldsymbol{e}_r$ in Richtung der reflektierten Welle kann gemäß Abb. 8.6 aus zwei Anteilen zusammengesetzt werden:

$$\boldsymbol{e}_r = \boldsymbol{e}_i - 2\boldsymbol{n}\,(\boldsymbol{n} \cdot \boldsymbol{e}_i) \tag{8.36}$$

mit $\boldsymbol{n} \cdot \boldsymbol{e}_i = -\cos\alpha_1$. Für die weitere Herleitung sind noch zwei weitere Einheitsvektoren hilfreich, s. Abb. 8.6:

$$\boldsymbol{e}_s = \frac{\boldsymbol{e}_i \times \boldsymbol{n}}{|\boldsymbol{e}_i \times \boldsymbol{n}|} \tag{8.37}$$

Abb. 8.6 Definition der elektrischen Feldstärkekomponenten an einer Grenzfläche zwischen zwei unterschiedlichen Medien

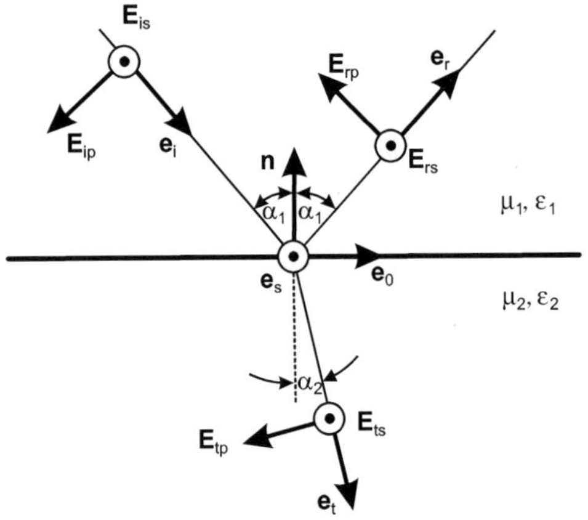

und

$$\boldsymbol{e}_0 = \boldsymbol{n} \times \boldsymbol{e}_s \,. \tag{8.38}$$

Der Einheitsvektor in transmittierter Richtung setzt sich wie folgt zusammen:

$$\boldsymbol{e}_t = -\boldsymbol{n} \cos\alpha_2 + \boldsymbol{e}_0 \cdot \sin\alpha_2 \,. \tag{8.39}$$

Den Winkel α_2 liefert mit (8.36) die Fresnel'sche Gleichung (2.1). Damit erhält man aus (8.39):

$$\boldsymbol{e}_t = -\boldsymbol{n}\sqrt{1 - \frac{\mu_1\varepsilon_1}{\mu_2\varepsilon_2}\left(1 - (\boldsymbol{n}\cdot\boldsymbol{e}_i)^2\right)} + \boldsymbol{n}\times\boldsymbol{e}_s \cdot \sqrt{\frac{\mu_1\varepsilon_1}{\mu_2\varepsilon_2}\left(1 - (\boldsymbol{n}\cdot\boldsymbol{e}_i)^2\right)} \,. \tag{8.40}$$

Die Einheitsvektoren sind polarisationsunabhängig, und nur $\boldsymbol{e}_t$ wird durch die Materialeigenschaften beeinflusst. Nun können die vektoriellen Feldstärken angegeben werden. Aus Abb. 8.6 kann man die Komponenten der reflektierten Welle ablesen:

$$\boldsymbol{E}_{rs} = r_s \boldsymbol{E}_{is} = r_s \boldsymbol{e}_s (\boldsymbol{e}_s \cdot \boldsymbol{E}_i) \,, \tag{8.41}$$

$$\boldsymbol{E}_{rp} = r_p (\boldsymbol{e}_s \times \boldsymbol{e}_r) \cdot [(\boldsymbol{e}_i \times \boldsymbol{e}_s) \cdot \boldsymbol{E}_i] \,. \tag{8.42}$$

Die Summe der beiden Vektoren (8.41) und (8.42) ergibt die reflektierte Welle:

$$\boldsymbol{E}_r = \boldsymbol{E}_{rs} + \boldsymbol{E}_{rp} = r_s \boldsymbol{e}_s (\boldsymbol{e}_s \cdot \boldsymbol{E}_i) + r_p (\boldsymbol{e}_s \times \boldsymbol{e}_r) \cdot [(\boldsymbol{e}_i \times \boldsymbol{e}_s) \cdot \boldsymbol{E}_i] \,. \tag{8.43}$$

Auf die gleiche Weise erhält man die Komponenten für die transmittierte Welle:

$$\boldsymbol{E}_{ts} = t_s \boldsymbol{E}_{is} = t_s \boldsymbol{e}_s (\boldsymbol{e}_s \cdot \boldsymbol{E}_i) \,, \tag{8.44}$$

$$\boldsymbol{E}_{tp} = t_p (\boldsymbol{e}_t \times \boldsymbol{e}_s) \cdot [(\boldsymbol{e}_i \times \boldsymbol{e}_s) \cdot \boldsymbol{E}_i] \,. \tag{8.45}$$

Die Summe ergibt die transmittierte Welle:

$$\boldsymbol{E}_t = t_s \boldsymbol{e}_s (\boldsymbol{e}_s \cdot \boldsymbol{E}_i) + t_p (\boldsymbol{e}_t \times \boldsymbol{e}_s) \cdot [(\boldsymbol{e}_i \times \boldsymbol{e}_s) \cdot \boldsymbol{E}_i] \tag{8.46}$$

Mit (8.43) und (8.46) können sehr einfach, z. B. in einem Programm für einen Ray-Tracer, die reflektierten und transmittierten Wellen berechnet werden.

8.4 Wiener Filter

Das nach Norbert Wiener[2] bezeichnete Wiener Filter liefert eine Schätzung mit minimalem mittleren quadratischen Fehler. Wir betrachten als Beispiel die Aufwärtsstrecke nach Abb. 7.2. $\boldsymbol{W}\boldsymbol{x}$ ist der entzerrte Signalvektor am Ausgang der BS, der den Signalvektor der MS im o. g. Sinne approximiert. Gemäß (7.15) lautet die Zielfunktion:

$$E\left\{(\boldsymbol{W}\boldsymbol{x}-\boldsymbol{s})^H(\boldsymbol{W}\boldsymbol{x}-\boldsymbol{s})\right\} = \min . \tag{8.47}$$

Im Folgenden wird die optimale Wichtungsmatrix unter Verwendung der Matrixnotation hergeleitet. Zur Matrixnotation insbesondere den Ableitungen nach Matrizen s. Abschn. 8.5.

Ziel ist, die Einträge der komplexen Matrix $\boldsymbol{W}$ so zu bestimmen, dass (8.47) erfüllt ist. Dazu wird die Zielfunktion nach den reellen und imaginären Einträgen von $\boldsymbol{W}$ abgeleitet und die Ableitungen gleich Null gesetzt. Als Ergebnis erhält man die gesuchte Wichtungsmatrix.

Teilt man die zunächst unbekannte Wichtungsmatrix $\boldsymbol{W}$ in Realteil $\boldsymbol{W}_r$ und Imaginärteil $\boldsymbol{W}_i$ auf, erhält man aus (8.47) mit $\boldsymbol{W} = \boldsymbol{W}_r + j\boldsymbol{W}_i$ nach Auflösung der Produkte:

$$\begin{aligned}\boldsymbol{E}\{&\boldsymbol{x}^H\left(\boldsymbol{W}_r^T\boldsymbol{W}_r + \boldsymbol{W}_i^T\boldsymbol{W}_i - j\boldsymbol{W}_i^T\boldsymbol{W}_r + j\boldsymbol{W}_r^T\boldsymbol{W}_i\right)\boldsymbol{x} - \boldsymbol{x}^H\left(\boldsymbol{W}_r^T - j\boldsymbol{W}_i^T\right)\boldsymbol{s}\\ &-\boldsymbol{s}^H(\boldsymbol{W}_r + j\boldsymbol{W}_i)\boldsymbol{x} + \boldsymbol{s}^H\boldsymbol{s}\} = \min .\end{aligned}$$

Die Ableitung der Funktion nach $\boldsymbol{W}_r$ und gleich Null setzen ergibt:

$$\frac{\partial E\{\cdot\}}{\partial \boldsymbol{W}_r} = E\left\{\boldsymbol{W}_r\left(\boldsymbol{x}\boldsymbol{x}^H + \boldsymbol{x}^*\boldsymbol{x}^T\right) + j\boldsymbol{W}_i\left(\boldsymbol{x}\boldsymbol{x}^H - \boldsymbol{x}^*\boldsymbol{x}^T\right) - \boldsymbol{s}\boldsymbol{x}^H - \boldsymbol{s}^*\boldsymbol{x}^T\right\} = \boldsymbol{0} . \tag{8.48}$$

Auf gleiche Weise erhält man die Ableitung nach dem Imaginärteil und setzt sie gleich Null:

$$\frac{\partial E\{\cdot\}}{\partial \boldsymbol{W}_i} = E\left\{\boldsymbol{W}_i\left(\boldsymbol{x}\boldsymbol{x}^H + \boldsymbol{x}^*\boldsymbol{x}^T\right) - j\boldsymbol{W}_r\left(\boldsymbol{x}\boldsymbol{x}^H - \boldsymbol{x}^*\boldsymbol{x}^T\right) + \boldsymbol{s}\boldsymbol{x}^H - \boldsymbol{s}^*\boldsymbol{x}^T\right\} = \boldsymbol{0} . \tag{8.49}$$

Diese beiden Gleichungen enthalten den Real- und Imaginärteil der gesuchten Wichtungsmatrix $\boldsymbol{W}_{MMSE}$. Multiplikation von (8.49) mit $+j$ und Addition mit (8.48) ergibt schließlich

$$E\left\{2(\boldsymbol{W}_r + j\boldsymbol{W}_i)\boldsymbol{x}\boldsymbol{x}^H - 2\boldsymbol{s}\boldsymbol{x}^H\right\} = \boldsymbol{0}$$

[2] Norbert Wiener (1894–1964) US-amerikanischer Mathematiker.

und daraus mit den Kovarianzmatrizen $\boldsymbol{R}_{sx} = E\left\{\boldsymbol{s}\boldsymbol{x}^H\right\}$ und $\boldsymbol{R}_{xx} = E\left\{\boldsymbol{x}\boldsymbol{x}^H\right\}$:

$$\boldsymbol{W}_{MMSE} = \boldsymbol{R}_{sx}\boldsymbol{R}_{xx}^{-1}. \tag{8.50}$$

Im hier betrachteten Fall der Aufwärtsstrecke ist $\boldsymbol{x} = \boldsymbol{H}\boldsymbol{s} + \boldsymbol{n}$ und somit lautet R_{sx}:

$$\boldsymbol{R}_{sx} = E\left\{\boldsymbol{s}\left(\boldsymbol{s}^H\boldsymbol{H}^H + \boldsymbol{n}^H\right)\right\}.$$

Wegen der unkorrelierten Sende- und Rauschsignale folgt hieraus:

$$\boldsymbol{R}_{sx} = \boldsymbol{R}_{ss}\boldsymbol{H}^H.$$

Mit (8.50) erhält man schließlich für die Aufwärtsstrecke

$$\boldsymbol{W}_{MMSE} = \boldsymbol{R}_{ss}\boldsymbol{H}^H\boldsymbol{R}_{xx}^{-1}. \tag{8.51}$$

Zum Aufstellen der optimalen Entzerrung müssen neben dem Kanal somit die Sendeleistungen der MS und die Kovarianzen der Empfangssignale an der BS bekannt sein.

Auf die gleiche Weise erhält man die optimale Wichtungsmatrix zur Vorverzerrung in der Abwärtsstrecke gemäß Abb. 7.3.

8.5 Matrixalgebra

Im Folgenden werden einige im Text vorkommende Matrixoperationen erläutert. $\boldsymbol{A}$ und $\boldsymbol{W}$ sind Matrizen und $\boldsymbol{a}$, $\boldsymbol{b}$, $\boldsymbol{x}$ Spaltenvektoren. Die Größen seien als konform angenommen, z. B. ist im Produkt $\boldsymbol{A}\,\boldsymbol{W}$ die Anzahl der Spalten von $\boldsymbol{A}$ gleich der Anzahl der Zeilen von $\boldsymbol{W}$. Die hochgestellten Indizes $(.)^{\mathrm{T}}$, $(.)^{\mathrm{H}}$ und $(.)^*$ bedeuten transponiert, hermitesch und konjugiert komplex.

Identitäten:

$$\begin{aligned}\boldsymbol{a}^T\boldsymbol{W}\boldsymbol{b} &= \boldsymbol{b}^T\boldsymbol{W}^T\boldsymbol{a}\\ \boldsymbol{a}^T\boldsymbol{A}^T\boldsymbol{W}\boldsymbol{b} &= \boldsymbol{b}^T\boldsymbol{W}^T\boldsymbol{A}\boldsymbol{a}\\ \boldsymbol{x}^H\boldsymbol{W}\boldsymbol{x} &= \boldsymbol{x}^T\boldsymbol{W}^T\boldsymbol{x}^*\end{aligned}$$

Gradienten

Die Ableitungen skalarer Funktionen nach Vektoren oder Matrizen erzeugen Vektoren oder Matrizen gleicher Größe:

$$\partial/\partial\boldsymbol{x} = \begin{pmatrix}\partial/\partial x_1\\ \partial/\partial x_2\\ .\end{pmatrix}, \qquad \partial/\partial\boldsymbol{W} = \begin{pmatrix}\partial/\partial W_{11} & \partial/\partial W_{12} & \partial/\partial W_{13} & \cdots\\ \partial/\partial W_{21} & \partial/\partial W_{22} & \partial/\partial W_{23} & \cdots\\ . & . & . & \cdots\end{pmatrix}$$

Damit erhält man für die Ableitung des Skalarprodukts:

$$\frac{\partial}{\partial \boldsymbol{x}} \boldsymbol{a}^T \boldsymbol{x} = \boldsymbol{a} .$$

Entsprechend erhält man für das Quadrat:

$$\frac{\partial}{\partial \boldsymbol{x}} \boldsymbol{x}^T \boldsymbol{x} = 2\boldsymbol{x} .$$

Die Ableitungen nach einer Matrix sind nicht sofort einsichtig. Wir untersuchen die skalare Funktion $\boldsymbol{a}^T \boldsymbol{W} \boldsymbol{b}$, die nach der Matrix $\boldsymbol{W}$ abgeleitet werden soll. Zunächst erhält man in ausführlicher Schreibweise für die Funktion:

$$\begin{aligned}
\boldsymbol{a}^T \boldsymbol{W} \boldsymbol{b} = {} & a_1 (W_{11} b_1 + W_{12} b_2 + W_{13} b_3 + \ldots) \\
& + a_2 (W_{21} b_1 + W_{22} b_2 + W_{23} b_3 + \ldots) \\
& + a_3 (W_{31} b_1 + \ldots) \\
& + \ldots .
\end{aligned}$$

Somit ist

$$\frac{\partial \boldsymbol{a}^T \boldsymbol{W} \boldsymbol{b}}{\partial \boldsymbol{W}} = \begin{pmatrix} a_1 b_1 & a_1 b_2 & a_1 b_3 & \ldots \\ a_2 b_1 & a_2 b_2 & a_2 b_3 & \ldots \\ a_3 b_1 & a_3 b_2 & a_3 b_3 & \ldots \\ \ldots & \ldots & \ldots & \ldots \end{pmatrix}$$

und zusammengefasst:

$$\frac{\partial \boldsymbol{a}^T \boldsymbol{W} \boldsymbol{b}}{\partial \boldsymbol{W}} = \boldsymbol{a} \boldsymbol{b}^T .$$

Etwas komplizierter herzuleiten ist die Ableitung

$$\frac{\partial \boldsymbol{a}^T \boldsymbol{W}^T \boldsymbol{W} \boldsymbol{b}}{\partial \boldsymbol{W}} .$$

Ausführlich lautet die skalare Funktion

$$\begin{aligned}
\boldsymbol{a}^T \boldsymbol{W}^T \boldsymbol{W} \boldsymbol{b} = {} & (a_1 W_{11} + a_2 W_{12} + \ldots)(W_{11} b_1 + W_{12} b_2 + \ldots) \\
& + (a_1 W_{21} + a_2 W_{22} + \ldots)(W_{21} b_1 + W_{22} b_2 + \ldots) \\
& + (a_1 W_{31} + a_2 W_{32} + \ldots)(W_{31} b_1 + W_{32} b_2 + \ldots) \\
& + \ldots .
\end{aligned}$$

Für die Ableitung nach nur einem Eintrag, z. B. nach W_{21}, erhält man hieraus:

$$\frac{\partial \boldsymbol{a}^T \boldsymbol{W}^T \boldsymbol{W} \boldsymbol{b}}{\partial W_{21}} = 2a_1 b_1 W_{21} + a_1 (W_{22} b_2 + W_{23} b_3 + \ldots) + b_1 (a_2 W_{22} + a_3 W_{23} + \ldots)$$

und nach Sortierung:

$$\frac{\partial \boldsymbol{a}^T \boldsymbol{W}^T \boldsymbol{W} \boldsymbol{b}}{\partial W_{21}} = a_1 (W_{21} b_1 + W_{22} b_2 + W_{23} b_3 + \ldots) + b_1 (W_{21} a_1 + W_{22} a_2 + W_{23} a_3 + \ldots) \,.$$

Allgemein ist dann die Ableitung nach dem Eintrag W_{ik} von $\boldsymbol{W}$:

$$\frac{\partial \boldsymbol{a}^T \boldsymbol{W}^T \boldsymbol{W} \boldsymbol{b}}{\partial W_{ik}} = a_k (W_{i1} b_1 + W_{i2} b_2 + W_{i3} b_3 + \ldots) + b_k (W_{i1} a_1 + W_{i2} a_2 + W_{i3} a_3 + \ldots) \,.$$

Nach Zusammenfassung aller Einträge in eine Matrix ergibt sich:

$$\frac{\partial \boldsymbol{a}^T \boldsymbol{W}^T \boldsymbol{W} \boldsymbol{b}}{\partial \boldsymbol{W}} = \boldsymbol{W} \boldsymbol{b} \boldsymbol{a}^T + \boldsymbol{W} \boldsymbol{a} \boldsymbol{b}^T = \boldsymbol{W} \left(\boldsymbol{a} \boldsymbol{b}^T + \boldsymbol{b} \boldsymbol{a}^T\right) .$$

Literatur

1. Zinke, O., Brunswig, H., Vlcek, A., Hartnagel, H.L. (Hrsg.): Hochfrequenztechnik I, 5. Aufl. Springer, Berlin (1995)
2. IEEE: IEEE Standard for Definitions of Terms for Antennas. IEEE Std 145 TM (2013)
3. Kark, K.W.: Antennen und Strahlungsfelder, 4. Aufl. Vieweg+Teubner, Berlin (2011)
4. Balanis, C.A.: Antenna Theorie: Analysis and Design, 2. Aufl. John Wiley & Son, New York (1997)

Sachverzeichnis

B. Rembold, *Wellenausbreitung*, DOI 10.1007/978-3-658-15284-0

Printed in Poland
by Amazon Fulfillment
Poland Sp. z o.o., Wrocław

58367206R00119